思敬园全景

思敬園

周新民 周琴 著

上海城市记忆拾遗

上海文化发展基金会资助项目

上海书店出版社
SHANGHAI BOOKSTORE PUBLISHING HOUSE

应邀参加“首届全国公共历史会议”与苏智良先生合影（2013.11.14）

苏智良、周新民、吉见义明、林博史在慰安所旧址售票窗口前合影（2015.6.7）

目　录

序：
可贵的探索　不惜的追求

本书的作者周新民先生是一位一辈子与舰艇打交道的资深工程师。在职期间，他长期从事舰船科技、行业标准情报研究工作，并在专业期刊上曾发表舰船专业文章50余篇，专业译文约20篇。退休回沪定居后，周新民致力于自己身边的城市记忆拾遗，自喻草根史学。

周先生对史学尤其是家乡上海的街道、园林、建筑之历史，情有独钟。以古稀之年走街串巷，迷恋于一座园林、一幢建筑，寒来暑往，反复求证。作者说过："如果知道某些历史线索，甚至有可能被以讹传讹的历史，不去考据事实真相，不向社会披露，今后很少会有人再有兴趣，再有机会关注你所知道的历史线索，那将会永远湮没在历史长河中，那将是对历史的不负责任。这也是我作为一名草根上海史关注者的信念，也是近年来我在申城记忆拾遗考证中的深切体会。"

本书能结集出版，除了周先生对历史的执着，还有对上海的挚爱。这些成果是对目前已出版的上海城市记忆重要拾遗和补缺，文章话题涉及作者身边的城市史、园林史、校史、企业史、家族史的田野调查，同时，作者还是部分园林、学校、街区演变的亲历者和见证者。作者以可靠史料纠正了上海地方志、上海丝绸志以及媒体报道中，个别与史实不符的论断。通观周新民先生的这本书稿，集中于晚晴民国时期，对上海历史的十多个问题进行了研究，他称之为"草根的城市记忆"。其中不乏创新之作，且以图证史，也可说是研究上海历史文化、城市文脉、文化积淀、历史名人的最新学术成果。

我曾与周先生在苏州的金鸡湖畔，出席全国首届公共史学的高端论坛。与周先生的结缘，起始于上海一个日军慰安所遗址的调查。

当时，周新民先生因探索母校的历史而去查阅档案，结果发现，战时的峨眉路400号竟是个日军慰安所。周先生在求学时代，来自上海峨眉路的原大公职业学校的老教师曾告诉他，他们是在20世纪50年代初的全国院系调整中，并入新创建的新中国第一所造船专业学校的。退休后，他萌生了了解母校创建始末的心愿。在查找大公职校档案时，竟发现这里曾经是日本海军的一个慰安所。遂十余次深入档案馆、图书馆等查找资料，并用城市地图空间定位进行考据，还查到日本海军陆战队老兵曾在日本《改造》杂志刊登的回忆文章，便来找我帮忙。我即叫在日本留学的学生帮忙查找战时的杂志，复印好送去。在周先生的不懈努力下，峨眉路400号这个海军下士官兵集会所的历史逐渐清晰起来。我们还找到了数张日本印制的不同年份的上海街区图，里面都标有这个慰安所的名称与位置。尤其是在那幢老建筑里，当年日军官兵购买慰安所入场券的接待室，竟完好保存至今。这在亚洲各国的慰安所遗址调查中，是非常罕见的。近年来，如“慰安妇的声音”申遗国际委员会的全体委员：日本的吉见义明教授、林博史教授，韩国的李信澈教授、韩惠仁博士、尹明淑研究员等均到峨眉路400号实地探访，中央电视台、上海电视台等也曾记录拍摄。

历史学除了专业的学生、教师、研究者，再有民间爱好者的加盟和“轧闹猛”，就更加精彩；他们虽不是科班出身，但却十分执着、敏锐、热心，坚持下去就会有所建树。这些年，我因为到各地调查抗战史，每每遇见民间史学的奇才高手。如上海的王选女士，因自己家乡浙江义乌的长辈是日军细菌战受害者，而涉足调查、起诉、援助，历30年而不辍。当然，近年王选加盟上海交大远东审判研究中心，也算被收编了。川中奇人樊建川，资金之雄厚，博物馆之庞大，收集抗战文物质量之精品，均是首屈一指的。还有如抗战老兵关爱团体、上海918抗战网站创办者吴祖康、南京民间抗战博物馆馆长吴先斌等。与我们这些在大学或科研单位专职教研者相比，包括周新民先生的这些草根人才，更加不容易。这不仅体现了改革开放以来，中国社会文化良性的发展，社会力量的成长，也必将促进我国历史学的发展。

祝愿有更多的史学爱好者加入到搜寻历史密码、记录乡土史迹的队伍。

苏智良

2018年2月28日

（上海师范大学教授、上海抗战史研究会副会长）

老城厢“思敬园”：曾是上海英国领事馆?

2017年7月30日，上海市政府新闻办公室官方微博“@上海发布”在微博上发布了6月29日由市文广影视局、市文物局在官网上公布的“截止到6月底，上海市共有全国重点文物保护单位29处，市级文物保护单位238处，区级文各类物保护单位423处，文物保护点2745处，共计不可移动文物3435处目录”信息。随即被各类媒体纷纷转载，短短几天，在百度上搜索“上海3435处不可移动文物”，就能找到相关结果约6180个，影响真不小。

其中，老城厢“上海英国领事馆遗址”“西姚家弄48号”被公布为“区级文物保护点”。

上海开埠以来首家外国（英国）领事馆临时馆舍在老城厢长达5年半（1843年11月14日—1849年7月21日），其“遗址”真的在“西姚家弄48号”吗?

也就是说，175年前，老城厢江南古典私园——思敬园，曾被上海英国领事馆租用作馆舍!

实话实说，此说考据明显不足，是长期被以讹传讹忽视普通市民有价值的史实调查结果!

作为在20世纪50年代初曾在西姚家弄48号上过学的笔者和诸多师生会负责任地告诉世人：西姚家弄48号曾是鲜为人知的“朱氏家祠”和江南古典私园“思敬园”的旧址！20世纪70年代以后，才真正成为遗址——彻底被拆除！我与同窗、学长、老教师是现场目睹的证人！

为了厘清以讹传讹的原委，梳理历史真相，笔者经数十年不懈努力，搜集到百年前的老照片和史料，翔实披露昔日西姚家弄48号沿革真貌。

（1）乾隆三十六年（1771年）"朱氏家祠"竣工。

（2）乾隆三十九年（1774年）家祠西侧的江南古典家族私园竣工。

（3）百年之后，同治十年（1871）年刻刊的《同治上海县志》中"遂以思敬名其园"。故"思敬园"实乃后人授予的园名而闻世。

（4）"思敬园全景线描图"及图文史料上有"思敬堂"等建筑，但并无"敦春堂"踪迹或其他图文记载，可以说，"敦春堂"在近代上海史文献资料中无考。

（5）1916年，由朱澄俭捐资，在祠堂内创办"私立思敬小学"，并亲任校长。1922年后，朱澄俭父子投资绢丝实业，成为上海首家民族绢丝实业和大亨。

（6）1952年"私立思敬小学"由邑庙区教育局接管改公办，并更名为西姚家弄小学。

（7）1956年7、8月，西姚家弄小学因辟建小操场，"思敬园"园景被毁。

（8）60年代中期，西姚家弄小学并入附近的聚奎街小学后，相继成为澉浦中学（创建于1965年）、井冈中学分部、市八中学分部。青色的砖、小片的黛瓦，雕梁花窗、飞檐出甍、回廊挂落，雕刻精美、流檐翘角的老建筑最终全部在这里消失得无影无踪，取而代之的是如今的L形五层教学楼。

（9）2010年9月，"董家渡路第二小学"迁入西姚家弄48号校舍，附近的聚奎街小学、中华路一小、人民路一小师生和退休教师关系（含原思敬、西姚小老教师）都并入“董家渡路第二小学”。

（10）2017年6月29日，市文物局在官网颁布的“区级文物保护点”中，“西姚家弄48号”（今“董家渡路第二小学”）是“上海英国领事馆遗址”。

笔者拙见：

（1）1843年—1849年，上海开埠以来的首家外国（英国）领事馆临时馆舍“遗址”在“新衙巷”，今学院路四牌楼路东南角地块。即东邻“思敬园”的西北角。

（2）正本清源，西姚家弄48号是“思敬园（朱氏家祠）遗址”。

笔者建议：

（1）西姚家弄48号“思敬园（朱氏家祠）遗址”当列入“区级文物保护点”。

（2）上海英国领事馆最初的馆舍，“遗址”应“修正”为：学院路四牌楼路东南角地块。

（3）为传承上海历史文化，“董家渡路第二小学”校名似更名为“思敬小学”更合适。

上述诸项史实考据，笔者已在下列拙文中，均有详细介绍：

（1）《申城首个外国领事馆遗址究竟在何处？》，《上海地方志》2013年第5期（时为内部交流双月期刊，2016年起为有出版刊号的学术季刊）。

（2）《史海钩沉“思敬园”》，《园林》（上海）2014年第10期。

“一介草民”的“异见”，自2017年7月31日在微博、微信上公布以来，多次以私信向@上海发布、@上海文化、@上海黄浦、@解放日报、@文汇报、@新民晚报新民网等主管部门和媒体反映。但截至今日，竟无一家回应“一介草民”的“异见”。

为尊重历史！为恢复历史真相！以免以讹传讹被贻笑大方！上海记忆拾遗者：古稀之年的“一介草民”无奈再次发文呼吁。

遗址保护“主体”将“生变”！

笔者在微博和链接新浪博客的史实寻踪发表后，获得近 8 万读者的阅读和支持。上海市历史学会副会长、复旦大学史学博导、教育部社会科学委员会委员、中央文史研究馆馆员葛剑雄教授阅读后，立即在微博上留言力挺：“这是史实调查，不是学术争议，我没有调查是没有发言权的。从大作的叙述和分析看，你的结论是可以成立的。建议正式向上海市文管会提出，请该会进行复核。”

随后，笔者多次联系“区级文物保护点”申报单位黄浦区文保所，所领导得知情况后，来电话告知，他们“将即刻组织人员对历史资料进行多方面的再次核查，进行复议”，“复议结果会与下一批确认的文物保护点一起公布”（按惯例需一年以后）。其后，作者又主动上门拜访黄浦区文保所领导，详细汇报西姚家弄 48 号“思敬园遗址”的调查情况和申城首个外国领事馆遗址的考据。

一个半月之后的 9 月 14 日，笔者通过电子信箱，咨询进程情况。次日，黄浦区文保所答复笔者：“您的说法是成立的，我们会在合适时间统一公布修正”结果。笔者立即再去一信：“目前，需知道如何表述‘修正’的结果。”作者有预感，进展得太顺利，速度也够快的，也没有叫笔者去“答辩”一番。毕竟要否定在史学界已确定的结论，事情没那么简单。果然不出所料，9 月 18 日上午 8 时许，黄浦区文保所所长来电称告知“修正”的内容为：“西姚家弄48号，思敬园遗址”！而对关键的“上海英国领事馆遗址”在哪里？就只字不提了，也不做任何解释，就匆忙挂断了固话。9点45分，不得已，再发一信：“黄浦区文保所所长：2017年7月30日，百余年来，官方媒体首次‘确认’‘西姚家弄48号’是‘英国领事馆遗址’。你来电称：将‘修正’为‘思敬园遗址’‘西姚家弄48号’。关键的‘上海英国领事馆遗址’究竟在哪里？避而不提了！无论怎么说，向公众是交代不过去的。显然，你们是在维护上海史学界……原来的一些‘定论’。”继续让遗址问题以讹传讹下去？各级主管部门是否应该认真考虑呢？

2018年，我们将迎来上海开埠175周年。百余年来，连遗址问题都弄不清？作为古稀之年的我，都感到脸红。更何况，史学博导葛剑雄教授都发声力挺：“你的结论是可以成立的，最早的英国领事馆遗址在今‘学院路四牌楼路东南角地块’。因此，要求区文保所将上海首个英国领事馆遗址，今学院路四牌楼路东南角地块列入黄浦区的‘区级文物保护点’上报，该结束以讹传讹了！”

此后，对于最早上海英国领事馆遗址的异见，笔者没有收到黄浦区文保所的一字回复，更没有收到市文物局的一字回复。

（2017年9月18日）

申城首个外国领事馆遗址究竟在何处?

175年前的1843年11月14日，据《南京条约》和《五口通商章程》，申城首个外国领事馆——英国领事馆率先在老城厢租借一座商人的住宅里开张，三天后，即11月17日上海正式开埠通商。自此中外贸易中心逐渐从广州移到上海。外国商品和外资纷纷通进长江门户，开设行栈、设立码头、划定租界、开办银行，上海进入历史发展的转折点，从一个不起眼的海边县城开始朝着远东第一大都市大步迈进。在老城厢长达五年多的申城首个外国领事馆——英国领事馆，无论从哪方面说，其历史意义是重大的，百余年来，其遗址也备受各方关注。

早在20世纪50年代中期，笔者就曾留意过申城首个外国领事馆遗址。那时，笔者住老城厢，在西姚家弄读小学。因品学兼优，由班主任潘初恒老师推荐，与赵松涛等同窗成为邑庙区工人俱乐部家属儿童工作委员会一员，就是当今所说的“志愿者”，晚上负责俱乐部报刊阅览室值班。有一天，在报纸上有篇报道说，上海第一个英国领事馆遗址就在“西姚家弄”附近。东姚家弄、西姚家弄都是我上学、放学的必经之路，我常留意两边的旧建筑、大的庭院，似乎没有什么蛛丝马迹被发现。直到1962年光明中学初中毕业，不走东、西姚家弄了，才暂时放弃了这一未向任何人透露的心中“疑惑”。这“疑惑”一放就是50余年。

不经意间，风风雨雨、坎坷坎坷地在外地船舶行业工作了四十年后，才于2005年初落叶归根回沪定居，才使笔者有充分的时间在互联网上浏览上海史料，去借阅专家们的上海开埠的史学著作，去寻踪申城首个外国领事馆遗址，探索上海开埠史中小小一页的真相，这成了笔者退休生活重要部分。经过多年的努力，浏览了不少专家对申城首个外国领事馆遗址的不同诠释，还找到了60年前的那份报纸。在上海开埠170周年前夕，经认真梳理，笔者终于初步厘清遗址不同诠释的来龙去脉，有了草根的另类辨析和诠释。

目前，上海史史学专家普遍认为，最初的英国领事馆临时馆址，是位于县城东门到西门当中靠近城墙的（注：疑为今东姚家弄）姚氏的房子。开埠三个月之后，1844年2月，英国领事馆搬到老城厢顾氏住宅“敦春堂”。五年半之后，1849年7月21日，英国领事馆在外滩自建的新馆启用。

一般史料上，就将租用时间长的顾氏住宅——“敦春堂”作为英国上海领事馆首个馆址，这一说法也被众多作者、媒体广泛引用。“敦春堂”也成为申城最早的外国领事馆馆址。

175年之后，申城首个外国领事馆遗址今安在?

近百年来，众说纷纭，未见确切的可靠的定论，在主要的公开出版物中有以下几种典型的说法：

（1）2012年的“姚家弄”说；

（2）2002年的“西姚家弄顾氏住宅敦春堂（今西姚家弄48—76号）”说；

（3）2002年的“新街（弄）”说；

（4）1957年的“西姚家弄小学西隔壁”说；

（5）1934年的“城里东西大街新衙巷（Se Yaon Road）”说；

（6）1921年的“the Tun Chun Tang dwelling house of Koo in the Se Yaou

Kea street”说。

现分别介绍如下：

其一，最早的上海英国领事馆馆址在“姚家弄”，这是笔者在上海科学技术文献出版社 2012 年出版的《上海外滩》（薛理勇著）一书中阅读到的。书中写道：“巴富尔在上海城里姚家弄租借到一家民宅，并将领事馆设在那里。”[1]

其二，最早的上海英国领事馆遗址在“西姚家弄 48—76 号”之说，出自 2002 年的出版的《旧上海租界史话》（薛理勇著）一书。书中指出：“巴富尔租下了城内西姚家弄顾氏住宅敦春堂（今西姚家弄 48—76 号）作为领事馆和住宅。”[2] 此处是笔者所查到的资料中唯一有详尽门牌号的遗址，并在 2017 年 6 月 29 日，被上海市文化广播影视管理局、上海市文物局在官方网站上发布的“上海市不可移动文物名录”中。其中，有黄浦区的“区级文物保护点”：“上海英国领事馆遗址，西姚家弄 48 号”。这也是百余年来，官方媒体首次“确认”“英国领事馆遗址”在“西姚家弄 48 号”。

最早的上海英国领事馆遗址在“西姚家弄”（无具体门牌号）之说，被《上海的英国文化地图》等上海史学著作采用，如：“1844 年 2 月，英国人从一个姓顾的人那里租到一处住房，位于大东门西姚家弄，名敦春堂，坐北朝南，院子里有四幢二层楼房，上下共 52 间，有水井、厕所，押金 640 两银子，每年租金 640 两银子。”[3]

此外，“西姚家弄”之说，也被上海市地方志办公室主办的上海通网

---

[1] 薛理勇：《上海外滩》，上海科学技术文献出版社 2012 年版，第 3 页。

[2] 薛理勇：《旧上海租界史话》，上海社会科学院出版社 2002 年版，第 3 页。

[3] 熊月之：《上海的英国文化地图》，上海锦绣文章出版社 2011 年版。

站采用。

其三，最早的上海英国领事馆遗址在“新街（弄）”（注：今学院路148弄，旧称“新衖”），出自2002年《外滩的历史和建筑》（薛理勇著）。书中指出：“几天后，巴富尔租下了城里新衙巷一顾姓人家的52间民房，权做领事署，开始办公。”薛先生对上述“新衙巷”，特地在该章结尾的第10页作了如下注释：“兰宁《上海史》记录早期英国领事馆在城里的Se Yaon Road。上海通志馆研究人员、上海史专家蒯世勋在20世纪30年代发表的《上海公共租界的发端》（载《上海市通志馆期刊》）音译为‘新衙巷’。新衙巷见于《同治上海县志》的记录，其后改称‘新弄’，即今‘新街’，详情可参考笔者著《闲访上海》中《宋代上海镇和元代上海县之中心考》一文。有的著作将Se Yaon Road译作‘西姚家弄’，从Se Yaon的读音，近似‘新衙’为确。”[1]

这里，薛先生还提出了与众不同的“新观点”：“新衙巷”后改称“新弄”，即今“新街”，也就是说，按薛先生之见，最早的上海英国领事馆遗址在“新弄”（今“新街”）。

其四，最早的上海英国领事馆遗址在“西姚家弄小学西隔壁”，出自1957年10月20日《新民报晚刊》第6版，该版刊登了何建先生撰写的《邑庙区发现英国领事馆遗址》报道。文中说：据《上海市通志馆期刊》第二年第一期（1934年）中记载：“（1843年）11月8日，英领巴尔福到沪的翌日，即登岸去谒见沪道吴健彰，协议正式开埠日期以及领事馆地址等事情。”“后英领即于西姚家弄租得商人顾姓巨屋一座，作为领事馆。”又据外文《上海历史》（1921年版）中记载：“顾姓大宅面向南北，

[1] 薛理勇：《外滩的历史和建筑》，上海社会科学院出版社2002年版，第5、10页；《闲访上海》，上海书店出版社1996年版，第225页。

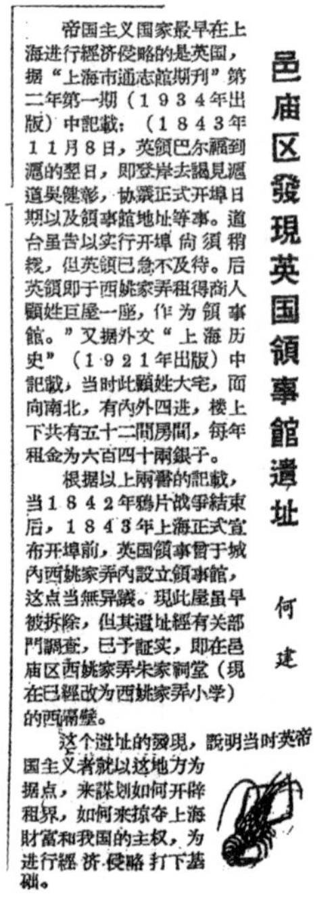

邑庙区發現英国領事館遺址

何建

帝国主义国家最早在上海进行經济侵略的是英国，据“上海市通志館期刊”第二年第一期（1934年出版）中記載：（1843年11月8日，英領巴尔福到滬的翌日，即登岸去謁見滬道吳健彰，协議正式开埠日期以及領事館地址等事。道台虽告以实行开埠尚須稍稜，但英領已急不及待。后英領即于西姚家弄租得商人顧姓巨屋一座，作为領事館。”又据外文“上海历史”（1921年出版）中記載，当时此顧姓大宅，面向南北，有內外四进，楼上下共有五十二間房間，每年租金为六百四十兩銀子。

根据以上兩書的記載，当1842年鴉片战爭結束后，1843年上海正式宣布开埠前，英国領事曾于城內西姚家弄內設立領事館，这点当無异議。現此屋虽早被拆除，但其遺址經有关部門調查，已予証实，即在邑庙区西姚家弄朱家祠堂（現在已經改为西姚家弄小学）的西隔壁。

这个遺址的發現，說明当时英帝国主义者就以这地方为据点，来謀划如何开辟租界，如何来掠夺上海財富和我国的主权，为进行經济侵略打下基础。

图 1 《新民报晚刊》(1957 年 10 月 20 日)

有内外四进，楼上下共有五十二间，每年租金为六百四十两银子。”“其遗址经有关部门调查，已予证实，即在邑庙区西姚家弄朱家祠堂（现在已经改为西姚家弄小学）的西隔壁。”[1]（笔者注：西姚家弄小学正是笔者当年的启蒙学校，其门牌号正是西姚家弄 48 号，岁月沧桑，学校几经易名，如今朱家祠堂遗址为董家渡第二小学校舍。）

据查，何建先生最初的“西姚家弄”线索，源自 1934 年出版的《上海市通志馆期刊》的《上海商埠的开辟》一文，作者为散文家徐蔚南先生。该文将“西姚家弄”注释源自“Se Yaon Road”[2]，自此，将“Se Yaon Road”译为“西姚家弄”而被广为流传至今，并为当今上海史史学专家和作家普遍采用。1934 年以前，是否有其他作者将“Se Yaon Road”音译为“西姚家弄”，目前暂尚无一例更早的史料佐证。

其五，最早的上海英国领事馆遗址在“城里东西大街新衙巷”，出自上海史专家、翻译家、文学家、出版家蒯世勋撰写的《公共租界的发端》，原文始发于 1933 年 6 月出版的《上海市通志馆期刊》第 1 卷第 1 期，文中是这样叙述的：“英领巴尔福随即在城里东西大街新衙巷（Se Yaon Road）上，租得顾姓（译音）共有五十二间屋子的大房子，作为住宅和公署，每年房租四百元。十一月十四日（九月二十三日），英领正式

[1] 何建：《区发现英国领事馆遗址》，《新民报晚刊》1957 年 10 月 20 日。

[2] 徐蔚南：《上海商埠的开辟》，《上海市通志馆期刊》1934 年第 2 卷第 1 期。

发表布告，将其领署地址，通知该国侨商。”[1]

蒯世勋先生可能是我国最早将“Se Yaon Road”译为“新衙巷”的学者。而当今上海史史学专家普遍对他这一准确的翻译缺乏重视与了解，或如被薛先生那样将“新衙巷”误读为“新弄（街）”。此外，“新衙巷”音译的“Se Yaon Road”最早又来自外文文献何处，如今已难以查证。

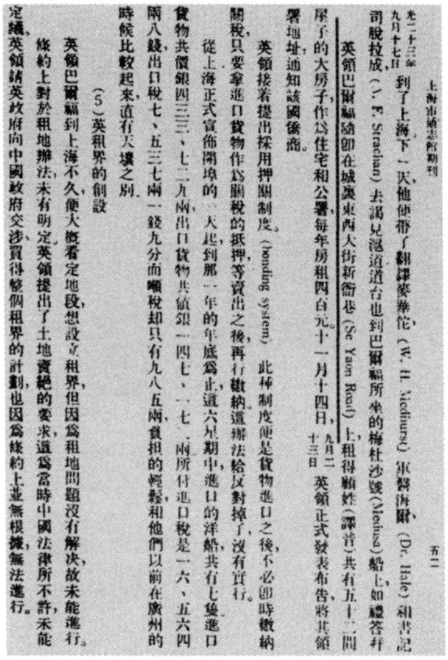
上海市通志館期刊 五二

(道光二十三年九月十七日) 到了上海。下一天他便帶了翻譯麥華陀(W. H. Medhurst)、軍醫海爾(Dr. Hale)和書記司脫拉成(A. F. Strachan)去謁見滬道道台，也到巴爾福所坐的梅杜沙號(Medusa)船上，如禮答拜。

英領巴爾福隨卽在城裏東西大街新衙巷(Se Yaon Road)上，租得顧姓(譯音)共有五十二間屋子的大房子，作爲住宅和公署，每年房租四百元。十一月十四日，(九月二十三日) 英領正式發表布告，將其領署地址，通知該國僑商。

英領接着提出採用押關制度。(bonding system) 此種制度便是貨物進口之後，不必卽時繳納關稅，只要拿進口貨物作爲關稅的抵押，等賣出之後，再行繳納。這辦法給反對掉了，沒有實行。

從上海正式宣佈開埠的一天起，到那一年的年底爲止，這六星期中，進口的洋船共有七隻，進口貨物共價銀四三三、七二九兩，出口貨物共值銀一四七、一七〇兩，所付進口稅是一六、五六四兩八錢，出口稅七、五三七兩一錢九分，而噸稅卻只有九八五兩，負担的輕鬆，和他們以前在廣州的時候比較起來，直有天壤之別。

(5) 英租界的創設

英領巴爾福到上海不久，便大概看定地段，想設立租界，但因爲租地問題沒有解決，故未能進行。條約上對於租地辦法，未有明定，英領提出了土地賣絕的要求，這爲當時中國法律所不許，未能定議，英領請英政府向中國政府交涉，買得整個租界的計劃，也因爲條約上並無根據，無法進行。

图 2 《公共租界的发端》（1933 年）

其六，最早的上海英国领事馆遗址在“Se Yaou Kea street”，出自 1921 年 G. LANNING-S. COULING 先生所著的《THE HISTORY OF SHANGHAI》（上海史），书中有这样一段介绍：“Two translations of a rent deed are extant，one，incorrect，by Parkes，the other by Gutzlaff. This shows how，The British Consul has now engaged to rent the Tun Chun Tang dwelling house of Koo in the Se Yaou Ken street，a northern and southern aspect consisting of four buildings that contain 52 upper and lowre rooms，with weiis and reservoirs behind in proper order.”[2]

很显然，目前所知的公开发行的比较早的英国领事馆史料，当是 1921 年出版的蓝宁、柯林所著的英文版的《上海史》。蓝宁（1852—

[1] 蒯世勋：《公共租界的发端》，《上海市通志馆期刊》1933 年第 1 卷第 1 期，第 52 页。另见蒯世勋等编著：《上海公共租界史稿》（上海史资料丛刊），上海人民出版社 1980 年版，第 307 页。

[2] G. LANNING-S. COULING，*THE HISTORY OF SHANGHAI*，For the Shanghai municipal council by Kelly & Walsh，1921：276.

1920)，英国人，时为上海英华书馆总教习（1875—1889）、上海西童书院院长（1889—1907），他在工部局支持下编辑此书，较多运用了工部局档案。他去世后，由柯林继续编辑、校对。柯林，英国传教士，1884 年来华，在山东青州传教和办学，1905 年来沪，任亚洲文会名誉干事，1919 年任麦伦书院院长。此书特点是历史资料丰富，上海史研究者大都以此史料为依据，但没有中文译本。

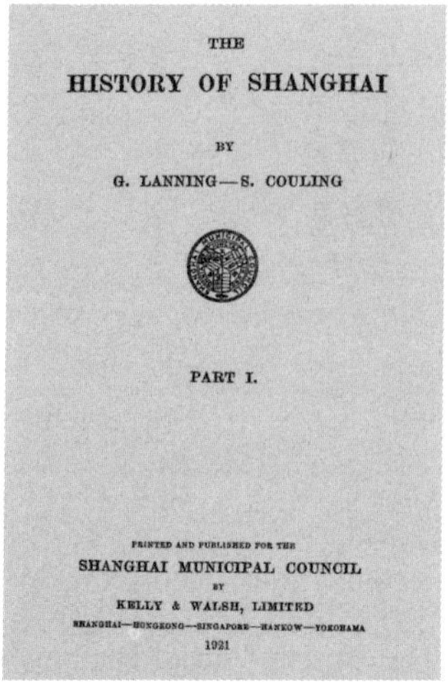

THE

HISTORY OF SHANGHAI

BY

G. LANNING—S. COULING

PART I.

PRINTED AND PUBLISHED FOR THE

SHANGHAI MUNICIPAL COUNCIL

BY

KELLY & WALSH, LIMITED

SHANGHAI—HONGKONG—SINGAPORE—HANKOW—YOKOHAMA

1921

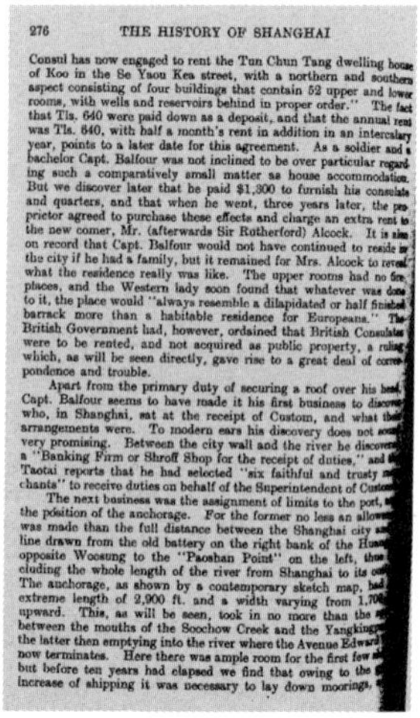

276 THE HISTORY OF SHANGHAI

Consul has now engaged to rent the Tun Chun Tang dwelling house of Koo in the Se Yaou Kea street, with a northern and southern aspect consisting of four buildings that contain 52 upper and lower rooms, with wells and reservoirs behind in proper order." The fact that Tls. 640 were paid down as a deposit, and that the annual rent was Tls. 640, with half a month's rent in addition in an intercalary year, points to a later date for this agreement. As a soldier and a bachelor Capt. Balfour was not inclined to be over particular regarding such a comparatively small matter as house accommodation. But we discover later that he paid $1,300 to furnish his consulate and quarters, and that when he went, three years later, the proprietor agreed to purchase these effects and charge an extra rent to the new comer, Mr. (afterwards Sir Rutherford) Alcock. It is also on record that Capt. Balfour would not have continued to reside in the city if he had a family, but it remained for Mrs. Alcock to reveal what the residence really was like. The upper rooms had no fireplaces, and the Western lady soon found that whatever was done to it, the place would "always resemble a dilapidated or half finished barrack more than a habitable residence for Europeans." The British Government had, however, ordained that British Consulates were to be rented, and not acquired as public property, a ruling which, as will be seen directly, gave rise to a great deal of correspondence and trouble.

Apart from the primary duty of securing a roof over his head, Capt. Balfour seems to have made it his first business to discover who, in Shanghai, sat at the receipt of Custom, and what their arrangements were. To modern ears his discovery does not sound very promising. Between the city wall and the river he discovered a "Banking Firm or Shroff Shop for the receipt of duties," and the Taotai reports that he had selected "six faithful and trusty merchants" to receive duties on behalf of the Superintendent of Customs.

The next business was the assignment of limits to the port, and the position of the anchorage. For the former no less an allowance was made than the full distance between the Shanghai city and a line drawn from the old battery on the right bank of the Hwangpu opposite Woosung to the "Paoshan Point" on the left, thus including the whole length of the river from Shanghai to its outlet. The anchorage, as shown by a contemporary sketch map, had an extreme length of 2,900 ft. and a width varying from 1,700 ft. upward. This, as will be seen, took in no more than the space between the mouths of the Soochow Creek and the Yangkingpang, the latter then emptying into the river where the Avenue Edward VII now terminates. Here there was ample room for the first few years, but before ten years had elapsed we find that owing to the increase of shipping it was necessary to lay down moorings,

图 3　蓝宁、柯林著《上海史》(1921 年版)

多年来，一些上海史史学研究者将上述“the Tun Chun Tang dwelling house of Koo in the Se Yaou Kea street”译成“西姚家弄顾氏住宅敦春堂”，得到广泛流传，并为上海地方志办的上海通网站所用，这是值得商榷的。

笔者认为，确切的音译应为“新衙街的顾氏住宅敦春堂”或“新衙前街的顾氏住宅敦春堂”均可。因为“新衙街”与“新衙前街”都是当今学院路的旧称。此外，“street”的词意是除街、街道、马路外，尚有“纬路”(东西向)之意。这与“新衙前街”是东西走向的道路也相吻合。

那时有没有 Se Yaou Kea street——东西走向的“新衙前街”呢?

据《上海地名志》“市区旧今路名对照表”介绍，学院路旧称中确实有“新衙前”一说——顾名思义，是上海新县署前的大街。

此外，“新衙前街”与前文《上海市通志馆期刊》(1934年)所译，1884年英国领事馆在老城厢租用的馆址在“城里东西大街新衙巷(Se Yaon Road)”也是一致的。据《上海地名志》“市区旧今路名对照表”介绍，“新衙巷”确是学院路最初的旧称。另据2012年7月出版的孙川华全本翻译的《晚清上海史》(Historic Shanghai)一书，书中将上述“东西大街”译为“城内主干道”，则表述得更符合当时老城厢的道路历史(详见本书《新衙巷：上海“第一街”》一文)。英文版《晚清上海史》也有译为《历史上的上海》，原作者是葡萄牙学者裘昔司(又译为徐萨斯)，该书1907年由上海西文出版社英文版，也是最早的可供参考的外国学者撰写的外文上海史著之一。

因此，结合《上海县志》及历代地图，“Se Yaou Kea street”音译为“新衙街”或“新衙前街”比译成“西姚家弄”更确切，更合乎学院路沿革中的旧称。

上述史实表明，20世纪60年代之前，中外上海文史专家对申城首个外国领事馆遗址的定位，基本上还是比较符合史实。经不起考证的反而是近一二十年来的一些当代专家学者的结论，甚至被以讹传讹而广为传播。

《上海名街志》前言中也记载：“明弘治时，城厢坊巷5条，为新衙巷、新路巷、薛巷、康衢巷和梅家巷。嘉靖三十二年(1553年)，为抵御倭寇的侵扰，上海县建筑城

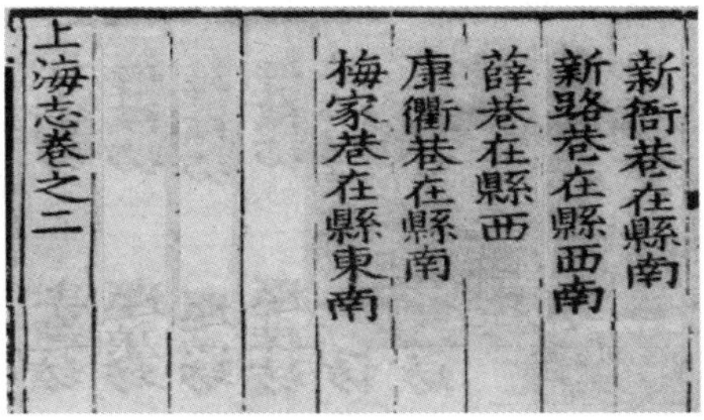

图4　明《弘治上海志》记载的五大街巷

墙，邑内形成以县署为中心，南北、东西纵横交叉的街巷系统。县署东西两侧辟出三牌楼街和四牌楼街两条南北干道，另有新衙街（今学院路）、康衢巷（今光启南路）、新路巷（今望云路）、薛巷（今薛弄底街）、梅家巷（今梅家街和东梅家街）、澜亭巷、宋家湾（今四牌楼路南段）、马园弄（今马园街）、姚家弄（今东、西姚家弄）、卜家弄10条街巷。这种格局延续至明末清初，上海县城一直是一个仅有10多条小街巷的‘蕞尔小邑’，人称‘小苏州’。”

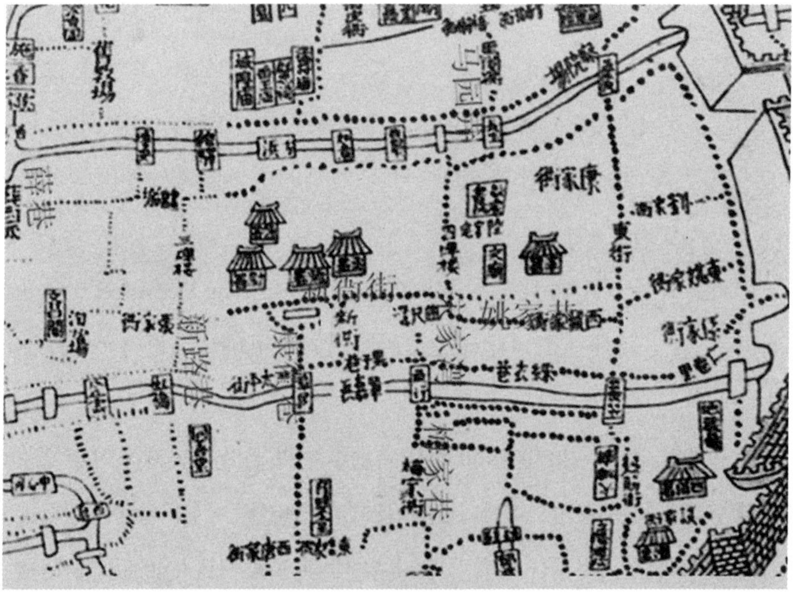

图5　19世纪初上海县城（巷名章印系资料文献原印迹）

据清同治年间（1862—1874）《上海县志》卷首“上海县城内街巷图”，今东西走向的学院路，曾称“县前街”。

由光绪十年（1884）县署附近的上海老城厢地图（图7）可知，“《颜志》衙作街”，本意是指县衙前面广场是街道。“今县东西大街”之意是指当时的县东街和县西街（今学院路）。

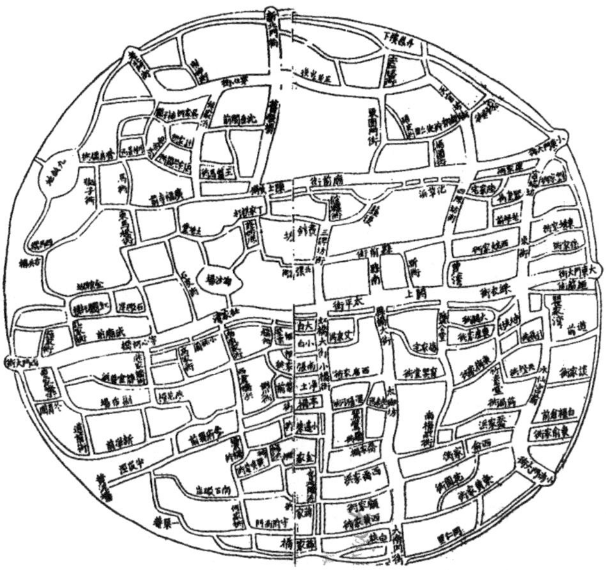

图 6　清同治年间“上海县城内街巷图”

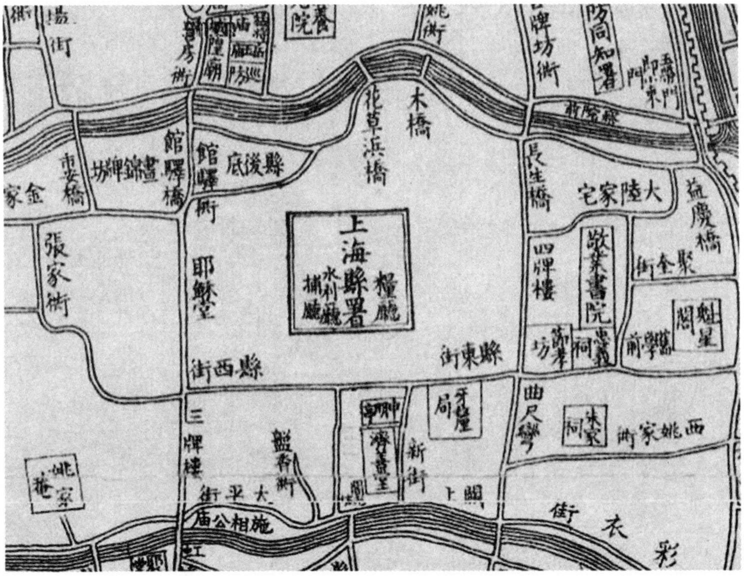

图 7　1884 年绘制的县署附近的上海老城厢

仔细观察一下图 7，上海县署的南边，南北向的“新街”东侧是“牙厘局”（县署掌管财务收支两事的机构），西侧是“申明亭”和“旌善亭”。在县东街东端，有节孝坊、忠义祠，西姚家衖西段有朱家祠（后为西姚家弄小学旧址）等清晰可见。按理，顾氏住宅的 52 间房的大宅院规模也不算小，附近建筑就是没有“敦春堂”的标注。但是，从图 7 的“县东街”“县西街”（即“新衙街”）、“新街”和西姚家弄上所标注的建筑来看，唯有“县东街”“曲尺湾”的东南角带院子的地块才可能是顾氏住宅的 4 幢 2 层楼 52 间房所在。

我们还可以从 1948 年出版的《老上海百业指南》地图上得到印证。如图 8 所示，1844 年 2 月—1849 年 7 月 20 日，英国领事馆租借新衙巷“面向南北”的顾氏住宅作为馆址，位置在新衙巷曲尺湾路口的东南角（今学院路四牌楼路），即在新衙巷之南、曲尺湾之东、曲尺湾“大成里”之北，朱家祠堂（即西姚家弄小学）之西范围内（如图 8 所示 A 区域范围）。

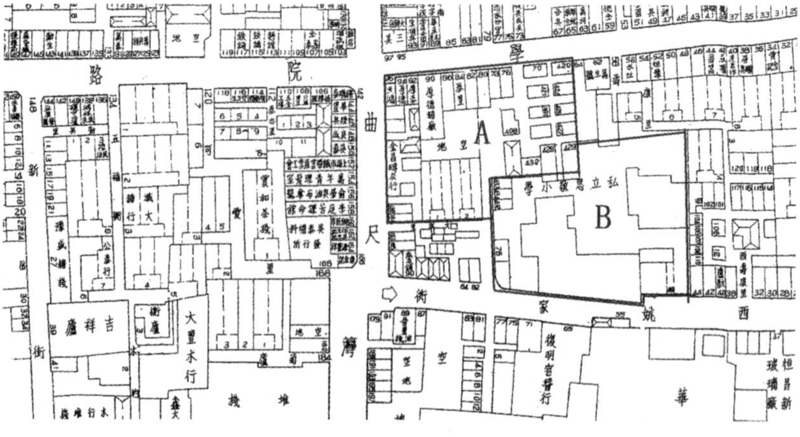

图 8 《老上海百业指南》上的学院路（1948 年）

该地块也印证了作者何建在 1957 年的那篇报道所言：据《上海市通

志馆期刊》（1934 年）和英文《上海历史》（1921 年）二书记载“英国领事馆遗址”在今“西姚家弄小学的西隔壁”（注：确切地说，应为“西北侧隔壁”）。英文《上海历史》中记载“当时此顾姓大宅，面向南北”，也印证了顾姓大宅为“座北朝南”之说，即门在新衙街上的“面向南北”的房子。

图 9　今日学院路四牌楼路东南角

至于 2002 年的“西姚家弄顾氏住宅敦春堂（今西姚家弄 48—76 号）”之说，实在有些牵强附会，缺乏考究。

20 世纪 50 年代初至 60 年代末，笔者一直生活、求学在老城厢，西姚家弄 48 号正是笔者的启蒙学校——西姚家弄小学所在的门牌号。当时就与 50—76 号根本没有任何关系。在 1948 年出版的《老上海百业指南》商业地图上，“私立思敬小学”标注的就是西姚家弄 48 号，且 48 号是单独的独立门户。该地块是 1916 年由朱节香先生在朱家祠堂里创办的“私立思敬小学”。1952 年由邑庙区教育局批准，学校由私立改公办，并改名

“西姚家弄小学”。

朱家祠堂由绅士、朱氏族长朱之淇（生于1693年）及族人集资“多购隙地建祠堂”创办于1771年。“祠在本县城内二十五保八图”，占地3亩余。所以朱家祠堂里那有可能有顾氏住宅敦春堂?

岁月沧桑，虽然“西姚家弄小学”校园半个世纪以来，校名几经变更、校舍几经易手，原有祠堂建筑也早就改建成5层楼现代校舍，但这3亩余的朱家祠堂遗址地块仍然完整无缺，并一直由区教育局掌管。西姚家弄小学早在1965年被撤并到聚奎街小学，遗址相继成为附近初级中学分部校舍。现遗址为2010年9月迁入的董家渡路第二小学，聚奎街小学、中华路一小等小学，也同时撤并到董家渡路第二小学。有趣的是，“嫁出去”四五十年之后，“西姚家弄小学”隐姓埋名悄然地回到了“老宅”故地竟然少有人知晓。有趣的是昔日的退休老教师、当教师的学姐的退休关系也回到了母校“老宅”故地。

显而易见，作为老城厢“老土地”所知道的启蒙学校史实和1957年何建先生所撰写的《邑庙区发现英国领事馆遗址》报道，使未见充分考据的“西姚家弄顾氏住宅敦春堂（今西姚家弄48—76号）”之说苍白无力。

至于《外滩的历史和建筑》一书中提出的“新衙巷”即“新街（弄）”，也就是说最早的上海英国领事馆遗址在“新街（弄）”，是自相矛盾的，缺乏史实考据的，此论既否定了作者自己的“今西姚家弄48—76号”之说，又与公认的最早的上海英国领事馆馆址是在东西向大街上相违。

2014年元旦，笔者在学院路134弄（即五福弄，始建于20世纪初）寻访到一位生于1934年的夏老先生，他自出生于五福弄后，一直生活居住在五福弄。1937年8月28日下午，日军声称中国军队聚集南市，派6

架轰炸机飞到南市上空进行轰炸。站在五福弄弄口的夏先生，目睹一枚炸弹在五福弄的正南面炸下，使五福弄南端至复兴东路的民居成废墟，引发的大火，又使五福弄西面的新弄民居毁于一旦，至今仍有不少痕迹可寻。如，五福弄仅剩该弄北段几栋百年老宅，新弄北段也只有 27 号等寥寥几栋百年老宅。难能可贵的是，夏先生还是思敬小学的校友、笔者的学长，他还留字据证实思敬园园景和学院路四牌楼路东南角的四栋二层楼民宅在 20 世纪 40 年代末、50 年代初并未受损失，仍是原样。1982 年《新民晚报》复刊的时候，已经 48 岁的党员夏先生，还应聘到《新民晚报》，为林放先生（即赵超构先生）整理了 5 年资料，他的证言应是可信的，也与 1921 年出版的蓝宁、柯林所著的英文版的《上海史》基本一致。[1]

图 10　新弄的百年老宅（2013 年 3 月摄）

综上所述，史实表明，申城首个外国领事馆遗址在新衙巷曲尺湾路口的东南角（今学院路四牌楼路）的如图 8 所示 A 区域的范围，即在新衙巷之南、曲尺湾之东、曲尺湾大成里之北，朱家祠堂（即西姚家弄小学、今董家渡第二小学）之西的范围内，其可信度更高。

近十多年来，上海英国领事馆遗址在“西姚家弄”之说流传更加广泛，不断被上海文史专家采用，

[1] 参阅周新民：《蛮有“福相”个五福弄》，《新民晚报》2013 年 2 月 6 日“上海闲话”版。

被上海市地方志办公室的上海通网站和市文史主管部门采用，影响甚广。上海开埠通商已有 175 年，主管部门有必要听取和受理不同普通市民的意见，尊重历史史实，结束对英领馆遗址的误判。

笔者期待有关方面若能提供该区域 1840 年左右的地契档案，则有助于进一步的研究。

目前，本文所认为的上海英国首个领事馆遗址上的 6 层居民楼均系 1989 年左右拆除原 2 层楼的旧房所建。已无原顾氏大宅院的一丝踪迹。

作为一位退休多年的工程师，毕竟史学知识肤浅，对首个外国领事馆遗址提出上述管见，权作商榷，恐有不当或疏漏，恳请当今上海文史专家指正。

谨将此文献给上海开埠通商 175 周年！

（原载《上海地方志》2013 年第 5 期，改于 2017 年 11 月）

新观点：上海最早营业性戏院与最早英领馆遗址似在同一处

在前文《申城首个外国领事馆遗址究竟在何处？》中，笔者认为，上海开埠时，英国首任上海领事馆领事巴富尔租借的馆舍位于今学院路四牌路口的东南角的顾氏大宅院。文中也曾提及学院路多顾姓聚居之事且在新弄有顾姓老建筑遗存。原文发表至今已近 5 年，但笔者一直没有放弃搜集更多考据的机会，希望发现有价值的史料。

图 1　早期《上海画报》中的茶园戏园

今年 4 月 4 日傍晚，笔者在微信上浏览老上海戏园资料时，不经意间阅读到“上海最早的营业性戏院”“三雅园”创办于 1851 年，是利用四牌楼路上“顾姓的住宅大院改建”而成。

十多年来，笔者对这样的“时间”“地点”“顾姓”太熟悉不过了。于是立即查阅《上海通志》和《南市区志》中的相关篇章，收获太令人意外了！。

据《上海通志》第三十八卷中介绍：“清咸丰元年（1851年），上海县城小东门县前街开设最早的戏园三雅园，由此昆剧演出进入戏园。”[1]

如图2所示，清同治年间（1862—1874）《上海县志》卷首“上海县城 内街巷图”，今东西走向的学院路，清同治年间，确曾称“县前街”。

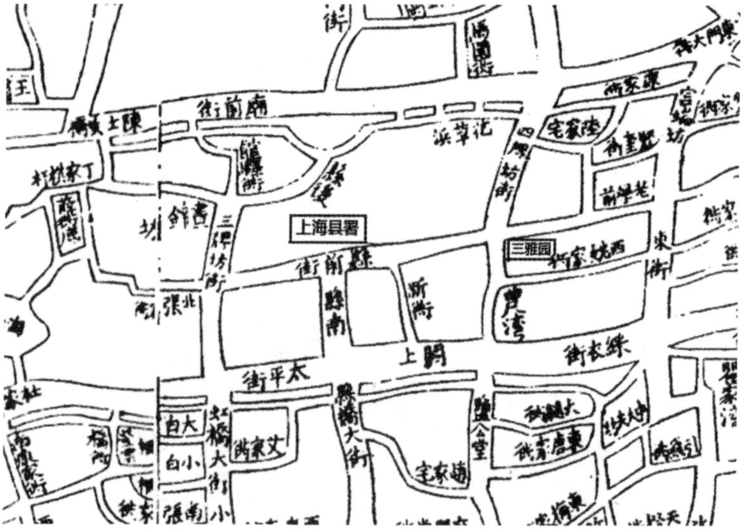

图2 清同治年间“上海县城内街巷图”（方框内字“上海县署”与“三雅园”系笔者所加）

《上海通志》中则这样介绍：“清咸丰元年（1851年），上海县城四牌楼三雅园戏茶园开办，为上海首处经营性演出场所，昆班演出。”[2]

上述“小东门县前街”即今学院路，“四牌楼”即四牌楼路，在前文

[1] 上海通志编纂委员会编：《上海通志》第三十八卷《文化艺术（上）》，上海社科院出版社、上海人民出版社2005年版。

[2]《上海通志》第三十九卷《文化艺术（下）》。

和本书另文《新衙巷：上海“第一街”》二文中有比较详细沿革介绍。

另据《南市区志》介绍：

> 清代，上海城厢内的戏院多称“园”或“茶园”，上午卖茶，下午演戏，卖茶是点缀，主要演出昆曲、徽班和京剧。书场演出评弹节目，大都分布于邑庙、小东门十六铺一带的大型茶馆内。
>
> 上海最早的营业性戏院是创办于清咸丰元年（1851年）的三雅园。戏院院址在上海县署西首（今四牌楼路处），由顾姓住宅改建而成。沿街是有八扇门的高平房，进门有小花园，戏台建于大厅中，台前置红木桌椅，观众围坐方台边喝茶边看戏。咸丰四年初（正月初一，1854年2月17日），三雅园毁于小刀会起义时的战火中，但以后钱业公所在小东门和昆曲演员在租界石路（今福建中路）开设的茶园，均称“三雅园”。[1]

上述《南市区志》中，三雅园“戏院院址在上海县署西首（今四牌楼路处）”，笔者认为，方位“西首”似有误，恐是撰稿者的笔误。从四牌楼路的相对位置来说，四牌楼路在上海县署（今光启路学院路口东北角）的“东首”，这样才与《上海通志》介绍的三雅园位置一致。有不少作者在相关文章中相互引用“三雅园在上海县署西首（今四牌楼路处）”，源头似与《南市区志》中的说法有相当大的关系。

晚清时，上海城厢内的戏院大都分布于邑庙、小东门十六铺一带的大型茶馆内，故多称“园”或“茶园”，上午卖茶，下午演戏，说书，卖

[1] 上海市南市区志编纂委员会编：《南市区志》第三十编《文化》第一章《文化场所》第五节“戏院　书场　游乐场”，上海社会科学院出版社1997年版。

茶是点缀。民国后期至1947年前，老城厢内老茶园仍有甚多遗存，如老城厢北门的康乐茶园、东门的鸿义茶园、南门的高升茶园。即使在五六十年代，笔者去西姚家弄小学上学时路上，必经中华路老太弄口的俊记共和园、西姚家弄东街口的文林茶园。茶园内面积不小，下午是说书的书场，夏季的傍晚则是老人们的长木盆里的“盆汤”浴。

俊记共和园，中华路134、136号，老板姓倪，大女儿阿银、二女儿阿娣。倪阿娣是我同班同学，少先队中队长，有时我还到共和园里去叫她一起上学去。

共和园周围的老房子在90年代拆除，在原址上建造了6层居民住宅楼，楼下仍是“共和园”，不过不是茶馆了，而是倪家出租给他人，挂着俊记共和园老招牌做小饭店了。

文林茶园，西姚家弄东街127号，20世纪50年代初，文林茶园收归邑庙区大集体所有，由华东师范大学孔祥骅先生的母亲承租，孔先生在《老爸青春无歌》（宁夏人民出版社2006年版）一书中，讲述到他50年代初，住在阁楼的童年艰苦生活。

大新茶园，光启路214、216号，在复兴东路光启路口。

在老城厢的十字路口开茶园老虎灶的比比皆是，三雅园也不例外。

如图3所示，1948年的《老上海百业指南》A区域上的四牌楼路学院路76号至90号虽是7个门牌号，因90号是2个门面，所以学院路76号至90号恰是8个门面，而他们的南面也恰是个大院子，东又临思敬小学，1948年的A地块与1852年左右的三雅园被毁前情况是非常吻合的。

上海开埠时，英国领事馆租借顾氏住宅（敦春堂）作为在上海的领事馆首个馆舍，自1843年11月14日至1849年7月20日止，长达五年半。上述“敦春堂”业主顾氏与《上海通志》和《南市区志》中的三雅园

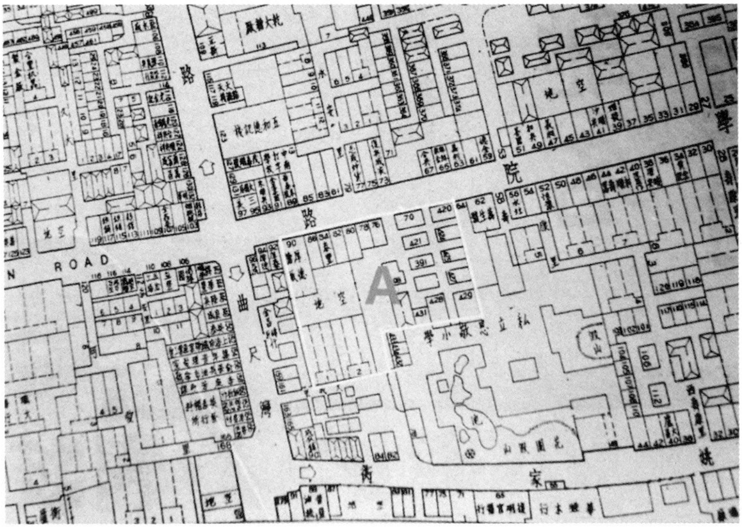

图 3 《老上海百业指南》上的四牌楼路学院路口（1948 年）

是 1851 年由顾姓住宅改建而成的“顾姓”，笔者认为，业主很可能是同一人，并且三雅园创办之前，业主顾姓可能已发迹多年，在他处另置豪宅居住。因此，其县前街（今学院路）的大宅院在 1843 年时已空闲，才会被英国首个驻沪领事巴赛尔租借使用。1849 年 7 月 20 日英国领事馆搬迁至外滩的自建新馆舍后，此处房产又被空闲。因此，2 年之后的 1851 年，被改建为三雅园也是顺理成章的事。

1854 年，小刀会起义失败前，被围困在上海县城内和东郊，这里“原是个商业繁华区，这里有许多民房与店铺栈号，吴健彰（注：上海道台）为便于向城内进攻，扫清这一屏障，下令清军在这里放火。结果一把火，将小南门至大、小东门一带原有的 2000 多间房屋全部烧毁，仅剩一些废墟颓垣，砖堆瓦砾，致使百年富庶精华，毁灭殆尽。据当时一位目击此情的外国侨民说：‘那一度曾经是火烟最稠密，并且也许是上海最富庶的东郊，竟变成凄凉无人的地带了。’这场大火，使老百姓损失的器物财产价值不下 300 万银元。”[1]

老城厢学院路四牌楼路一带，因上海县署所在，成为明清年代的政经文中心，在上述战火中，这里的遭遇的破坏也最大。20 世纪 50 年代笔者在思敬园（竣工于 1774 年）内读过书，在老太平弄带戏台的参业公所里打过工，在参业公所隔壁修缮一新的油麻公所里玩耍过，到过学院路聚奎街口戚同窗家，这些地方是极少遗存下的明清代的老建筑，可惜，在七八十年代全被拆除了。目前的晚清老建筑遗存大概只有今日学院路新弄的顾宅了，而学院路五福弄、四牌楼路 168 弄的建筑，则是 1933 年左右建造的石库门。众所周知的小南门附近的明代的徐光启故居和光启南路徐光启祠堂能保存至今，则是一种例外。

县东街：三雅园茶园

上海档案信息网，在《申城变迁》专栏《黄浦江上的“嘴”》一文中，也为三雅园在四牌楼学院路路口提供了又一佐证：

> 1843 年上海开埠后，县城以北地区先后出现了英租界和法租界，但当时上海最热闹的地方不是租界，而是县城。那里大小商铺、茶馆林立，小东门江边的天后宫，香烟缭绕，县东街的三雅园茶园，夜夜笙歌，都是热闹的场所。而城隍庙在开埠前就已是上海城最热闹的场所，一年之中，盛事不断，四周围店铺成行成市。始建于元代的文庙，规模宏大，有池、台、坛、亭之胜，

[1] 《〈近代上海风云录〉之二——小刀会起义的兴衰》，上海市档案信息网，http://www.archives.sh.cn/shjy/shsh/201204/t20120409_16284.html。

> 不仅是上海城的最高学官，还是游胜之地。
>
> 1853年9月，小刀会起义爆发，起义军一度占领上海县城，后起义军在清政府和外国侵略者的联合镇压下遭到了失败。上海县城遭到很大程度的毁坏，天后宫、文庙、三雅园均被焚毁。”[1]

上述，“县东街”与“县前街”一样，都是学院路的曾用名，而且，定位更加明确，即四牌路之东，聚奎街之西的路段。读者可以参考《新衙巷：上海“第一街”》一文中的沿革介绍。

老城厢三雅园在战火中毁于一旦而无任何遗存，在昔日八间门面的三雅园、英国领事馆遗址上建造的普通二层楼的民居，历经百余年的沧桑，也早在20世纪80年代末拆除，建起了如今的临街L形的6层住宅楼，图4系笔者在2017年四牌楼路学院路口，拍摄的东南角现状，学院路一侧，与昔日三雅园八间门面宽，基本吻合。

图4　昔日八间门面的三雅园、英国领事馆遗址

[1] 《黄浦江上的“嘴”》，上海市档案信息网，http://www.archives.sh.cn/shjy/scbq/201203/t20120313_5678.html。

综上所述，如此确合的姓氏，巧合地点位置，巧合的时间接续，实属罕见。结合《申城首个外国领事馆遗址究竟在何处？》和《新衙巷：上海“第一街”》二文，笔者认为：“县前街”“县东街”“四牌楼路”的顾氏大宅院遗址、英领馆遗址、三雅园遗址是同一处地方，即如图 3 所示 A 区域，今学院路四牌楼路口东南角。

当然，拙见与知名上海史学专家学者的上海首家英国领事馆遗址在“西姚家弄”的传统论断相左，本文权作抛砖引玉，供学者和广大有兴趣的读者参考。

附注：

“三雅园”在 1851 年至 1875 年间，曾名“山雅园”。上海文化艺术志编纂委员会编《上海文化艺术志》(上海社会科学院出版社 2001 年版)、朱琳、池子华《三雅园的经营策略与昆剧的命运》(《苏州大学（哲学社会科学版）》2006 年第 4 期）说：三雅园，也称山雅园。薛林平《上海清代晚期戏园研究》有较详叙说：“三雅园，又称山雅园，位于当时县署的西侧（今南市四牌楼附近），是上海最早的具有营业性质的戏院，专演昆曲。戏园由富户宅院改建而成，沿街为八扇门的高平房，入门有小型花园。戏台建于大厅之中，观众围方桌而坐看戏，上午卖茶，下午开戏。咸丰四年正月初一（1854 年 2 月 17 日），小刀会起义军撤退时，戏园毁

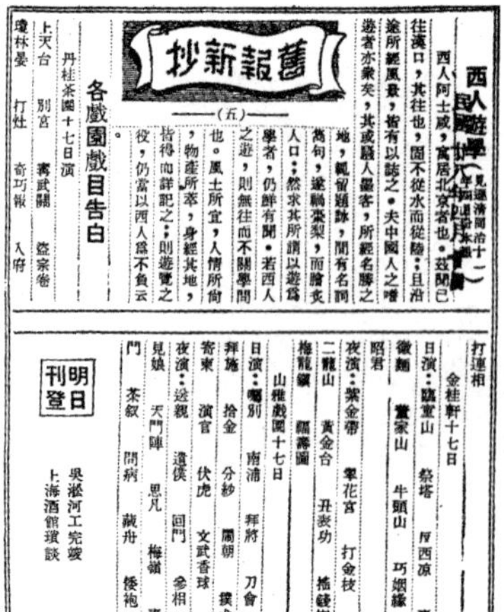
舊報新抄

（五）

西人遊學

西人阿士威，寓居北京者也。茲聞已往漢口，其往也，固不從水而從陸；且沿途所經風景，皆有以誌之。夫中國人之嗜遊者亦衆矣，其或騷人墨客，所經名勝之地，輒留題詠，間有名詞雋句，遂膾炙人口；然求其所謂以遊爲學者，仍鮮有聞。若西人之遊，則無往而不關學問也。風土所宜，人情所尚，物產所萃，身經其地，皆得而詳記之；則遊覽之役，仍當以西人爲不負云。

各戲園戲目告白

丹桂茶園十七日演

上天台 別宮 奪武關 盜宗卷

瓊林宴 打灶 奇巧報 入府

打連相

金桂軒十七日

日演：臨潼山 祭塔 西涼 賣

徽麵 黨家山 牛頭山 巧姻緣

昭君

夜演：紫金帶 攀花宮 打金枝

二龍山 黃金台 丹袤功 搖錢樹

梅龍鎮 福壽圖

山雅戲園十七日

日演：鳴別 南浦 拜府 刀會

拜施 拾金 分紗 鬧朝 撲犬

寄柬 演官 伏虎 文武香球

夜演：送親 遺僕 回門 參相

見娘 天門陣 思凡 梅嶺 青

門 茶敘 問病 藏舟 倭袍

明日刊登

吳淞河工完竣

上海酒館瑣談

图 5　山雅戏园广告

于兵火。后来，又有多座戏园采用‘三雅园’之名。”(《华中建筑》2009年第1期)

又，“三雅园”又名“山雅戏园”。如图5是《申报》1939年4月20日“旧报新抄”专栏抄登的清同治十一年四月“山雅戏园”广告，及《申报》1875年第1043号登载的“山雅戏园”广告等。

(2018年4月8日)

日本海军“军直营慰安所”寻踪纪实

笔者因探究上海市私立大公职业学校校史而关注“峨眉路400号”近10年。2012年初，在上海档案馆查阅到一份1950年的手写资料，其中记载“峨眉路400号”曾是“日本海军俱乐部”。《虹口地名志》中也认为峨眉路400号是“日本海军俱乐部”。笔者经过查找史料，认为此种说法值得商榷。

俱乐部实为“军直营慰安所”

上海日本海军俱乐部原在今惠民路保定路口，1934年搬到今四川北路、东江湾路、多伦路三条马路交界处（今四川北路2121号）。当年，上海日本海军俱乐部南有近在咫尺的日本海军陆战队司令官官邸（今多伦路215号），是1937年“八·一三”事变后被日军强占去的西班牙式花园别墅；北有毗邻的上海日本海军陆战队司令部（位于四川北路、东江湾路路口），是日军在沪大本营。这座司令部建筑在1932年“一·二八”事变次日被中国军队攻占，停战之后，日军拆除旧有建筑，1934年建成这“最新式最坚固永久性”大本营，形成今日面貌，司令部四周墙垣坚厚而难攻，内设操场，一层安置防御火器，屋顶设立的瞭望台使整栋大楼看起来很像一艘航空母舰。

日本学者木之内诚在其著作《上海历史指南》中提到，1937年日本

图 1　日本海军陆战队司令部和海军俱乐部

人山中三平在日文《改造》杂志上发表《海军陆战队故事》一文（即《上海陆战队物语》），其中披露：“日本海军陆战队在无执勤任务时，除了去陆战队内的娱乐慰安机构外，军官们还去司令部隔壁的海军俱乐部休闲，下士以下的官兵大多去密勒路（今峨嵋路）的集会所。下士以下官兵集会所原来在老靶子路（今武进路），如今（在密勒路）新建了面积大、设备完善的三层楼现代化集会所。”

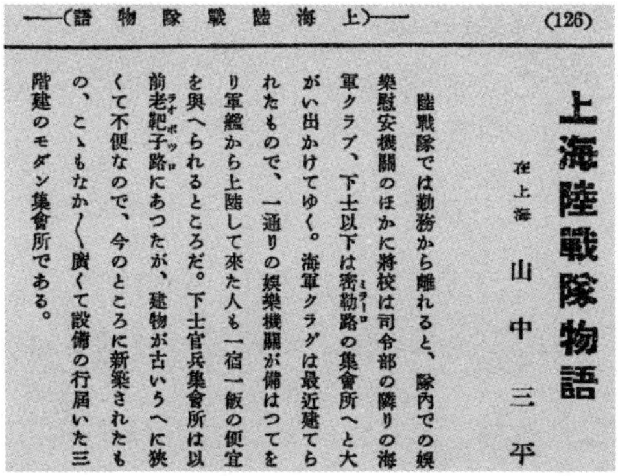

——（上海陸戰隊物語）——　(126)

上海陸戰隊物語

在上海　山中三平

陸戰隊では勤務から離れると、隊内での娛樂慰安機關のほかに將校は司令部の隣りの海軍クラブ、下士以下は密勒路(ミラーロ)の集會所へと大がい出かけてゆく。海軍クラブは最近建てられたもので、一通りの娛樂機關が備はつてをり軍艦から上陸して來た人も一宿一飯の便宜を與へられるところだ。下士官兵集會所は以前老靶子路(ラオポッツロ)にあつたが、建物が古いうへに狹くて不便なので、今のところに新築されたもの、こゝもなか〳〵廣くて設備の行屆いた三階建のモダン集會所である。

图 2　1937 年山中三平先生的原文

文中所述的“娱乐慰安机构”——“海军俱乐部”“密勒路的集会所”

即“上海日本海军俱乐部”和今峨眉路（曾写作峨嵋路）400号的“日本海军下士官兵集会所”。可见，日本海军俱乐部和峨眉路400号是两个不同的地方。

笔者在寻找上海日本海军俱乐部资料时发现，“上海日本海军俱乐部”“下士官兵集会所”实乃鲜为人知的“娱乐慰安机构”——“军直营慰安所”。日本学者把日本海军俱乐部又称为“校官俱乐部”，即“军官俱乐部”。

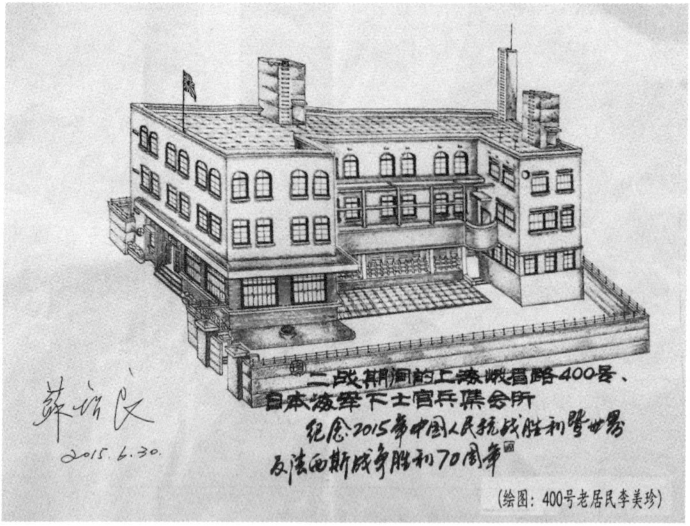

图3　手绘军直营慰安所原貌图

日军为掩人耳目，给众多的慰安所取了各种各样的名字，或叫某某旅馆，或叫某某俱乐部，或叫某某娱乐部，或叫某某庄，或叫某某酒吧，如虹口的“日之出酒吧”“贝贝酒吧”，等等。慰安所有高低档之分，如在印尼，高档的慰安所称“军官饭店”，多以现成的宾馆改建；次一等的称“军人俱乐部”，著名的俱乐部有1943年6月建立的“樱花俱乐部”和“特莉莎俱乐部”等。

因此，日本学者一般将二战期间的日军娱乐所、俱乐部（Club）、集会所等隐蔽的“称谓”都称为日军的“慰安所”已成为共识。研究者们将日军部队直接掌控、管理的慰安所称为“军直营慰安所”。

1931 年 11 月，日本海军陆战队将日本侨民在上海虹口经营的 4 家风俗场所指定为日本海军特别慰安所。这是世界首批慰安所，“慰安所”一词亦首次出现。慰安所大致分为“军直营”“军专用”“军利用”。“军直营”是由军方设置、运营、利用；“军专用”是军方设置、由民间业者负责经营，利用者限定为军人；“军利用”是民间的卖春设施，提供给军方军人使用。“军专用”的慰安所占大多数，由于年代久远、证人消失，当年日军有意销毁资料以及当今的日本政府仍不愿公开资料等原因，寻觅、调查、佐证“军直营慰安所”的史料非常困难。因此，至今被发现或确定的上海“军直营慰安所”，无论旧址还是遗址都非常少。

据《上海日军慰安所实录》（苏智良等著）一书披露：朝鲜原日军“慰安妇”制度受害者金德贞在 20 世纪 90 年代回忆，她在上海被逼迫成为日军性奴隶时，她所在的慰安所位于日军在上海本部旁边，但她当时无法知道慰安所的具体地点，作者估计应该就在北四川路的日本海军陆战队司令部附近。据金德贞回忆：“我们这些女子每天晚上都要被军衔很高的军官拉到房间里强奸。”据此，也佐证了金德贞等受害者被强奸的地点，应当在“上海日本海军俱乐部”——日本海军军官“军直营慰安所”。

峨眉路 400 号曾为“日本海军下士官兵集会所”

笔者曾多次去峨眉路 400 号现场考察，并走访了不少老住户，得知了不少过去的事情。2013 年 9 月 3 日，原居委会老主任在现场向笔者介绍，这里有一个很大的地下室，当年她进去过，进口处很低矮，里边却很大，甚至院子下面也是地下室。出入口有 2 处，一处在西侧边楼的楼梯下，另一处在东侧边楼外的东北角墙根。可惜，两处出入口在 20 世纪 80 年代左右因积水问题被用砖头、水泥封掉，目前无法进去考察。笔者曾寻访家住峨眉路 400 号斜对面的 75 岁的姚先生，他家是 1945 年日本人离开上海后搬到这儿的，他曾听母亲说过，50 年代初，海军进驻峨眉路 400 号时，曾对地下室进行了清理，发现地下室里有一些尸骨，此事在老住户中也有人听说过。然而这些“尸骨”是“慰安妇”还是日本海军？至今仍是个“谜”！

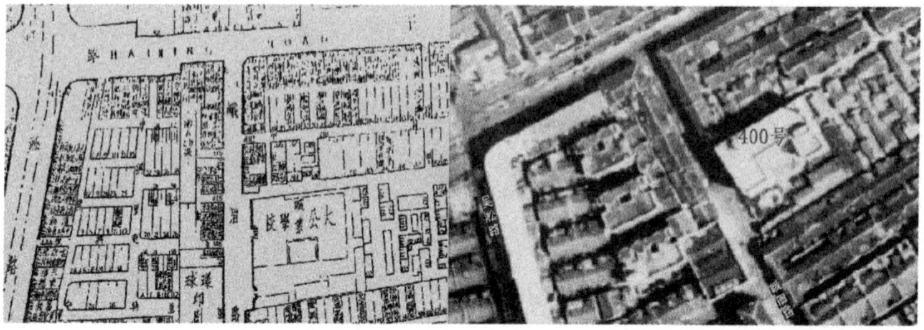

图 4　1948 年《老上海百业指南》和航拍地图

从小在峨眉路 400 号长大的王女士披露：“当年她见过 3 楼多个房间是日式移门，后来才用门铰链。[1] 当时听大人讲，那里原是日本人侵略中国时‘日本部队的房子’，70 年代中国与日本恢复邦交后，曾经有一些日本老兵或他们的家人，到此地外围观看拍照，‘慰安所’的说法是第一次听说。”

鲍先生的夫人从小就是在峨眉路 400 号院子里长大的，鲍先生的岳父是海军，岳母至今还健康地居住在峨眉路 400 号。巧合的是鲍先生的外

[1] 从笔者拍摄的房间木门的照片来看，是原物，样式也像曾是移门。

公当年也居住在峨眉路上，外公是一个印刷小作坊的“跑街”先生（即承揽印刷业务的业务员），鲍先生的母亲曾告诉他，当年外公常承揽峨眉路 400 号日本人的“美女的招贴画、日文页眉的公用信笺、单色浮世绘册页”等印刷品的生意。

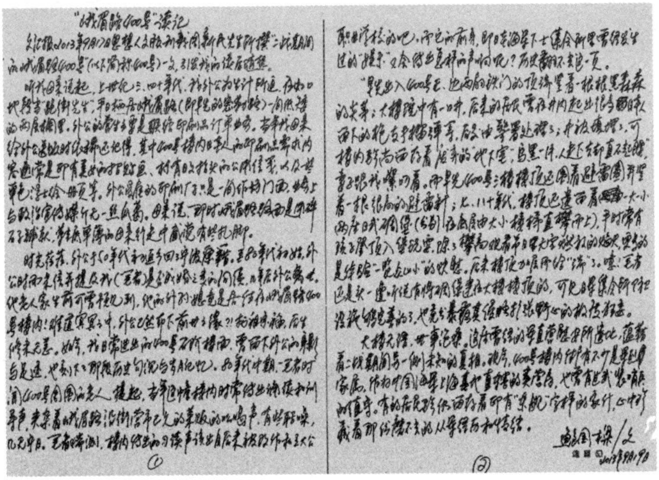
“峨眉路400号”读记

图 5　鲍先生的《“峨眉路 400 号”读记》

鲍先生说，据他夫人回忆，当年海军部队非常照顾在解放一江山岛战役中有功的军人家属，分配住房时，峨眉路 400 号的房子先由她家选，三楼房间设施最好，还存有日式移门、榻榻米及其他装饰等旧物，大概是日军军官的专用房间。为生活方便，她母亲选了楼下的一间房间，一直居住到现在。当年楼顶是她与小伙伴常玩耍的地方，“七八十年代，楼顶还遗留着一大一小二座日本式碉堡”（注：估计是类似日本海军司令部楼顶的观察哨），“可见日军集会所防卫设施够完善的了”。楼顶的避雷针比较高，是兼做旗杆的。这与笔者 9 月 3 日在现场寻访时，在楼下走廊柱子上见到的有栓旗绳的羊角相一致。20 世纪 80 年代以后，楼顶上面又加了 2 层楼，碉堡与避雷针也被拆除了。

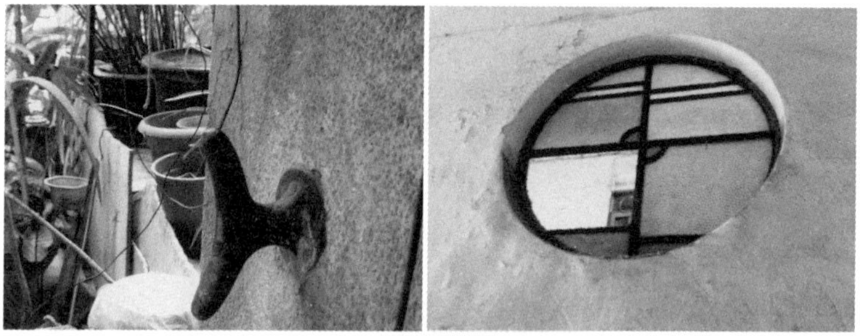

图 6　底楼廊柱上系旗羊角与军官楼梯上窗饰

峨眉路 400 号“大楼院中有一口井，后来的居民曾在井内起出很多日本人留下的枪支手榴弹等，后交由警察处理了，井被填埋了”。这与苏智良先生在《上海日军慰安所实录》一书中所述“虹口行乐所”很相似：“文革”期间在原“虹口行乐所”旧址空地上，挖防空洞时曾挖出日本妓女骨灰罐和石碑，在“空地上还有一口井，在井中，曾挖出过日本军刀和手枪及子弹。后来这批武器被送交公安局。”

图 7　今日峨眉路 400 号凹形建筑（第 4、5 层楼为 80 年代以后的加层）

2013 年 11 月 29 日，鲍先生的夫人在现场向笔者和虹口文史馆馆长、房管所领导等展示了她最近向文史馆捐赠的腰鼓形“石凳”照片，据她说，腰鼓形上有日本胖女人图案（注：估计是浮世绘）。据她反映，其他老居民家中，也收藏有疑是当年 400 号日军的遗物。

慰安所的售票窗口至今保存完好

笔者在现场寻访时，对门厅、售票窗口、铁栅栏等建筑进行了仔细的观察，发现不少细节可以反映确是 20 世纪二三十年代的建筑原物。大门口左侧的理发店（注：今已由军方收回，关闭）原为慰安所的售票室，其售票窗口仍保存完好。

图 8　保存完好的慰安所售票窗口

20 世纪五六十年代，峨眉路 400 号作为东海舰队后勤基地的部队机关用房，门口曾有“海军武装哨兵值守”。老住户王晓明透露，现在大门口左侧理发店原来是由他家居住，后来他家被调配到底层其他房间，海军后勤基地将他原住的房间出租，同意破墙开理发店。这可能也是售票窗口能一直保存完好的原因。即使在“大炼钢铁”时期，售票窗口的铁栅栏也未被拆去炼钢，确属不易。

图 9　峨眉路 400 号原木质大门

据日本史料显示，慰安妇图片一般悬挂在售票窗口供军官挑选，或将美女招贴画等淫秽图片挂在房间内，以增加日军官兵的泄欲氛围。正因此，鲍先生的外公当年才能经常来承揽峨眉路 400 号日军慰安所的印刷品生意。

因此，二战时期，名为上海日本海军俱乐部、下士官兵集会所，实乃日本海军“军直营慰安所”应是不争的事实。

峨眉路除了上述新发现的日本海军“军直营慰安所”外，据日文文献披露，日侨在这条短短的“日本街”上开有“东洋馆”（363 号）、“新康馆”（188 弄 47 号、新康里 4 号）、“林馆”（71 弄 6 号）、“东馆”（116 号）等旅馆。二战时期，上海不少日侨旅馆沦陷为日军“军利用慰安所”，“日本街”上这些旅馆能“独身自好”不被日军染指？令人置疑！

事实证明，即使抗战胜利以后，峨眉路还继续存在过一些妓女馆，为峨眉路的历史作了另类诠释。如，2013 年 10 月 13 日，笔者在江苏科技大学上海办事处（原上海船舶工业学校家属区）采访了该校退休回沪职工郭俊权老先生，郭老写下了如下的证言：

我于50年代初于上海船舶工业学校听教务科科员刘匡埧（他是原大公职业学校职工）曾说，原大公校址峨嵋路400号的隔壁（引注：原久耕里）原是一座妓院，可与学校相通。

以上情况供参考。

郭俊权年83岁

2013年10月13日

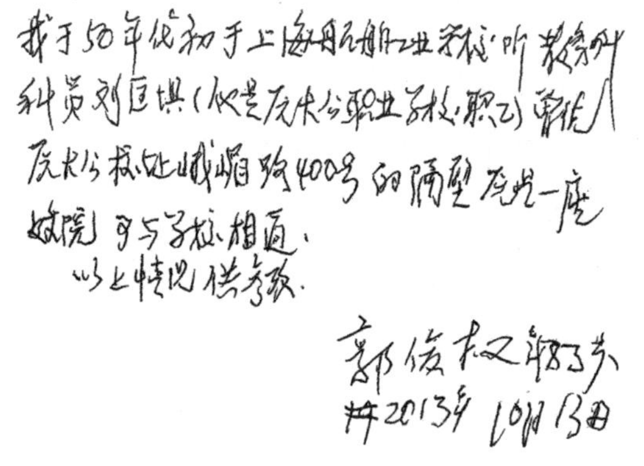
我于50年代初于上海船舶工业学校听教务科科员刘匡埧（他是原大公职业学校职工）曾说，原大公校址峨嵋路400号的隔壁原是一座妓院，可与学校相通。
以上情况供参考。
郭俊权年83岁
2013年10月13日

图10　郭老证言手迹

郭老1953年应聘到上海船舶工业学校工作，70年代末，调至上海船舶工业公司培训中心工作至退休。郭老曾参加《上海船舶工业志》第九编第二章“职工教育”的编写工作，其证言应是可信的。

抢救历史刻不容缓！笔者希望有关部门亟待采取切实有效的保护措施，将峨眉路400号“日本海军军直营慰安所”旧址建筑以及慰安所售票窗口等保护起来，在慰安所售票间筹建上海“日本海军军直营慰所”史料室，铭记日本侵华罪证史、性奴隶（慰安妇）罪证史，使子孙后代勿忘国耻！

中外史学专家关注“军直营慰安所”

2013年9月17日，《文汇报》“文汇学人”版刊登了《二战时期的峨嵋路400号》一文，此后《上海滩》杂志又刊登了《军直营慰安所寻踪记实》一文（详见2014年第2期），这是笔者经多年的不懈努力，对二战时期上海虹口区峨眉路（当时称密勒路）400号建筑——日本海军陆战队“下士官兵集会所”的始末所作的初步寻踪考证。笔者还在上海师范大学博导、人文与传播学院院长、上海历史学会副会长、中国“慰安妇”问题研究中心主任苏智良教授的帮助下，从日本复印到1937年的日文文献考据。

史料证实，海军陆战队“海军下士官兵集会所”原在老靶子路（今武进路），因面积较小，1930年左右，就在虹口区峨眉路400号建起这幢砖混三层楼凹形建筑，作为他们的“海军下士官兵集会所”新的“娱乐慰安”场所。日本学者一般将战争期间的日军娱乐所、俱乐部、集会所都称为“慰安所”。研究者们将日军部队直接掌控、管理的慰安所称为“军直营慰安所”。因此，名为“海军下士官兵集会所”，实乃日本海军“军直营慰安所”。当然，最早给以“慰安所”称谓的是日军，实质上，正如苏智良教授等历史研究学者所言：称日军“性奴所”更符合史实，更恰如其分！

被尘封了将近70年的“峨眉路400号”——二战时期的虹口“军直营慰安所”旧址真相被公开披露后，得到中国“慰安妇”问题研究中心主任苏智良教授的支持和重视。2014年2月苏教授邀笔者参加了在上海召开的2014亚洲日军“慰安妇”问题工作会议。会上，笔者向中、日、韩三国专家学者介绍了考证情况，并带学者们去现场考察。令大家惊讶的是，保留在原建筑上的性奴所“售票窗口”还非常完整！可谓海内外罕见！二战时期虹口“军直营慰安所”旧址的考证成果，得到中外学者的一致肯定。

图 11　电视新闻：2014 亚洲日军“慰安妇”问题工作会议（前 2 为笔者）

自中外媒体纷纷转载报道后，便常有日本、韩国人士探访“峨眉路 400 号”和进行内外拍摄。据老居民透露，闻讯探访“峨眉路 400 号”的还有自称是“老大公”（原大公职业学校）的校友。

图 12　笔者在 2014 亚洲日军“慰安妇”问题工作会议上作考证介绍

2015 年 6 月 7 日，由上海历史学会、上海师范大学主办的“纪念世界反法西斯战争胜利暨抗日战争 70 周年特别演讲会——日军‘慰安妇’：历史真相与战后认识”会上，日本“慰安妇”研究第一人、日本

中央大学吉见义明（よしみ よしあき）教授，日本关东学院大学从事现代史、战争史研究的林博史（はやし ひろふみ）教授，上海师范大学、中国“慰安妇”问题研究中心主任苏智良教授分别作了演讲。

图 13　2014 年 2 月 9 日，南京大屠杀日本民间调查者松冈环女士（前中）等日、韩学者、记者在峨眉路 400 号院内听笔者（前左 1）介绍

值得一提的是，吉见义明教授、林博史教授还是日文“慰安妇史实网”站（FIGHT FOR JUSTICE，http://fightforjustice.info）的主要创办人。自 2013 年以来，该网站是一些研究原日军慰安妇问题、试图追究日本政府责任的学者们的网上宣传平台。

图 14　2015 年 6 月 7 日，与吉见义明教授、苏智良教授在峨眉路 400 号现场交谈

应苏智良教授之邀，《军直营慰安所寻踪记实》一文，被作为会议资料提供给日本学者，笔者还在“峨眉路 400 号”现场为学者们作了介绍。

2015 年 6 月 30 日，“血色残阳‘慰安妇’——日军性奴隶历史记忆”展览在上海师范大学开幕，应苏智良教授之邀，作为普通的上海市民的笔者参加了开幕仪式，并简要介绍了“日本海军俱乐部”和“日本海军下士官兵集会所”实际是“日军直营慰安所”的情况，并接受了多家媒体记者的采访。

图 15　2015“血色残阳‘慰安妇’——日军性历史记忆”展开幕式（右起：苏智良，市民李美珍，笔者，受害人的养女程非。左起：我国幸存慰安妇纪录片《二十二》导演郭柯和摄影师）

图 16　在 2015“血色残阳”历史记忆展上，接受多家媒体记者采访

本次展览首次公布了上海经证实的166个日军慰安所的分布图以及新发现的三张标有日军慰安所的上海老地图。其中，笔者考证的2所“日军直营慰安所”被列为上海第165个和第166个日军慰安所。

（本文部分章节曾发表于《上海滩》2014年第2期）

（2016年2月）

拾遗：孔另境自传手迹和工作汇报

孔另境（1904—1972），中国近代著名作家、出版家、文史学家，孔子第76代孙“令”字辈，原名令俊，字若君，笔名东方曦。1904年7月19日出生于乌镇，茅盾夫人孔德沚之弟。1925年毕业于上海大学中文系，与施蛰存、戴望舒同学，同年加入中国共产党。当时的上海大学实质上已成为中共领导下的一所培养全方位人才的大学，除上述孔另境、施蛰存、戴望舒外，涌现了一批职业革命家、理论家和文学、史学大家，如王稼祥、秦邦宪（博古）、杨尚昆、阳翰笙、何挺颖、郭伯和、谭其骧、匡亚明、丁玲等，都在“上大”学习并走出了一条各自发展道路。孔另境，1926年赴广州参加国民革命，随北伐军北上，任武昌前敌指挥部宣传科长。

1949年8月，孔另境奉命接任上海市私立大公职业学校校长一职，1951年初请辞校长职务，应邀只身去山东齐鲁大学中文系任教。1952年院系调整，为照顾在上海的家庭，到上海接办春明书店（公私合营后并入上海文化出版社），任经理和总编辑。在春明书店所主编的《新名词辞典》，深受读者欢迎。后调任上海文化出版社编辑部主任。1961年起，任上海出版文献资料编辑所编审。“文化大革命”中（1968年7月4日），以“保护性拘留”为名，被囚于狱中，身心备受摧残，直至生命殆危，方得保外就医。1972年9月18日，含冤去世。1979年4月，平反昭雪。

图1　1950年，孔另境在大公职校楼顶（孔海珠提供）

据韦韬、陈小曼著《我的父亲茅盾》（辽宁人民出版社2004年2月版）一书披露，中共一大后续会议在嘉兴南湖的“红船”上进行并结束，当年是茅盾的远房姑母王会悟（李达的夫人）出的租船主意，而由王会悟派去租船的人则是时为嘉兴中学的中学生孔另境先生。

2007年，“孔另境纪念馆”在风光如画的西栅景区灵水湖畔开馆。纪念馆由三间平房和一个中式庭院组合而成，展出孔另境与故乡乌镇的一些相关事物，还原先生晚年书房，陈列部分文学作品、自传手稿、生平简介、写作用具、往来书信、生前物品等，孔另境先生长女孔海珠女士担任名誉馆长。2013年9月，孔海珠女士得知笔者在收集大公职业学校资料时，特地将1950年孔校长在峨眉路400号大公职校校舍楼顶拍的照片复制后传送给笔者。

五十年代的三份自传

2014年初，笔者在上海档案馆查阅资料时，不经意间发现了孔另境先生最早的3页自传打印稿，打印时间当在1950年初春。

这是份用中文打印机打印的自传原稿，上面有孔另境先生的手迹：签名、标点符号、个别中文打印机上没有的补的字。在这份新发现的打印自传原稿文末，孔另境先生言：“上海解放，本人奉命接主大公职业学校，至今已半年余，成就不多。”孔另境先生是在1949年8月由上海市军管会文化教育接管委员会社会教育处，任命为上海解放后接管“大公职业学校”的首任校长，据此，该自传当写于亦即打印于1950年初春。自传页眉有打印的英文校名和校址的“大公职业学校，中国上海峨嵋路400号”。因这份材料与他写给教育局局长的信函出现在一起，估计当时是应上级要求，送交教育局作新政权新干部履历审查用的，后随这些信函一起由教育局归档到上海市档案馆。笔者暂称它为孔另境先生的第一份自传稿（初稿）。

随后笔者就进行了查核，得知，目前孔另境先生除了上述1950年初春的自传外，实际上，之后还有另外二份自传稿版本。

第二份自传（二稿）刊登在《新文学史料》2002年第3期上，由孔另境先生的大女儿孔海珠研究员供稿（家中留存的打印旧稿）。经与第一份自传初稿逐字逐句比对，这2份自传稿除极个别几个字有异外，其他都是相同的。据《新文学史料》刊登的这份自传文末所言：“上海解放，本人奉命接主大公职业学校，至今已一年余，成就不多。”可见该自传系在第一份自传初稿上，改了个别字和时间，写稿时间当为1950年深秋或1951年初。因为孔另境先生1951年2月以后应邀去山东齐鲁大学授课，那么这份自传是否为辞去大公职业学校校长之职，而去应聘山东齐鲁大学当中文系教授之用所作的准备？但是，今已无法查证。

第三份自传手迹（三稿）与前二份自传相比，1949年以前部分，文字上略有修改，重点补充个人在1950年以后知识分子自我改造和政治、经济运动中的思想活动，写得较详细，是一份尚未公开发表的保存在乌镇西栅的孔另境纪念馆的6页自传手迹，成文于1956年左右。这6页自传稿手迹，是孔海珠研究员提供给故乡纪念馆的部分原始史料之一，承蒙

“乌镇旅游”官方网站编辑的支持，于2014年4月将这6页手迹的数码照片电邮给素昧平生的笔者。当笔者将这份手迹图片发送给孔海珠研究员时，她也认可这是份珍贵的手迹，是未曾公开发表的最为详细的自传。遗憾的是，她当年都没有阅读过这份自传，也没有把这份手迹拍摄留存。今日的手迹，历经五六十年，纸已风化发脆，有些字迹已模糊而难以辨认。孔海珠研究员回信直言：“我看了，字迹已经淡化看不出了。原件不是这样的。真没办法。我眼不好，看起来更不行。”欣慰的是。“乌镇旅游”官方网站编辑为此还特地回复笔者：“经了解，纪念馆已对原件采取相应保护措施并保存，现纪念馆内展出的为复印件。前几日给您的照片，是原件保存前所拍的照片，受拍摄光线等影响，颜色会有偏差”。

此未发表的20世纪50年代中期孔另境先生的自传手迹，为研究一位曾经的中共早期的共产党员，一位终生追求进步的知识分子，知名的作家、出版家和文史学家在建国初期的境遇、困惑和坦诚的个人思想改造的剖视，提供了极其丰富的真实史料。

2014年4月1日，孔海珠研究员收到笔者发给她的自传手迹图片后，回复我：“新民先生：这份手迹只此一份，我都没有复印留底，更没有抄录。当初展出时应该有份照片给我，现在也没有去找。”“你有时间的话，麻烦把文字打抄出来，我想时间来得及的话补充到‘纪念文集’中去。非常感谢！现在书中的一份‘自传’更短。依执笔的内容看，此文是写在公私合营之后，谢谢你发来的信息。如果你有相关文章请尽快发给我。祝好！孔海珠”。

看似简单的文字输入，但对字迹已模糊而难以辨认图片，却有些麻烦。经反复摸索用图像软件处理，终于使字迹可辨，再在半屏手迹图片，半屏文字编辑，逐字细细输入电脑，完成后又认真校对，经二周的努力，终于完成这项艰难的“文字输入”任务。笔者将自传手迹稿打印件邮发给孔海珠研究员后，她回复：“周先生：谢谢侬，非常帮忙。我读了一遍只有一位姓名有误，已改正。此原件大约写于1956年初。父亲一生多次作‘自传’，这是其中一次。此件原来由我哥保存，交到纪念馆时，我来不及复制，现在已经字迹淡化，也是属于抢救性质了。多谢！祝好！ 老海 于 2014—4—16”。

此自传手迹，是目前所知道的孔另境先生亲自撰写的最后一份自传，也是鲜为人知的未公开的最详尽的孔先生的自传，史料价值相当珍贵。

2015年1月下旬，笔者收到了孔海珠研究员寄来的2014年7月出版的《孔另境先生纪念文集》，可能为赶在纪念孔另境先生诞辰110周年出版，时间比较匆忙，自传手迹未能被编入纪念文集。姗姗来迟的纪念文集中，采用的仍是1950年秋冬的第2份自传打印稿。为弥补这一遗憾，趁拙作《思敬园：上海城市记忆拾遗》一书出版之机，将孔另境自传手迹抄录如下，以作拾遗，供相关史学研究者参考和有兴趣的读者阅读。

自　传

孔另境

我于一九〇四年出生在浙江省桐乡县所属的一个小市镇——青镇的一个小商人家庭里。

祖父孔繁麟，父亲孔祥生都是从事商业经营的，祖父去世后，就由父亲接管祖父遗下的商业，可是父亲是不善营商的，失败了，于一九三九年死了。

母亲沈氏是一个知书识字的女子，因为受父亲的不良待遇，成了瘵疾于一九一八年就死了。

我们姐弟三人，姐德沚，適沈雁冰，我为长子，弟彦英，现在复旦大学附设的速成中学任教。

我于一九二三年在嘉兴第二中学因闹风潮被停学，祖父要我去乡镇上接管他的营业，我不愿意，后得姐夫沈雁冰协助，和祖父辩论，才答允我继续上学，我于一九二三年初到上海来考入了革命的上海大学。

这时正当五卅运动的前夜，上海大学是在党的大力支持下，秘密培养革命干部的学校，五卅惨案发生以后，上海大学成了运动的中心，受帝国主义的压迫，一度给封闭，后来搬到了闸北青云路的弄堂里，继续上课。我受了时代的感应，环境的影响，热烈地参加运动，于一九二五年初就被吸收入党。

一九二六年春，姐夫沈雁冰自广州来信，要我到广州参加工作，我乃脱离上大，和张秋人同志同赴广州，他去做黄埔军校教官，我到了国民党中央宣传部担任干事（时毛泽东同志为代理部长，沈雁冰同志为秘书）。不久国共关系恶化，毛泽东同志脱离中宣部，主持农民运动讲习所，沈雁冰同志则回沪主持国民通讯社。我不久也脱离中宣部（中宣部为顾孟余段锡朋攫夺去）参加了国民革命军总司令部政治部（主任为邓演达）跟随北伐军一同誓师北上。

北伐军攻下武汉以后，我被调到前敌总指挥部（总指挥为唐生智）政治部（主任彭泽湘），后又调到第一师政治部（师长周凿）任宣传科长，随军转战豫鄂，至郑州与冯玉祥部会师。时为一九二七年春。

是年七月，正驻军湖北孝感，忽接党的命令，谓国共已分裂，我党同志应即离职返汉候命。等到了汉口，即被“欢送”出境。乘船到了九江，上庐山去会晤了沈雁冰和恽代英。沈劝我变装返沪，抵沪后，党派我到杭州去担任杭州县委宣传部秘书工作。此时正值立三盲动路线时代，要我们组织暴动，不意布置未成，即遭国民党反动派之破坏，负责同志六、七人（沈资田、池菊章、詹醒民、马荣等）被捕，我幸漏网，乃仓皇逃沪转甬（时省委在宁波，书记为夏曦，秘书长为梅电龙），以人地生疏，嘱返沪候命。

这时全国革命形势正转入低潮，党组织因受盲动路线的影响，弄得残破不堪。党指示每个同志须找一公开职业，俾得继续奋斗。我得到了潘训同志（死在天津）的介绍，赴天津南开中学教书。半年后转入河北省立女子师范学院，任出版部主任。此时仍和天津党保持党外联系，担任党办之小型报“好报”编辑。时党把我公开工作的地址，作为和国外联系的通讯处，许多由苏联寄来的宣传品都寄到我学校里，时反动派之邮检甚严，寄来的邮件屡被没收。到一九三一年十月，即被天津警备司令部捕去，转解到总司令部北平行营（行营主任为张学良）军法处，后经鲁迅先生托汤尔和向张学良处说情，百日后保释，即匆匆南下返沪。

一九三二年春赴温州中学教书，以受反动派之倾轧，半年后即返沪。一时无法找到职业，乃从事写作为生，为一般书店、生活书店、中华书局等编写书籍数册。自此至一九三六年，均在职业写作者之生活下渡过。

一九三六年冬，上海大学同学会接办华华中学，林钧任校长，我任教导主任。抗战发生（一九三七年）华华中学师生相当活跃。校内设立伤兵医院，并招待从苏州反省院释出之革命同志。迨国军西撤，学校即受打击，一教师（姓田，教音乐）即为日敌捕去，林钧亦避而它去。我乃将学校迁至四马路生活书店原址，由我负责校务冀在租界名义的庇护下从事秘密抗日工作。我在此时（一九三八）又创办了一所“华光戏剧专科学校”，吸收一班职业青年和学休青年，学习革命文艺理论，培养戏剧人才，校址即附设在华华中学内晚上上课。

一九三八年冬，和金韵琴女士结婚。

一九四一年以前我就在主持这两个学校作为我主要的工作，一方面和留在上海的抗日文化人保持联系，进行一些秘密的抗日工作。到一九四一年初，日本帝国主义和英美方面的情势一天天紧张起来，租界的樊篱已岌岌可危，英美的绥靖政策已无法满足日本帝国主义的餍欲，我主持的这两个学校，经常要遭受日伪的恐吓和租界当局的干涉，经上大同学会讨论决定，将华华中学由同学会主办的名义，转让与高尔柏同学个人接办，我则专负责华光剧专的校务。到了太平洋大战（一九四一）发生前几天，上海的情势已非常紧张，东洋人冲进租界的风声已普遍传播，我乃召开全校师生大会，决定一旦日伪冲进了租界，我校为避免不必要的牺牲，也为坚持和日伪不妥协的一贯立场，即日解散，不另通知。果然，十二月八日 那一天，日本偷袭了美国的珍珠港，太平洋战事爆发，日军即于是晨冲进了租界，我得知消息，即电知华光办事员，立刻将华光校牌卸下，并将所有文件移走。

一九四二年春，我接受了苏北新四军联络员的邀请，决定到苏区去工作，乃携眷和一个孩子潜入苏北垦区，到了那里，受到政府的优抚和照顾。后来就受命创办一个垦区中学，正筹备间，传来了日伪扫荡的消息，新四军苏中区党政负责人管文蔚同志通知我们回上海，我初不愿意，后见其他文化人（如林谈秋、金人等）也都受命回沪，不得已乃于一九四三年六月间回到了上海。

回沪后，初不敢露面，但以生活煎迫，乃与世界书局总经理陆高谊接洽，为其主编一剧本丛刊，约稿对象都是不和日伪妥协的留沪文化人，络续出了五十种剧本，本人也写了五种。内容都是些暴露性讽刺性的东西，成为当时上海文坛上一块清洁的园地。

到了一九四五年初，谭正璧开办了“新中国艺术学院”，约我去任教务长，我就职后，约请了许多左倾文化人去担任讲师，不久即为日敌所注意，于该年五月，即被日本宪兵队捕去，四十日后被释，受尽非刑拷打。

八月，日敌投降，抗战胜利，我参加了第三方面军主办的《改造日报》编辑工作。此报为专对日侨日俘进行教育改造而办，社长陆久之，总经理兼总编辑金学成。馆内所约日籍编辑，都为日本进步文化人，故报纸内容甚为左倾，深为汤恩伯所不满，未及一年，即勒令他停刊，时报馆改为改造出版社，本人深觉无法工作，乃离职从事写作。

约有一年半（自一九四六年到一九四七年底）时间，专门从事写作编辑工作，为大地出版社主编《新文学》月刊，为春明书店主编《今文学》丛刊。郭沫若先生和茅盾先生都在这两刊上写了重要文章。一九四七年底，《今文学》遭受反动派社会局的压迫，受禁停刊。

一九四八年入江湾中学（校长为陈汝惠）教书。一年后，上海解放，我奉命去接任大公职业学校校长。在该校一年半，以本人对于机械、商科等不感兴趣，乃辞去校长职务，应山东齐鲁大学之聘，任该校中文系教授。

齐鲁大学原为教会大学，设备极好，但内容甚不健全，我在该校经几个月的观察，将观感所及报告了中央教育部长马叙伦，建议整顿，同时中央亦决定调整院校，将齐大取消，分别并入山东大学等校。

我理应随院系调整转到山东大学去，但我表示不愿意去，因为那时春明书店有信给我，约我去担任该书店总编辑职务，我为了要照顾家庭生活（家还留在上海），已允他们回上海后考虑。到了上海和春明一接洽，他们表示了极端欢迎的态度。我为慎重起见，找新闻出版处方学武同志谈了一次话，问他对于春明的态度，他指示政府对春明是一个教育问题，而不是打击问题。我既明白了政府的意向，所以对春明提出了改组整顿的建议，他们也同意了，于是我就着手定好出版方向和出版计划，并把春明书店改为“春明出版社”于一九五一年十一月一日开幕。

在这里我犯了一个认识不清的大错误。当改组进行间，工商局指示我们要推出资方负责人出来，（春明书店老板陈冠英，在解放后潜逃台湾，店务由职工组织店务委员会维持）方才可以变更登记给营业执照。经职工一再讨论，征得留在上海的该书店老板的同意，聘请我兼任经理职务，同时又请了原有职工中的应耀华、陈兆龙二人为副经理。我在一心要想整顿该书店的鼓舞之下，昧然答应了下来，坐到了在私营企业中最不容易坐的位置上去。

经过了二、三个月的时间，我已发觉我犯了极大的错误，后来“五反”来了，我更弄得莫名其妙，精神上非常痛苦，我向资本主提出辞职，但是不能成功。

我虽然出身在商人的家庭，但是我从未和商业发生过一点关系，现在我做了半工半商的出版社的经理，首先我是不懂得怎样做经理，怎样来处理经济事件，即使我要想学吧，时间上也来不及。在“五反”中曾经为一般资本家们的巧妙手段所震惊，但也使我非常痛苦，觉得把自己掺入在他们当中，简直对自己人格的一种侮辱。可是位置是坐定了，走又走不掉，于是最好忍气吞声，受尽一切自己认识不清所犯下的错误的后果。

“五反”后不久，听了中央出版行政会议的传达报告，觉得出版社对人民的关系太大了，决不应掌握在私人资本手里，而应该较其他行业更早纳入国家资本主义的轨道里面。因此，我征得了资本主的同意，和其他十三家出版社商量合并经营，创造条件，以便早日争取公私合营。经过了一年多的筹备商讨，已经到了最后阶段，不意十四家内部发生了裂痕，资本家们为了自己的利害关系，采取了挑拨分化手段，我社的劳资双方首先宣告退出合并，于是合并失败了，一年多时间所化费精力，完全抛入汪洋大海！

这时我的情绪简直坏极了，我又向资本主提出辞职，不允，辞去经理专任编审部工作，又不允，这时已到了一九五三年底。

不久，总路线的学习开始了，在党和政府的明确指示下，私营企业的前途已十分明白，证明了过去一年多中合并经营计划是没有错的，但事情已经过去，挽救亦已来不久。我为了补救过去所犯的错误，向资本主和其他两位代理人反复说明了政府的政策，通过了劳资座谈，取得了一致意见，于一九五四年三月向出版行政当局，提出了公私合营的申请书。

接着而来的是企业的改善经营作风和健全管理制度的运动。春明出版社被安排在黄浦区的先行户当中，我得知了这消息，自然是高兴的，于是在黄浦区工商联的领导之下，我拟具了十多种改革方案的草稿，提交劳方研究商讨。可是劳方借口条件不成熟，要求过高，一再拖延，经我不断催促，直到今年五月二十六日，才订定了极少数几条的劳资协议书。可是这一些已经签字的条款，劳方又提出了要求等上级批准后实施，虽经我们一再向劳

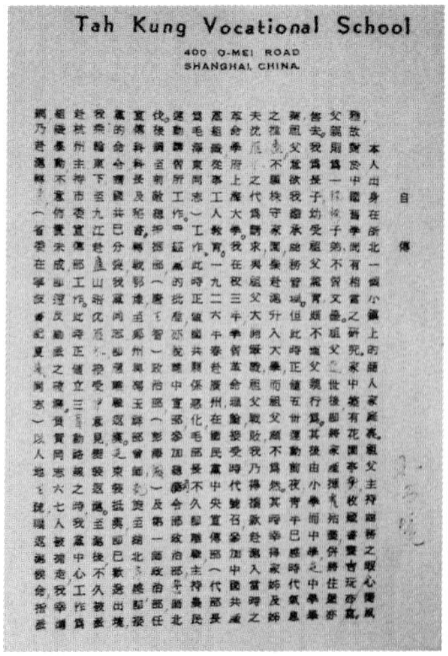
Tah Kung Vocational School
400 O-MEI ROAD
SHANGHAI, CHINA.

图 2　自传初稿（第 1 页，右下侧有签名）

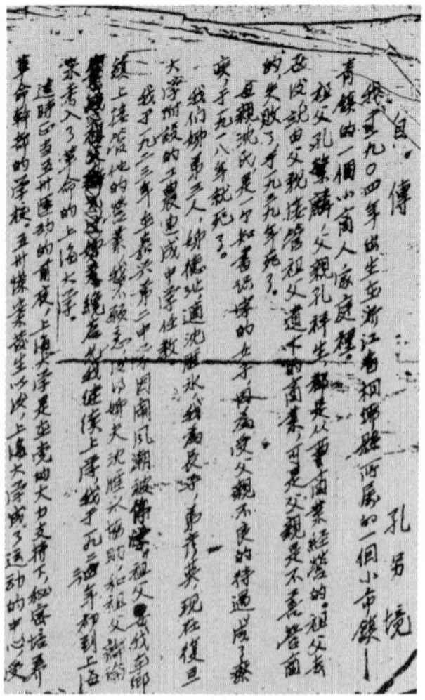

图 3　自传手迹经软件处理后，清晰可见（第 1 页局部）

方催询，始终没有结论。一再因循、拖延，到一九五五年底，没有一条付之实行。

现在，全国安排的对于资本主义工商业的改造运动已经展开了，同业中极大多数都已被批准公私合营，我怀着满腔热情等待着本社的被安排改造。[1]

“汇报”手迹：披露请辞校长之原委

今年7月将是孔另境先生诞辰110周年，在上海档案馆寻觅相关资料中，笔者浏览到孔另境先生在1950年5月向上级主管领导戴白韬、陈怀白的2份信函手迹。虽说是信函，实际上也是工作汇报、请示与思想检讨。戴白韬时任上海市军管会文化教育接管委员会副主任（主任由陈毅兼）兼市社会教育处处长、上海市教育局局长。陈怀白时任军管会社会教育处秘书、市教育局科长（后任副处长）。

1949年8月“经民主人士胡厥文、王造时的敦请”，孔另境奉军管会社会教育处之令，从江湾中学到大公职业学校接任校长。这2份完整的信函手迹，不但有签名，还郑重其事地盖上了私章。

64年之后，重读这2份被幸存归档的信函，有必要先了解当时相关的人与事的原委。

接任大公职业学校校长前，孔另境在江湾中学担任高中语文教师。市立江湾中学系陈汝惠先生1947年在江湾镇创办，并任首任校长。陈汝惠先生是著名儿童文学作家陈伯吹的胞弟，初创时，四周农田，鸡啼蛙鸣，

[1] 本自传依手迹原件照录，原件共6页，现存于浙江乌镇孔另境纪念馆。

校舍数幢，设施简陋。陈汝惠聘用了一批有名望的思想进步的骨干教师到校任教，如孔另境、朱滋礼、钱今昔、汪刃锋、丰村等。当时教师中也有一些地下党员和民主人士，长兄陈伯吹又为其推荐了一些中共地下党员担任教务主任、训育主任等要职。建有秘密的中共地下党支部的江湾中学，既是一所有教育质量的新型中学，同时又是一座隐伏的民主堡垒。解放后，市立江湾中学的陈汝惠、孔另境等教师被立即推荐到各教育单位参加旧学校改造工作，可以说，既是中国共产党对他们的信任，也与他们是“民主堡垒”中的一员不无关系。

上海一解放，“大公职业学校”就立即被新政权接管，是有它特殊的历史背景的。

1933年，上海国民党CC系骨干在上海创办了“大公职业学校”，校长林美衍系国民党上海党部执行委员，学校董事长是时任上海市长的吴铁城（兼淞沪警备司令），校董吴开先时任国民党上海市党部执委常委、组织部长、执委会常务主席。他们长期把持上海国民党党务，有“党皇帝”之称。1946年，后任校长许恒则是国民党上海区党部执行委员，董事长是时任上海市社会局局长的吴开先。

上海文化战线的老领导杨西光先生是1933年考入大公职业学校的第一批学生，却受到“大公”校方迫害，是被校方开除的第一个因参加中共上海地下党领导的革命活动的进步青年。被迫离开“大公”15年之后，1949年5月，杨西光随军赴上海后，奉上海军管会社会教育处之令，以军代表身份接管同济大学，作了很好的历史注解。

1949年5月上海解放前夕，上海地下党教委已奉命把配合接管教育界工作的安排、上海一些主要学校的情况送到丹阳上海市军管会文化教育接管委员会（筹备处），像许恒之类国民党上海区党部执行委员自然在被早早“关注”、准备“处理”之列，学校也自然在“接管”之列。1949年8月，教育部门就委派孔另境先生任“上海市私立大公职业学校”校长，委派鄞光中学的许海涛（1941年就读于上海大夏大学，毕业前夕加入地下党）任政治教员和教导主任，对私立大公职校实施“维持原状、逐步改造”政策。

因二人在学生教育工作相处中，意见分歧颇大，孔另境先生几经努力，多次向上级领导或口头或书面请示、汇报工作、思想情况，寻求支持和解决方法。某位领导（估计为戴白韬局长）对孔先生的汇报的批示是：“大公孔另境与许海涛不团结问题，孔另境所提供的材料留作人事资料”（原件存上海档案馆，B105-5-43-3）。戴白韬局长可能偏袒于许海涛多一些，认为二人纯系一般不团结问题而没有认真对待处置。年少盛气的许海涛在学校领导工作中，以校中唯一党员领导身份自居，对接管的旧学校改造中奉行那种激进主义为特征的、比较左的，甚至上纲上线思维方式处理新政权下的旧教师与新领导间的矛盾和师生间关系，我行我素。对孔另境先生比较理智地处置旧学校改造中出现的比较棘手问题的方式方法，置若罔闻，不与理睬，乃至赌气，甚至不愿与孔先生见面讲话。直至1950年底，原本踌躇满志的孔另境先生仍然无法正常开展学校领导工作，阻力重重。迫于当时现实状况，作为少年时就追求进步、1925年就加入过共产党、参加过北伐、办过学校的知识分子“民主人士”，不得不以“对机械、商科等不感兴趣”为由，在困惑无奈之中向市教育局领导请辞大公职业学校校长之职，决定离开这教育领导权之争的是非之地。1951年2月，孔另境先生告别上海的家人，受邀只身赴山东齐鲁大学任中文系教授。

实际上，约在1950年春，市教育局领导曾对孔另境先生的工作有新安排的打算，即调去市教育局秘书部工作。起初孔另境先生也答应了，但严己宽人、自觉进行自我改造的孔另境先生，思考再三，决定不做“逃兵”，仍留在大公职业学校，不辜负领导的期望，搞好大公职校的改造工作。孔另境先生通宵达旦写就的这二份信函，长达一万余字，字里行间，透露出当时的事情原委和孔先生的真实思想。同时，辞职原因也并非后来他在自传中所言“对机械、商科等不感兴趣”，而是解放之初，知识分子之间在对旧学校改造中的思想碰撞的现实反映。

孔另境先生尽管对许海涛有看法有意见，但在汇报中，对尚年轻的许海涛基本评价还是肯定的：“许海涛是一个有希望的青年，口才好，办事相当干练，读书也读得不少，可是因为思想上存在一点问题，因而作风上发生了严重的偏差。同时胸襟不够宽大的原故，行为就流于偏激。当此团结改造的时代，作为一个政策的贯彻者是相当有问题的。我听说他还是一位有党籍的党员，希望党不要轻视这样一个有才干同时有偏差的党员。应该好好教育他改造他。至少要他学习一下毛主席的《改造我们的学习》”。

孔另境先生认为“我还在负责这个学校，我要改造这个学校，我觉得有为难的地方，只好请求上级的帮助和指示了”。

汇报中也披露出，新政权刚建立，变革时期的学校中发生的师生间、教师与学校领导之间新旧思想的激烈碰撞，甚至发生期末考试全班学生共同交白卷的严重事件。有些还颇富有戏剧性，孔另境先生喜平日积累记录下这些丰富的生活、工作中的活素材，以备以后创作剧本之用。无奈此后运动一个接一个，最终也未能完成这一夙愿。

孔另境先生在汇报、检讨的最后坦言：“我自知也犯有许多错误，希望以同志爱给我批评！”

1950 年 5 月的这 2 份未发表的信函，更是学校复杂情况下的汇报、检讨和请示，也是一位终生追求进步的知识分子，知名的作家、出版家、文史学家在建国初期的境遇、困惑和坦诚的个人思想改造的剖视，这些为后人提供了极其丰富的真实史料。

从这二份信函隐隐约约之中，不难知道，实际上孔另境先生与教育局之间有不少个人信函往来。可惜的是，如今在上海档案馆，笔者仅发现这二份归档幸存的信函和一份他交给教育局的个人自传稿。还有令人遗憾的是，孔另境先生信函中提到的几个我所相识的老大公教师，前些年，这段尘封的历史的当事人都相继去世了。虽然找到了几位 1950 年秋入学、入职大公职业学校的师生，但他们对此前发生的“校内党政领导之争”却一无所知。应该说，上海滩还有一些健在的 1949 年老大公师生，真想听听这些亲历者，叙说一下那被尘封了逾一个甲子的往事，以还孔先生黯然离开大公职业学校的历史真相。

值得一提的是，1951 年 2 月之后，私立大公职业学校并没有因许海涛代理校长之职而使改造旧学校有起色，后经专业调整，将土木、商科、高级机械等专业并入其他学校。至 1952 年，“散架”的大公职业学校仅剩初级机械科，处境很尴尬，教育局决定将“大公”改为公办，增设电机科，更名为上海机电工业学校。1953 年电机科终因专业师资无法落实，又逢全国院系大调整，电机科学生被并到上海电力工业学校，更名才一年的上海机电工业学校被撤并，1953 年 6 月，初级机械科学生和教职工并入新筹建的上海船舶工业学校，许海涛任教务副校长。但是，许海涛之后的仕途也并不如意，1954 年左右，被调离到上海交通大学从事党务工作，上海交通大学官网公开资料显示，1958 年交大核工程专业系筹建时，许海涛任核工程专业系主任兼党总支书记，但是次年就被调离，有说到教育部高教司工作。此后，许海涛的公开信息，可以说是杳无音信，这与孔另境在世人中的印象和评价可谓天壤之别。

附：

1. 孔另境给教育局陈怀白科长的信

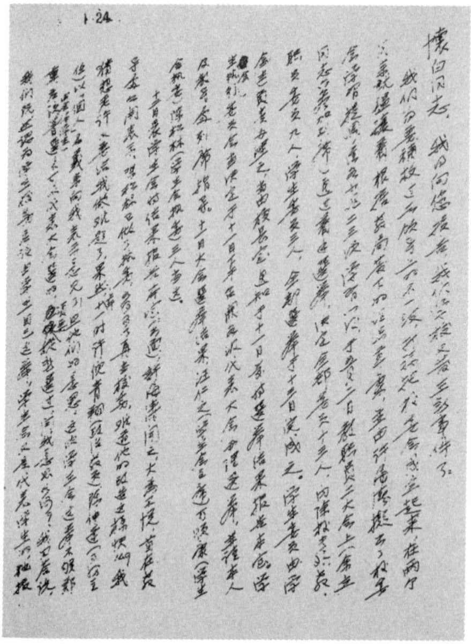

1·24

懷白同志：

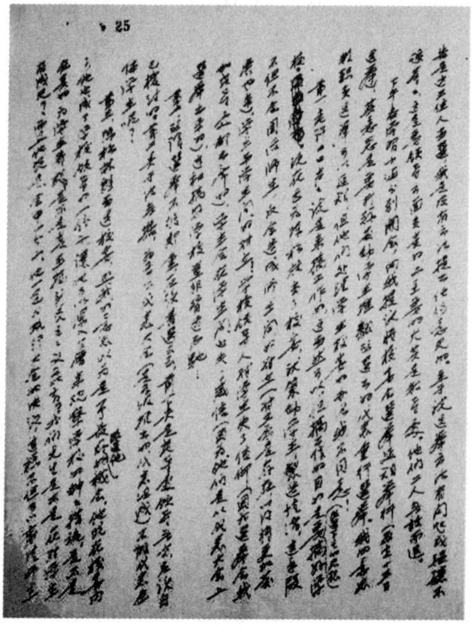

25

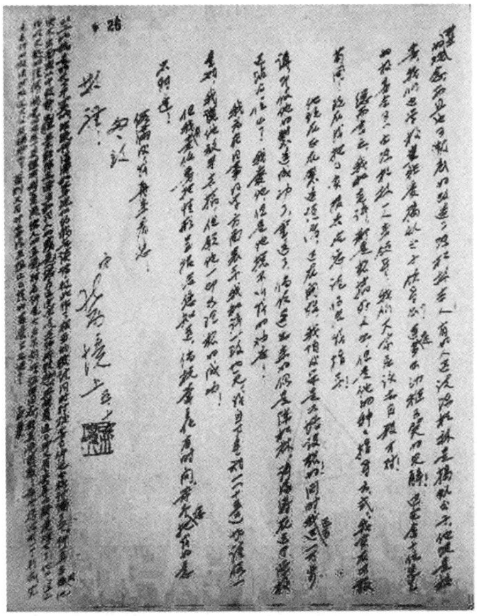

2. 孔另境给上海市教育局局长戴白韬的信

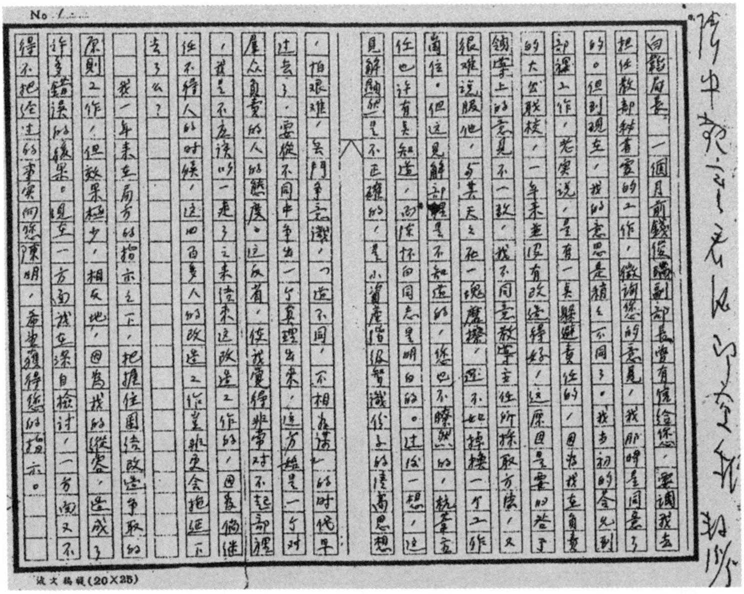

No 1

白韬局長：一個月前錢俊瑞副部長曾有信給您，要調我去担任教育部秘書室的工作，徵詢您的意見，我那時是同意了的。但到現在，我的意思是稍々不同了。我当初的答允到部裡工作，老實说，是有一点躲避責任的，因為我在負责的大公职校，一年来並沒有改造得好！这原因是要归咎于領導上的意見不一致，我不同意教導主任所採取方法，又很难说服他，与其天々和一塊磨擦，还不如辞掉一个工作擔任。但这見解部裡是不知道的，您也不瞭然的，杭葦同志也许有点知道，而陳懷白同志是明白的。这後一想，这見解顯然是不正確的，是小資產階級智識份子的清高思想，怕艰难，怕鬥爭意識，这不同，不相適應的时代早过去了。要從不同中爭出一个真理出来，这方法是一个对群众負责的人的態度。这反省，使我覺得非常对不起部裡，我是不应该以一走了之来逃避改造工作的，因為倘继任不得人的时候，这四百多人的改造工作豈非更会拖延一下去了么？

我一年来在局方的指示之下，把握住團结改造爭取的原則工作，但效果極少，相反地，因為我的縱容，造成了許多錯误的後果。現在一方面我在深自檢討，一方面又不得不把这些的事实向您陳明，希望獲得您的指示。

流文稿紙（20×25）

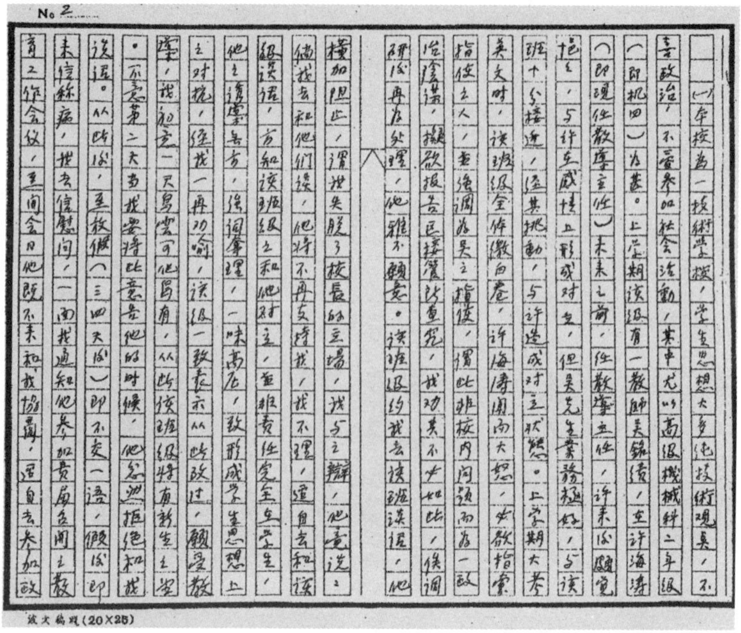

No 2

（一）本校为一技術學校，学生思想大多偏技術观点，不重政治，不愛参加社会活動，其中尤以高级機械科二年级（即机四）为甚。上学期该级有一教師吴錦懷，在许海涛（即现任教导主任）未来之前，任教導主任，许来以後覺悟之，与许在感情上形成对立，但吴先生業務極好，与该班十分接近，从其挑動，与许造成对立状態。上学期大考英文时，该班级全体缴白卷，许海涛闹而大怒，欲指责指使之人，查德调为吴之指使，但此非校内问题而为一政治陰謀，擬欲报告区接管的查究，我劝其不如此，候调研後再为处理，他雖不願意。該班级约我去该班谈话，他積加阻止，謂恐失脱了校長的立場，我与之辯，他竟说之続我去和他們谈，他将不再支持我，我不理，遂自去和该级谈话，方知该班级之和他对立，並非责任完全在学生，他之領導无方，強调管理，一味高压，致形成学生思想上之对抗，经我一再劝喻，该级一致表示从此改过，願受教導，我認定一只要肯可他留有，从此该班级将有新生之望。不意第二天当我要将此意告他的时候，他忽然拒绝和我谈话。从此以后，至放假（三四天以）即不交一语，假后即未待銷病，我去信慰问，一面我通知他参加责届之開学教育之作会议，至開会日他既不来和我協商，遂自去参加該

波文稿纸（20×25）

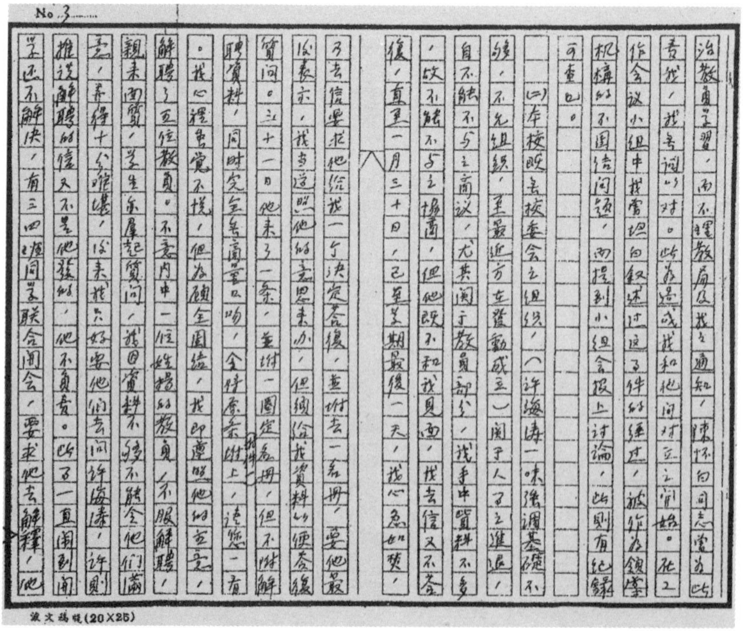

No 3

治教育学習，而不理教育及我之通知，陳怀白同志嘗为此責我，我無詞以对。此为造成我和他间对立之開始。在之作会议小组中我曾坦白叙述过这件的經过，被作为領導机構的不团结问题，而提到小组会报上讨论，此則有紀錄可查也。

（二）本校既無校委会之组织，（许海涛一味強调基礎不够，不允組織，至最近方在發動成立）關于人事之進退，自不能不与之商议，尤其關于教員部分，我手中資料不多，故不能不与之協商，但他既不和我見面，我去信又不答復，直至一月三十日，已至学期最後一天，我心急如焚，乃去信要求他给我一个决定答復，並附去一名冊，要他嚴以表示，我当遵照他的意思来办，但須给我資料以便参復質问。二十一日他来了一条，並附一個定名冊，但不附解聘資料，同时完全是命令口吻，全將原条附上（附件一），请您一看。我心裡自覺不悦，但为顧全团结，我即遵照他的意定，解聘了五位教員。不意内中一位姓楊的教員，不服解聘，親来面質，学生亦羣起質问，我因資料不够不能令他们满意，弄得十分难堪，以来我只好要他们去问许海涛，许則推說解聘的信又不是他發的，他不負責。此了一直闹到開学还不解决，有三四位同学联合闹会，要求他去解釋，他

波文稿纸（20×25）

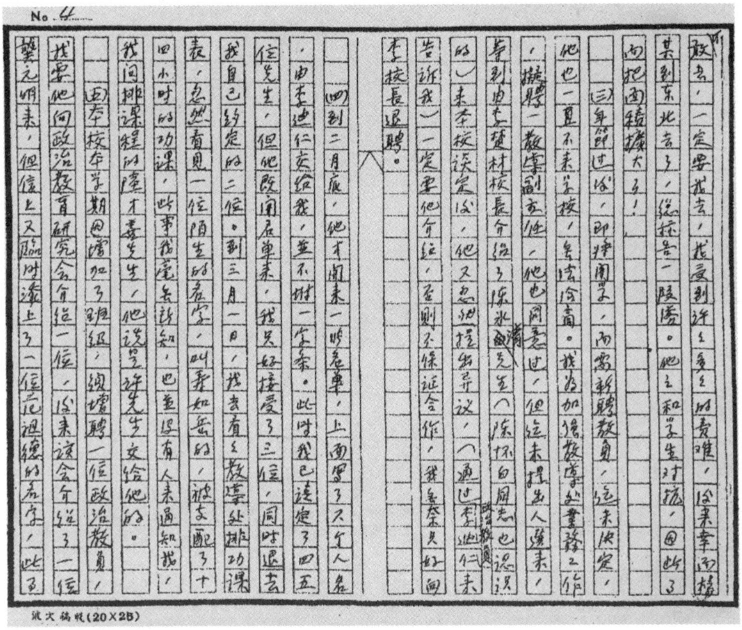

No. 4

教去，一定要我去，我受到许许多多的责难，以来幸而校长到东北去了，总务长一股势。他主和学生对抗，因此了而把问题搞大了！

（三）年节过后，即将开学，而需新聘教员，但未决定，他也一直不来学校，无法洽商。我为加强教学处业务工作，拟聘一教学副主任，他也同意过，但始终未提出人选来，等到由李楚材校长介绍了陈兆蘅先生（陈怀白同志也认识的）来本校谈定以后，他又忽然提出异议，（通过李迪仁政治教员来告诉我）一定要他介绍，否则不保证合作，我无奈只好向李校长退聘。

（四）到二月底，他才开来一张名单，上面写了六个人名，由李迪仁交给我，并不附一字条。此时我已选定了四五位先生，但他既开名单来，我只好接受了三位，同时退去我自己约定的二位。到三月一日，我去看教导处排功课表，忽然看见一位陌生的名字，叫綦如岳的，被支配了十四小时的功课，此事我竟无所知，也并没有人来通知我，我问排课程的陆才寿先生，他说是许先生交给他的。

（五）本校本学期因增加了班级，须增聘一位政治教员，我要他向政治教育研究会介绍一位，后来该会介绍了一位綦元明来，但信上又临时添上了一位范祖德的名字，此

浪火稿纸(20×25)

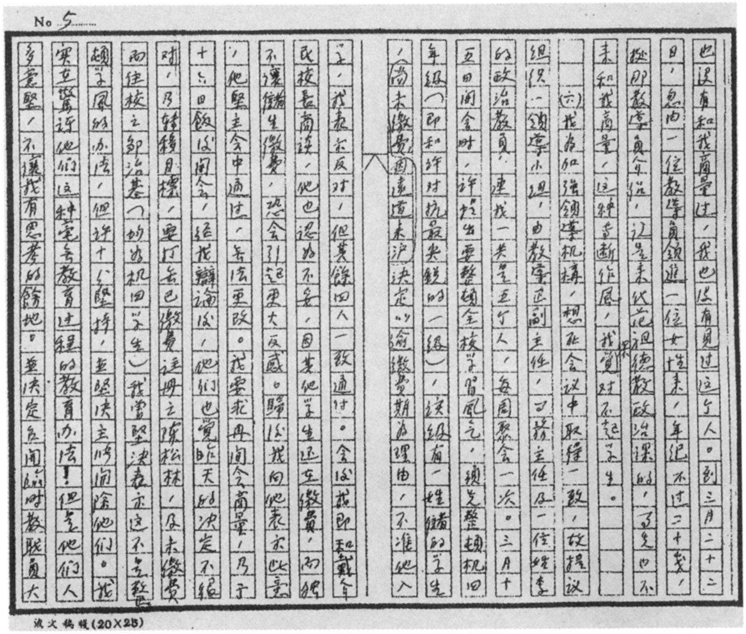

No. 5

也没有和我商量过，我也没有见过这个人。到三月二十二日，忽由一位教导员领进一位女性来，年纪不过二十岁，拟即教导员介绍，这是来代范祖德教政治课的，可是也不来和我商量，这种专断作风，我觉对不起学生。

（六）我为加强领导机构，想在会议中取得一致，故提议组织一领导小组，由教导正副主任，司务主任及一位姓李的政治教员，连我一共是五个人，每周聚会一次。三月十五日开会时，许提出要整顿全校学习风气，须先整顿机四年级（即和许对抗最尖锐的一级），该级有一些积极的学生，尚未缴费（因远道未沪），决定以逾缴费期为理由，不准他入学，我表示反对，但其余四人一致通过。会后我即和戴介民校长商谈，他也认为不妥，因其他学生还在缴费，而独不让积极生缴费，恐会引起更大反感。归后我向他表示此意，他坚主会中通过，无法更改。我要求再开会商量，乃于十六日饭后开会，经我辩论后，他们也觉昨天的决定不对，乃转移目标，要打击已缴费连母之陈松林，及未缴费而住校之郎治基（均为机四学生）。我当坚决表示这不是整顿学风的办法，但许十分坚持，并坚决主张开除他们。我实在惊讶他们这种毫无教育过程的教育办法！但是他们人多意坚，不让我有思考的余地。并决定立即临时教职员大

浪火稿纸(20×25)

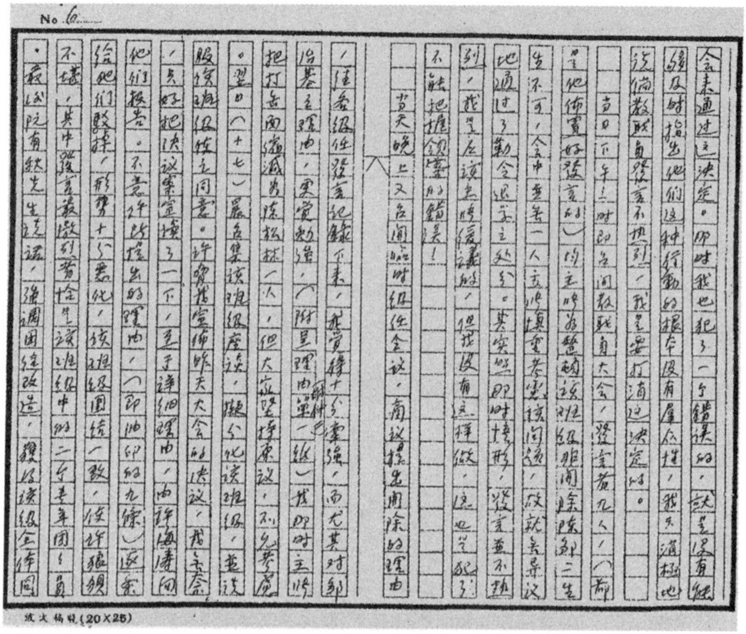

No. 6

会未通过这决定。那时我也犯了一个错误的，就是没有能够及时指出他们这种行动的根本没有群众性，我又消极地说服教职员发言不热烈，我是要打消这决定的。

当日下午二时即召开教职员大会，发言者九人，（八是他布置好发言的）均主张为整顿该班级班风开除陈郑二生不可，会中只有一人主张慎重考虑该问题，故就表决议地通过了勒令退学之处分。其实那时情形，发言并不热烈，我是应该在这时候提议的，但我没有这样做，这也是犯了不能把握领导的错误！

当天晚上又召开临时级任会议，商议提出开除的理由，经各级任发言记录下来，我觉得十分牵强，而尤其对郑治基之理由，更觉勉强，（附呈理由单一纸）我即时主张把打击面缩减为陈松林一人，但大家坚持原议，不允考虑。翌日（十七）晨召集该班级座谈，拟分化该班级，并请该服从班级接之同意。许资我宣布昨天大会的决议，我亦希，大好把决议案宣读了一下，并予详细理由，由许海涛同他们报告。不意许等提出的理由，（即油印的九条）返家给他们散发，形势十分恶化，该班级团结一致，除许张领不适，其中发言最激烈者是该班级中的二个青年团员。最后陈有钦先生讲话，强调团结改造，获得该级全体同

波文稿纸（20×25）

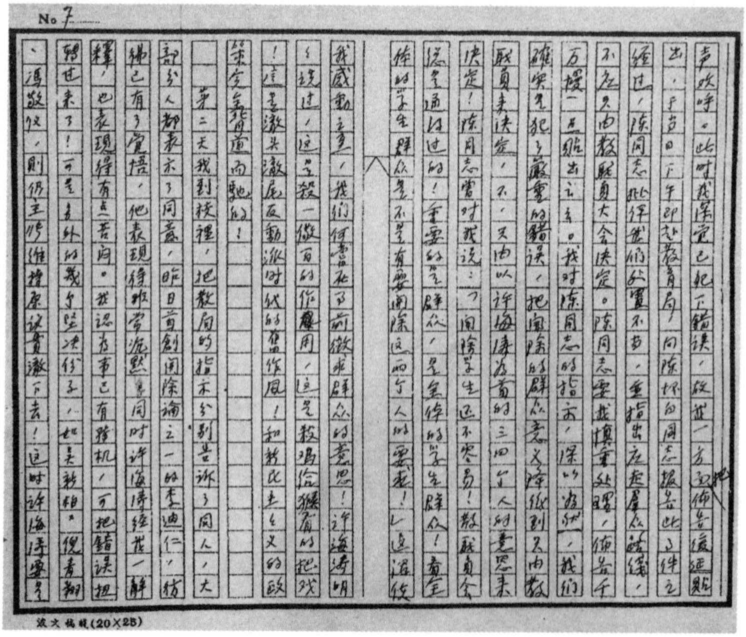

No. 7

声欢呼。此时我深觉已犯下错误，故并一方面布告缓延贴出，于当日下午即赴教育局，向陈怀白同志报告此事件之经过，陈同志批评我们处置不当，并指出应走群众路线，不应只由教职员大会决定。陈同志要我慎重处理，布告千万缓一点贴出去。我对陈同志的指示，深以为然，我们确实是犯了严重的错误，把开除的群众意义降低到只由教职员来决定，不，只由以许海涛为首的三四个人的意思来决定！陈同志曾对我说：“开除学生还不容易！教职员会议是通得过的！重要的是群众，是全体的学生群众！查全体的学生群众是不是有要开除这两个人的要求！”这深深使我感动之至，我们何尝取了前徵求群众的意思！许海涛明明说过，这是杀一儆百的作用，这是杀鸡给猴看的把戏！这是彻头彻尾反动派时代的旧作风！和新民主主义的政策完全背道而驰的！

第二天我到校里，把教局的指示分别告诉了同人，大部分人都表示了同意，昨日首创开除论之一的李迪仁，犹佛已有了觉悟，他表现得非常沉默，同时许海涛经我一解释，也表现得有点苦闷。我认为事已有转机，可把错误扭转过来了！可是另外的几个坚决份子，如吴新柏、倪青翔、冯敬仪，则仍主张维持原议贯澈下去！这时许海涛要是

波文稿纸（20×25）

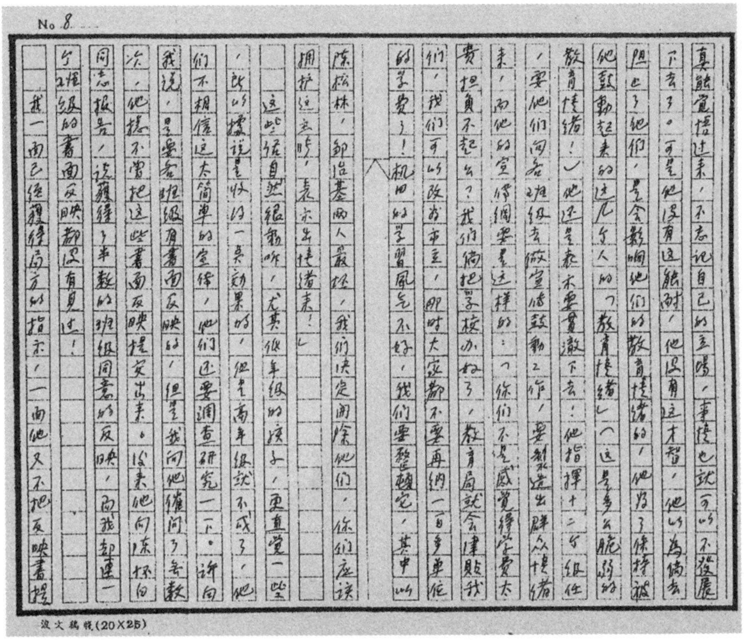
No 8

真能觉悟过来，不忘记自己的立场，事情也就可以不发展下去了。可是他没有这能耐，他没有这才智，他以为倘去阻止了他们，是会影响他们的教育情绪的，他为了保持被他鼓动起来的这几个人的「教育情绪」（这是多么脆弱的教育情绪！）他还是表示不要贯彻下去！他指挥十二个组任，要他们向各班级去做宣传鼓动工作，要制造出群众情绪来，而他的宣传纲要是这样的：「你们不是感觉得学费太贵担负不起么？我们倘把学校办好了，教育局就会津贴我们，我们可以改为市立，那时大家都不要再纳一百多单位的学费了！机四的学习风气不好，我们要整顿它，其中以陈松林，邹冶基两人最坏，我们决定开除他们，你们应该拥护这主张，表示出情绪来！」

这些纯自然组织的，尤其低年级的孩子，更直觉一些，所以据说是收得一点效果的，但是高年级就不成了，他们不相信这太简单的宣传，他们还要调查研究一下。许向我说，是要各班级有书面反映的，但是我问他催问了多数次，他据不当把这些书面反映提交出来。后来他向陈怀白同志报告，说获得了半数的班级同意的反映，而我却连一个班级的书面反映都没有见过！

我一面已经获得局方的指示，一面他又不把反映书提

泼文稿纸(20×25)

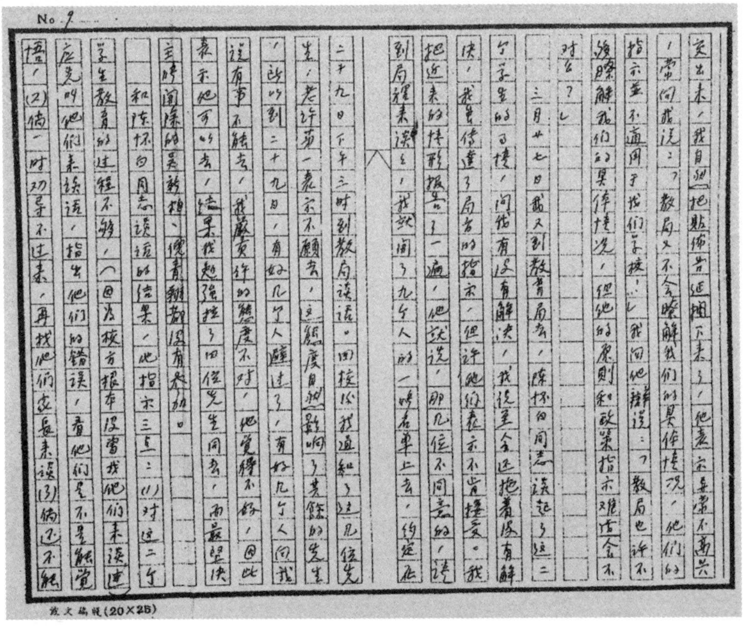
No 9

交出来，我自己把贴布告延搁下来了，他表示异常不高兴，常向我说：「教局又不会瞭解我们的具体情况，他们的指示并不适用于我们学校！」我向他辩说：「教局也许不复瞭解我们的具体情况，但他的原则和政策指示难道会不对么？」

三月廿七日我又到教育局去，陈怀白同志谈起了这二个学生的事情，问能有没有解决，我说至今还拖着没有解决，我是传达了局方的指示，但许他们表示不肯接受。我把近来的情形报告了一遍，他就说，那几位不同意的，该到局里来谈谈，我就开了九个人的一张名单上去，约定在二十九日下午三时到教局谈话。回校后我通知了这几位先生，老许第一表示不愿去，这态度自然影响了其余的先生，所以到二十九日，有好几个人避过了，有好几个人向我说有事不能去，我严责许的态度不对，他觉得不好，因此表示他可以去，结果我勉强拉了四位先生同去，而最坚决主张开除的吴航、傅青翔都没有参加。

和陈怀白同志谈话的结果，他指示三点：(1)对这二个学生教育的过程不够，（因为校方根本没当找他们来谈过）应先叫他们来谈话，指出他们的错误，看他们是不是觉悟，(2)倘一时劝导不过来，再找他们家长来谈(3)倘还不能

泼文稿纸(20×25)

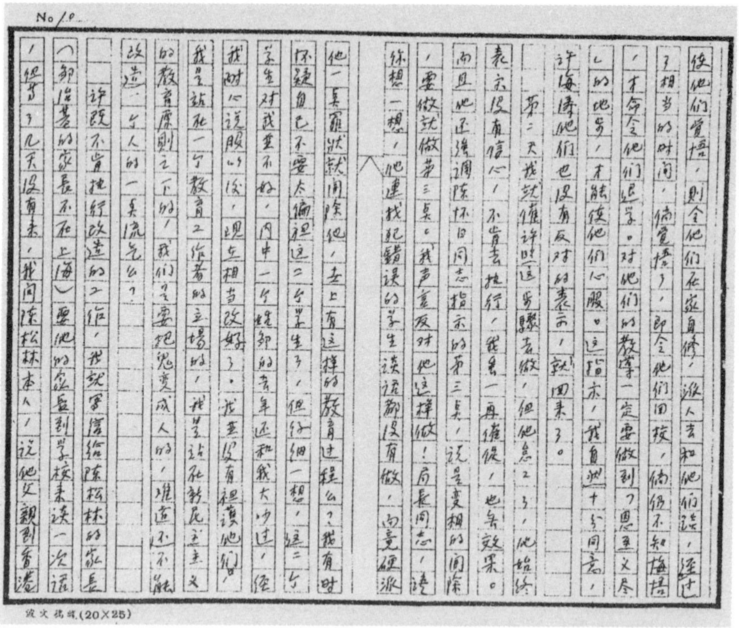

No. 10

使他们觉悟，则令他们在家自修，派人去和他们谈，经过了相当的时间，倘觉悟了，即令他们回校，倘仍不知悔悟，才命令他们退学。对他们的教导一定要做到了仁至义尽的地步，才能使他们心服。这指示，我自然十分同意，许海涛他们也没有反对的表示，就回来了。

第二天我就催许照这步骤去做，但他怠々了，他始终表示没有信心，不肯去执行，我是一再催促，也无效果。而且他还强调陈怀白同志指示的第三点，说是变相的開除，要做就做第三点。我声言反对他这样做！局長同志，请你想一想，他连找犯错误的学生谈话都没有做，而竟硬派他一个罪状就开除他，世上有这样的教育过程么？我有时怀疑自己不要太偏袒这二个学生了，但仔细一想，这二个学生对我并不好，内中一个姓郭的去年还和我大吵过，经我耐心说服以后，现在相当改好了。我並没有袒护他们，我是站在一个教育工作者的立场的，我是站在新民主主义的教育原则之下的，我们是要把孩子变成人的，难道还不能改造一个人的一点点流气么？

许既不肯执行改造的工作，我就写信给陈松林的家長（郭治著的家長不在上海）要他的家長到学校来谈一次话，但等了几天没有来，我问陈松林本人，说他父亲到香港

稿纸（20×25）

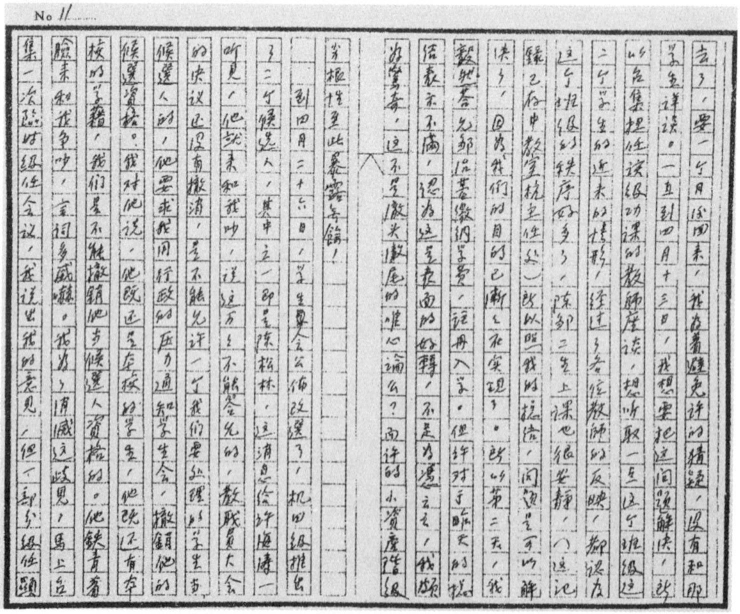

No. 11

去了，要一个月后回来，我为着避免许的猜疑，没有和郭学生详谈。一直到四月十三日，我想要把这问题解决，就召集担任该级功课的教师座谈，想听取一点这个班级这二个学生的近来的情形，经过了各位教师的反映，都说这这个班级的秩序好多了，陈郭二生上课也很安静，（这记録已存中教室杭主任处）所以照我的总结，问题是可以解决了，因为我们的目的已渐渐在实现了。所以第二天，我毅然答允郭治著缴纳学费，註册入学。但许对于临时的措施表示不满，认为这是表面的好转，不是为遗忘云云，我认为这不是彻头彻尾的唯心论么？而许的小资产阶级劣根性至此暴露无餘！

到四月二十六日，学生会公布改选了，机四级推出了二个候选人，其中之一即是陈松林，这消息给许海涛一听见，他就来和我吵，说这方面不能答允的，教職员大会的决议还没有撤消，是不能允许一个我们要处理的学生，候选人的，他要求我用行政的压力通知学生会，撤销他的候选资格。我对他说，他既还是在校的学生，他既还有本校的学籍，我们是不能撤销他为候选人资格的。他铁青着脸来和我争吵，言词多威吓。我为了消减这歧见，马上召集一次临时级任会议，我说出我的意见，但一部分级任头

No 12

然受了许的策动来和我争论，我说我备用了行政的压力，马上会发生大事变，一个多月来渐渐消灭的对立情绪马上復起，即时要弄得不堪收拾！我说我是主张用鼓励的话找他来谈，让他明白学校现在不但不歧视他，而且希望他好好地干，争取一个改造英雄。但是许不同意，我也坚持不答允用压力，所以会议就无结果。许最后说，校长既不同意，我们要召集教职员大会来讨论，而且他还表示即使陈松林被选上了，也得用行政的力量来撤销他执行委员的资格。他的这种一意孤行的作风，真使我惊讶！

会后他来告诉我说：我要群众来向校方请求撤销陈松林的候选人，我明知他这样一做，一定会造成学生中间的对立，所以我答应叫陈松林来，要他自动放弃候选人，以避免许这种制造对立的错误。陈松林和我谈了以后，他自己表示可以答应，但要问一问班级的意见，后来班级的意见来了，他们不答应，他们说陈松林过去有错误，近来已在大改进，我们为鼓励他，所以选他当候选人，这意见我认为非常正确，所以我也只好不说什么了。

第二天就选了，结果陈松林获得一百九十五票（共近四百票）当选为第六名执委。我深怕这刺戟将会引起海涛更大的忿怒，我马上到教局来见杭主任，我要杭主任

No 13

设法阻止许再犯严重的错误，否则这学校将会垮台了！杭主任同意我的话，他写条要许慎重，要他到教局来谈谈。我第二天见着许，问他，陈松林已当选了，你的意见怎样？他说学校教职员大会再谈吧。我知道他筹备这教职员大会，以备通过他这主意。我写了一封信报告杭主任，要他派一位同志来列席大会，以便在正确的指示下获得正确的结论。

五月二日下午召开大会，教局派余立同志出席，会场中经过相当热烈的发言，没有谁正面提出坚持开除的了，大约经过了二小时之间，余立同志表示了局方的意见，获得全场一致的赞同，我就根据这做了总结，分条叙述了这天的决定（附上会议记录一份〔附件三〕），全场无异议通过了。

五月三日我把决议通知了教导处，要他们照决议进行，许看见了表示不肯在通知信上盖章。我深知昨天的决议没有符合许海涛的原意，所以要故意和我为难。我就在当天下午找了余立同志，要他看看这决议是不是昨天的大会原意，有没有什么不妥当，他看了並没有表示不同意。我就报告着许不肯签字，他答应再来校和许谈话。同时学生会也要我带信给余立同志，要他再来瞭解同学们的意见，余同志也答应了。

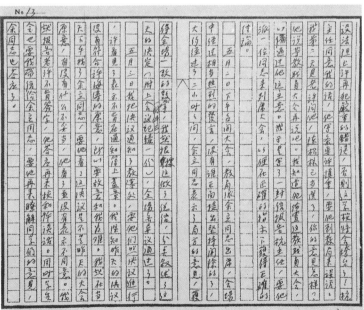

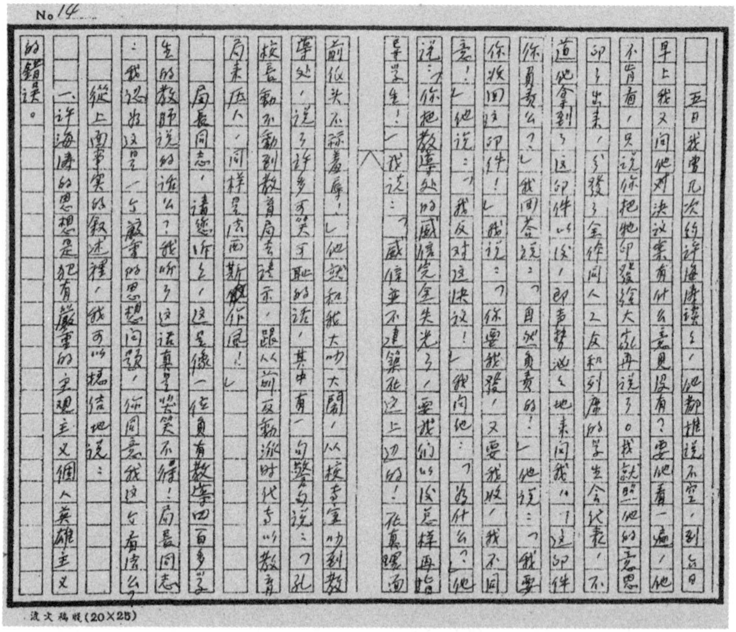

No.14

　　五日我曾几次约许海涛谈谈，他都推说不空，到六日早上我又问他对决议案有什么意见没有？要他看一遍，他不肯看，只说你把他印发给大家再说了。我就照他的意思印了出来，分发了全体同人之反和列席的学生会代表，不道他拿到了这印件以后，即声势汹汹地来问我：「这印件你负责么？」我回答说：「自然负责的！」他说：「我要你收回这印件！」我说：「你要我发，又要我收，我不同意！」他说：「我反对这决议！」我问他：「为什么？」他说：「你把教导处的威信完全失光了，要我们以后怎样再指导学生！」我说：「威信并不建筑在这上边的！在真理面前低头不算羞辱！」他就和我大吵大闹，从校长室吵到教导处，说了许多可笑可耻的话，其中有一句警句说：「孔校长动不动到教育局去请示，跟从前反动派时代去以教育局来压人，同样是法西斯作风！」

　　局长同志，请您听听，这是像一位负有教导四百多学生的教师说的话么？我听了这话真是哭笑不得！局长同志：我认为这是一个严重的思想问题，你同意我这个看法么？

　　从上面事实的叙述里，我可以总结地说：

　　一、许海涛的思想是犯有严重的主观主义個人英雄主义的错误。

稿纸(20×25)

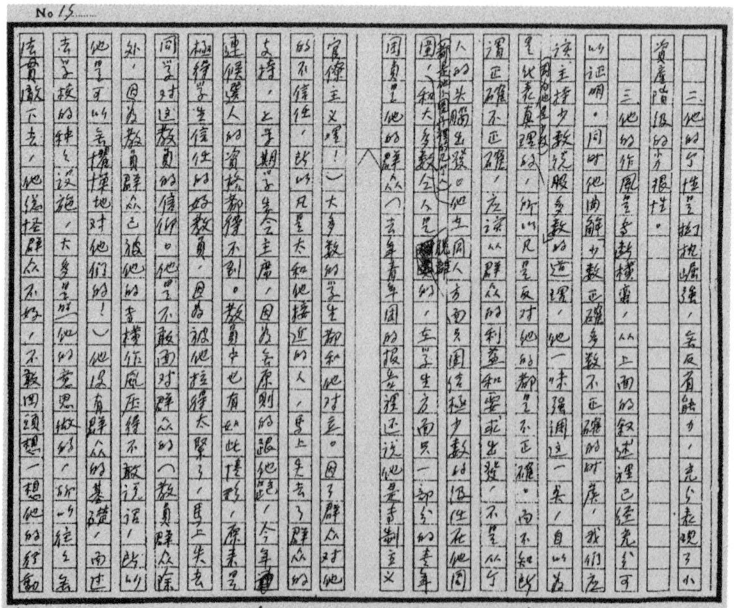

No.15

　　二、他的个性是极执倔强，自负有能力，充分表现了小资产阶级的劣根性。

　　三、他的作风是专断横蛮，从上面的叙述里已经充分可以证明。同时他曲解少数正确多数不正确的时候，我们应该主张少数说服多数的道理，（因为他是少数）他一味强调这一点，自以为是代表真理的，所以凡是反对他的都是不正确。而不知此谓正确不正确，应该从群众的利益和要求出发，不是从个人的出发点。他在同人方面只团结极少数的伙伴在他周围，（都是他小圈子里的几个人）和大多数全人是脱离的，在学生方面只一部分的青年团员是他的群众（去年青年团的报告里还说他是专制主义官僚主义哩！）大多数的学生都和他对立。因了群众对他的不信任，所以凡是不和他接近的人，马上失去了群众的支持，上学期学生会主席，因为否原则的跟他跑，今年连连选人的资格都得不到。教员中也有如此情形，原来是极得学生信任的好教员，因为被他拉得太紧了，马上失去同学对这教员的信仰。他是不敢面对群众的（教员群众除外，因为教员群众已被他的专横作风压得不敢说话，所以他是可以无顾忌地对他们的！）他没有群众的基础，而过去学校的种种设施，大多是照他的意思做的，所以往往会法贯彻下去，他总怪群众不好，不能回头想一想他的行动

稿纸(20×25)

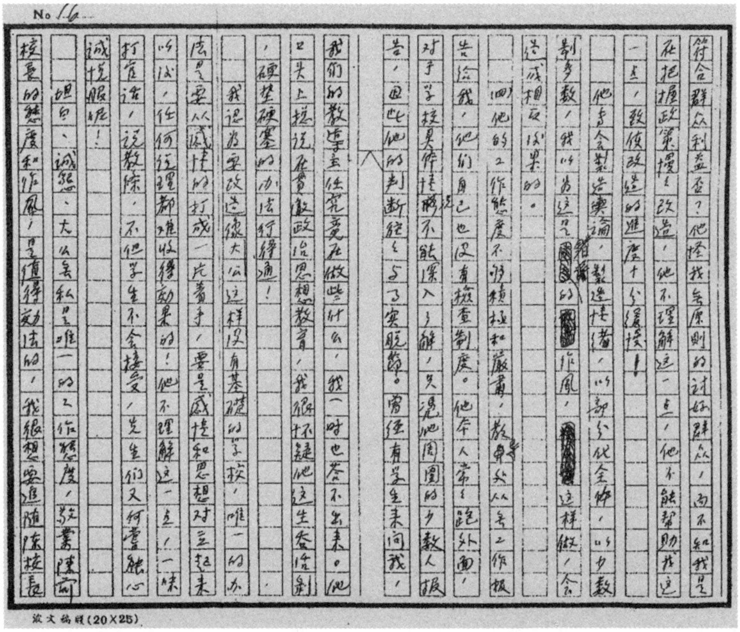

No.16

符合群众利益否？他拦我無原则的讨好群众，而不知我是在把握政策慢慢改造，他不理解这一点，他不能帮助我这一点，致使改造的进度十分缓慢！

他常会製造舆论，製造挑撥，以部分代全体，以少数制多数，我以为这是错误的作风，这样做，会造成相反效果的。

四、他的工作態度不够積極和嚴肃，教导处人员工作报告给我，他们自己也没有检查制度。他本人常常跑外面，对于学校具体情况不能深入了解，只凭他周围的少数人报告，因此他的判断往往与事实脱節。曾经有学生来向我，

我们的教导主任究竟在做些什么，我一时也答不出来。他口头上说说在贯彻政治思想教育，我很怀疑他这生吞活剥，硬垫硬塞的办法行得通！

我认为要改造像大公这样没有基础的学校，唯一的办法是要从感情的打成一片着手，要是感情和思想对立起来以后，任何道理都难收得效果的！他不理解这一点，一味打官话，说教條，不但学生不会接受，先生们又何尝能心诚悦服呢！

坦白、诚恳、大公無私是唯一的工作態度，兢業陈宙校長的態度和作风，是值得效法的，我很想要追随陈校長

稿纸（20×25）

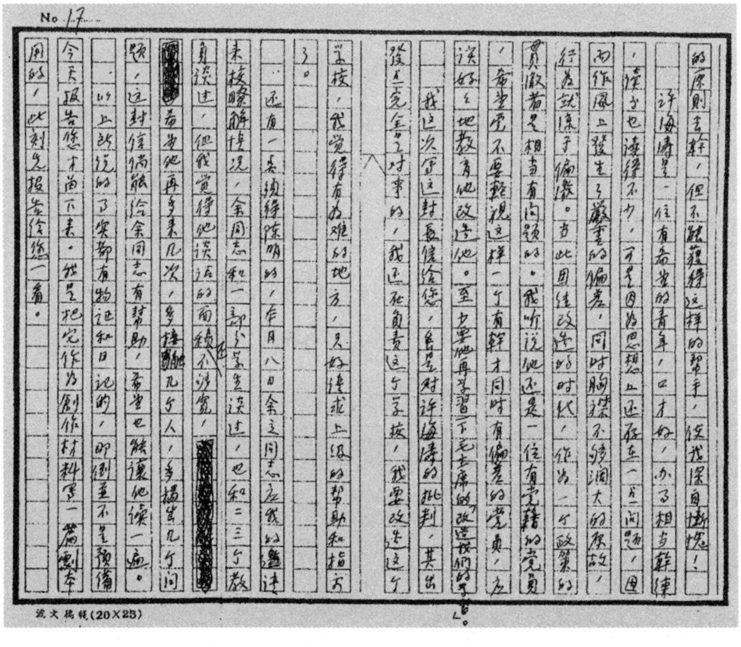

No.17

的原则去干，但不能获得这样的帮手，使我深自惭愧！

许海涛是一位有希望的青年，口才好，办事相当干练，態度也谦虚不少，可是因为思想上还存在一些问题，因而作风上发生了严重的偏差，同时胸襟不够阔大的原故，往往就流于偏激。当此团结改造的时代，作为一个政策的贯彻者是相当有问题的。我听说他还是一位有党籍的党员，希望党不要轻视这样一个有干才同时有偏差的党员，应该好好地教育他改造他。至少要他再学习一下毛主席的改造我们的学习。

我这次写这封长信给您，并是对许海涛的批判，其出发之点完全是对事的，我还在负责这个学校，我要改造这个学校，我觉得有为难的地方，只好请求上级的帮助和指示了。

还有一点须得陈明的，今月八日余之同志在我的邀请来校瞭解情况，余同志和一部分学生谈过，也和二三个教员谈过，但我觉得她谈话的面稍不够宽，希望她再多来几次，多接触几个人，多提出几个问题，这封信倘能给余同志有帮助，希望也能让她读一遍。

以上所说的事实都有物证和日记的，即到並不是预备今天报告您才留下来。我是把它作为创作材料写一篇剧本用的，此刻先报告给您一看。

稿纸（20×25）

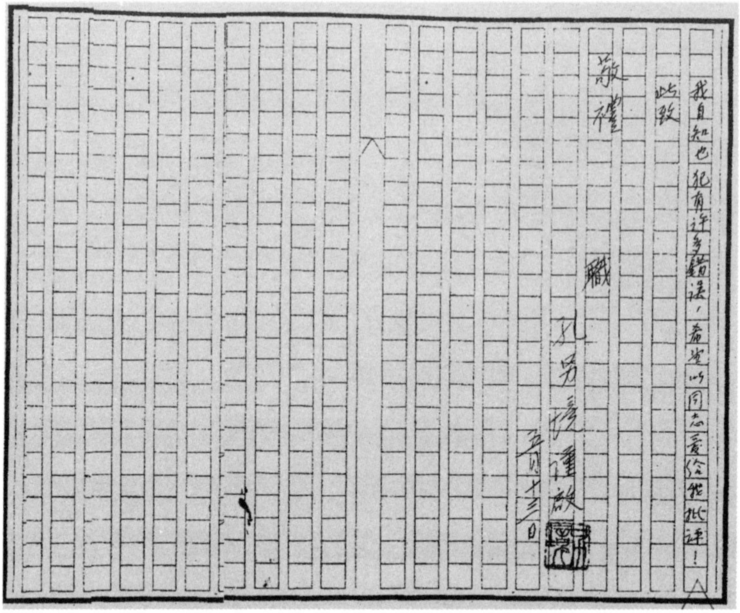
我自知也犯有许多错误，希望以同志爱给我批评！

此致

敬礼

孔另境谨启

五月十三日

（2017 年 12 月 27 日）

外商独资亦算“民族工业”？

为探寻苏州河普陀段两岸民族工业的发展历史，普陀区档案馆与普陀区邮政局于 2014 年共同设计开发了《民族工业之光——上海老工业寻迹》系列邮资机宣传戳、纪念封及明信片。为真实重现老工业厂房的原貌，还邀请沪上知名画家戴红倩亲手绘制《上海老工业寻迹》封片画稿（图 1）。通过重现苏州河畔老工厂的原貌，讲述民族企业的发展历史，重温民族工业发展历程，唤醒城市对于民族工业的记忆。立足区情区貌，以苏州河工业文明为重点，加大档案文化产品的开发，扩大档案文化在全社会的影响力，深受邮人称赞！无疑是正能量，值得点赞！

图 1 《民族工业之光——上海老工业寻迹 · 绢纺厂》正面

何谓民族工业？广义的，只要是中国人办的，都是民族工业，国营民营皆是民族工业；狭义的则只指民营资本所办企业，不含国营的。

在新的历史条件下，“民族工业”有新的内涵及外延。民族工业的内涵不仅包括由本地人出资发展的工业，而且包括整个炎黄子孙，如港澳台、海外华人等出资兴办的工业，都应该属于“民族工业”的范畴。

民族工业的外延不仅包括在本国国内由本国居民经营（国有、集体、私营或个体）的工业，而且包括中外合资、合作工业。

但是外商独资，如果基本技术、品牌完全是外国公司的，资金的调用、调控都控制在外商手中，那么该工业不是“民族工业”。

毋庸赘言，上述基本认识，可谓尽人皆知！

但经草根史学逐一查核，由上海市普陀区档案馆作文史指导的，由画家绘画，并配有详细的精彩故事介绍的全套20枚《民族工业之光——上海老工业寻迹》系列纪念封工业老建筑绘画及厂名中，竟然经不起最基本的寻根究底，有半数昔日是外商独资的企业被列入其中。如此违背历史事实，“混淆”基本概念，特别是在出自“档案馆”的“文史指导”下的号称《民族工业之光》的“纪念邮品”就令人十分吃惊了！

现将全套20枚《民族工业之光——上海老工业寻迹》系列纪念封具体企业分类简况汇总如下（表1、表2）：

表1　外商独资企业

邮戳名	原厂名	创办	变　更	旧　址
火柴厂	燧生火柴公司	日资	瑞典美光火柴公司→上海火柴厂	光复西路2521号
试剂厂	哈门药厂	德商	1947中央制药厂总厂→上海试剂一厂	光复西路2549号
酵母厂	大华利卫生食料厂	德商	丹麦（49%的股权）→上海酵母厂	光复西路2531号
绢纺厂	钟渊公大三厂	日商	日海军第三工场→上海绢纺织厂	万航渡后路33号
灯泡厂	奇异电炮厂	美商	上海灯泡厂	长寿路1012号
棉纺厂	日华纺织三厂	日商	中纺第六纺织厂→第六棉纺织厂	长寿路834号

（续表）

邮戳名	原厂名	创办	变　　更	旧　址
棉纺厂（二）	内外棉株式会社工场	日商	中纺第一纺织厂→第一棉纺织厂	长寿路582号
药水厂	美查制酸厂	英商	江苏药水厂→并入吴泾化工	西康路药水弄
印染厂	内外棉株式会社工场	日商	中纺第一印染厂→上海第一印染厂	西苏州路1901号
啤酒厂	立顺和啤酒厂	德商	挪威、英商上海啤酒股份有限公司→上海啤酒厂	宜川路130号

表2　民族资本企业

邮戳名	原厂名	创办	变　　更	旧　址
面粉厂	福新第三面粉厂	荣宗敬等	上海面粉厂	光复西路145号
染织厂	达丰染织股份有限公司	王启宇等	达丰第二印染厂→上海第七印染厂	复西路1161号
造纸厂	江南制纸股份有限公司	虞洽卿等	上海江南造纸厂	光复西路1003号
印钞厂	中央印制厂上海厂	国有	第五四二厂→上海印钞厂	曹杨路158号
丝织厂	美孚织绸厂	莫觞清等	美亚第四织绸厂→上海第四丝织厂	胶州路868号
造币厂	中央造币厂	国有	国营六一四厂→上海造币厂	光复西路17号
机器厂	大隆铁工厂	严裕棠	大隆机器厂	光复西路5号
造漆厂	振华油漆公司	邵晋卿	振华造漆厂	潭子湾路582号
榨油厂	大有榨油厂	朱葆三等	大有余机器榨油股份有限公司→上海油脂四厂	西苏州河路1369号
纺纱厂	信和纱厂	周志俊	信和棉纺织厂（英商名义注册华人股份占93%）→第十二毛纺织厂、上海春明粗纺厂	莫干山路50号

“绢纺厂”的前世今生

以下，我们仅以“上海绢纺织厂”为例，分析一下这个“绢纺厂”究竟是不是“民族工业”？

图 2 《民族工业之光——上海老工业寻迹·绢纺厂》反面

图 3 老建筑题名为“上海绢纺织厂”

盖有《民族工业之光——上海老工业寻迹·绢纺厂》邮资机宣传戳的纪念封及明信片发行于 2014 年 7 月，明信片老建筑题名为“上海绢纺织厂”。

但是，将“上海绢纺织厂”作为《民族工业之光——上海老工业寻迹·绢纺厂》选题之一，实在是“张冠李戴”有违史实，值得商榷。

据《上海丝绸志》第三篇第二章“绢纺业”白纸黑字写着：

（上海绢纺织厂）“创建于 1906 年，原系日本绢丝纺绩株式会社与华商合办的上海制造绢丝株式会社，董事长由朱葆三出任。厂址位于极司菲而路138号（今万航渡后路33号），资本规银40万两，主厂房为一幢带气楼的两层砖木结构楼房，面积6000平方米。主要设备有英式、日式绢丝环锭精纺机17台5100锭，经营绢丝纺丝。1908年，又增添䌷丝纺锭设备7组，计1470锭，利用绢丝下脚、落绵再纺䌷丝，获利丰厚。同年，华股退出，工厂为日商独占。1911年，日本绢丝纺绩株式会社与钟渊纺绩株式会社合并，工厂改由钟渊经营。1922年，增建4000余平方米的织造钢筋水泥车间；产品由经营绢丝、䌷丝发展到绢纺绸及绵绸。1925年，绢丝纺锭增至9900锭，织机增至313台，具备了从原料进厂到练白或染色织物出厂的能力，为国内规模最大、设备最齐全的绢纺织厂。主要生产凤凰牌绢丝、蚕蛾牌䌷丝及双马牌绢纺绸，根据钟渊在华企业的排列，又称钟渊公大三厂。同年，因场地不够，在星加坡路（今余姚路）征地68亩，将部分绢纺设备迁往，本拟再扩大绢丝生产，后因国际市场销售形势变疲，星加坡路厂改为毛纺，称钟纺公大四厂。1935年，绢纺部分迁回老厂，并新造制棉前纺车间共6300平方米。

抗日战争时期，工厂被日军征用，成为日海军第三工场，生产军用帆布、蚊帐等。

1945年，日本投降，由国民党政府接收，1946年1月16日，拨交中国纺织建设公司经营。同年3月，改名为‘中国纺织建设公司上海第一绢纺厂’。”

“上海解放后，该厂由市军管会接收。1950年7月，改为国营上海绢纺织厂。”

上述史实证实，无论从哪方面说，昔日“上海绢纺织厂”谈不上是民族产业，也非“民族工业之光”。值得一提的是，以“上海绢纺织厂”旧址建筑作为封片背景，出自普陀区档案馆的推荐、审核，邀请沪上知名画家绘制画稿，并被普陀区邮政支局交付印刷，广泛发行，一路畅行无阻，就令人吃惊了！明明是被没收的日军军产，六七十年后竟然被误解为“民族工业之光”！真要被世人贻笑大方了！

图 4 《民族工业之光——上海老工业寻迹》系列邮资机宣传戳

上海首家民族绢丝实业：中孚绢丝厂

多年来，笔者一直留意对昔日上海中孚绢丝厂的史料搜集，寻觅和考究那些鲜为人知的轶事。若将上海民族绢丝产业老大——“中孚绢丝厂”作为苏州河沿岸的上海“民族工业之光”，就名副其实了。

早在 20 世纪二三十年代，上海首家民族绢丝实业——中孚绢丝厂（即中孚绢丝厂股份有限公司）就已经奠定了它是上海民族绢丝产业老大的基础。产品曾名扬海外，1937 年在闸北被日军炮火所毁，1938 年，在小沙渡南岸购入破产的我国首家罐头食品厂——泰丰罐头食品公司厂房，复业。厂址与福新第三面粉厂隔河相望。

图 5　昔日小沙渡“中孚绢丝厂”厂房

尽管“中孚绢丝厂”在我国最早的民族绢纺业中名列第二，尽管“中孚绢丝厂”在 1960 年被撤并，大部分设备及主要技职人员由上海迁至江苏泗阳，更名为泗阳绢纺厂，1997 年改制为江苏泗绢集团有限公司，今江苏苏丝集团，少部分设备和人员迁往内蒙古扎兰屯市绢纺厂或并入上海

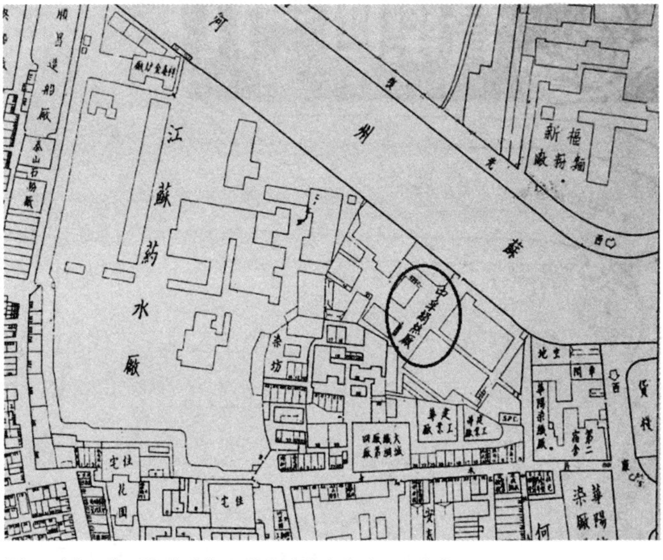

图 6 《老上海百业指南》上的小沙渡企业（1948 年）

绢纺织厂，“中孚绢丝厂”在上海丝绸史、上海纺织史上还是为它留下记载，有它的一席之地。

2015年底，修缮一新的西康路桥开通了，在普陀区文化部门的支持下，桥面上新增了申新纺织公司、福新第三面粉厂、华生电器厂以及英国人办的江苏药水厂（化工企业）四块浮雕画。在修西康路桥时，为保留、修缮“福新第三面粉厂办公楼”，还不惜花巨资将“办公楼”整体西移数十米！遗憾的是，《民族工业之光——上海老工业寻迹·绢纺厂》竟然没有留下“中孚绢丝厂”遗址的一丝痕迹！如此“厚此薄彼”对待昔日上海民族绢丝产业首屈一指的老大，实在有些不公！

图7 “中孚绢丝厂”遗址今貌

至今，对上海民族绢纺产业巨商——“绢丝大亨”三代掌门人的情况，知情者也寥寥。史著中，或语焉不详，或以讹传讹。数十年来，甚至连他们的生卒都不明。可谓扑朔迷离，犹如一层迷雾被遮盖。鉴于篇幅有限，笔者将在他文中作一考究。

谨以此文纪念：

朱节香先生捐资创办私立思敬小学并亲任校长100周年！（1916—2016）

上海绢丝大亨朱节香父子合力创办上海首家中孚绢丝厂注册登记90周年！（1926—2016）

上海老城厢朱氏私园——思敬园被毁60周年！（1956—2016）

上海中孚绢丝厂末代掌门人朱勤荪先生逝世50周年！（1966—2016）

（原载《上海集邮》2016年第10期，第40—42页）

忆及老城厢“思敬园”

申城老城厢虽弹丸之地，昔日园林却不少，有明代万历年建的“日涉园”，天启年建的“南园”（后更名“也是园”），还有半淞园、半径园、思敬园、宜园、李园、凤树园、葆真园、东园、小西园等20余私家花园。历经沧桑之变，现今几乎全部湮没，最后仅残存豫园一座。有些老城厢私园，虽然已消逝了，但作为私园的园名还能在遗址的路名上反映出来，如露香园路、也是园弄、半淞园路等，成为上海滩城市记忆而传承下来，被世人所熟知。遗憾的是，不少私园失传，湮没在历史长河里而无影无踪，即使在权威的《上海地方志》《上海园林志》及园林史著等记载中，不少“已废私园”，仅留有园名、园主、大致方位等寥寥数言，而无其他具体文字介绍或园林景观图片。

“思敬园”——就是这样一座鲜为人知的上海老城厢已毁的江南古典私家园林之一。

据《上海市地方志》“南市区已废私园一览表”中记载，乾隆年间，朱之淇在西姚家弄一带建有“思敬园”。在一些报刊、园林史料专著上，有关申城老城厢私园介绍中，同样也是惜墨如金，仅有如上寥寥十余字。湮没在史海中的“思敬园”，其“庐山真面目”究竟如何？

前几年，有二位七旬老人，在网上“晒”出了60余年前，老城厢西姚家弄小学的校园环境。1955届曹月娟学姐，2011年9月在“江边的月色的博客”中写道：“我和大弟在同一学校（引注：西姚家弄小学）上小学，是以前有钱人家的私家花园，有河池，池上还有小桥”，“假山很多，有的（山洞）就供我们捉迷藏，可惜在我毕业那一年，河池小桥都填平成操场了，假山还在。”

西姚家弄小学1961届林国辉学弟，2009年12月，在自办的“寻常人家”网上回忆：“西姚家弄小学，一所不错的小学，旧式祠堂坐落在假山群的中间，古典而神秘。印象最深的是一位年轻而美貌的老师，叫‘石美琴’[1]，她领着我们在祠堂里排节目，在假山周围玩耍，后来每当我们学生和其他老师发生么纠纷时，她总是护着我们，不知道这位老师现在安在。后来假山拆了，祠堂也推平了，才有了现在的操场。”

如同曹月娟学姐和林国辉学弟对母校校园的回忆，60年来，对母校的环境，我也一直记忆犹新。

1956年春，我由杨浦区控江二村小学转学到西姚家弄小学就读三年级。数月后，1956年暑假，西姚家弄小学被彻底改造，朱家祠堂里所有朱家先辈牌位被彻底清除，祠堂内房子都整修成教室或办公室，祠堂内小花园（以前是关着的）假山、山洞、亭阁被敲掉，建了小操场。西边假山处，坐西朝东的二层楼房改造成上下各2间的5、6年级教室。小操场边上造了新校门，过去校门是用的朱家祠堂正门，校工（门房）是一位朱姓老伯。改造时，大概损坏了古树（龙须古松，参阅本书《思敬园图志》），当时校长还受到过区里通报批评。

若放到今天，这样有历史意义的老城厢旧宅花园是会保留、修缮的。

1958年左右，我曾经写过一篇得了5分（即“优”）的作文，写的是记忆中的“有山有水的”西姚家弄小学原貌，作文一直保留到初中毕业。

[1] “琴”应为“菁”，石老师时任少先队大队辅导员。

那时的我已基本上离开南市的家住校了，毕业后，1967 年又分配去北方工作。作文本最终流失，使我一直很怀念，真遗憾。

说实话，除 1955 届的学长们 1949 年入学就读的是“私立思敬小学”外，当时的我们都不清楚母校的前世，大家更不知道这里曾是江南古典私园“思敬园”。

作为曾经在老城厢度过童年、少年的古稀之年的老人，有责任有义务为了我们的城市记忆，揭开“思敬园”的面纱，更何况它曾经是我的启蒙学校：西姚家弄小学的校园，私家花园里办的学校。这当然是在退休回沪多年，不懈努力寻踪后才获悉那些久远的逸事，原来，1952 年改为公办的西姚家弄小学的前身是“私立思敬小学”，于 1916 年创办于朱家祠堂内。

其实，“朱家祠堂”之名只是俗名，祠堂大门门额为“朱氏家祠”，祠堂西侧辟建有朱氏族产的私园，“朱氏家祠”竣工于乾隆三十六年（1771），三年之后，乾隆三十九年私园亦竣工，至今已整整 240 余年。当时朱氏家族的族长为朱之淇先生，81 岁，是当时上海航运界颇有名声的富甲一方的沙船主。朱氏族人首期捐给“家祠”的祀田就达 240 亩。

朱家祠堂内的私家花园建园之初，并没有园名。直至将近百年之后，才有人启用“思敬园”之名而流传下来。这是源自同治五年（1866）俞樾与方宗诚应知县应宝时之聘而纂《同治上海县志》（同治十年刻刊）时，因朱家祠堂内有“思敬堂”之建筑，俞樾与方宗诚才在县志中“遂以思敬名其园”。故“思敬园”实乃后人授予的园名而闻世。1916 年创办“小学”时亦以“思敬”为校名。即使在清末、民国初的一些上海县城老地图上，四牌楼路西姚家弄附近并不标注“思敬园”，仍是标注“朱家祠”或“朱祠”。史料地图可参见本书《申城首个外国领事馆遗址究竟在何处？》图 7。

据考，“思敬”出自孔子：“执事敬、事思敬、修己以敬”，也就是教育人要有凡事俱“敬”的态度，要懂得敬业，每一份事业都需要全心全意，都要全情投入。没有随随便便就能做好的事情，只有仔细思考，周密准备，态度认真，才能有可能把事情做好。这也可能是朱氏家族的家训之一吧！此后又以“思敬”为校名，可谓意味深长。即使在今日社会，也具有极大的教育意义。

“思敬园”坐落在“本县城内二十五保八图”，约占地三亩余。“思敬园”完整遗址即今董家渡路第二小学校园。

如图 1 所示，1948 年出版的《老上海百业指南》地图上的西姚家弄 48 号，正是思敬小学，校园内还标注有“花园假山”“池”字样，确认了这里是思敬园旧址。（图中，南北向的曲尺湾即今四牌楼路。）

经笔者多年来的寻访，上海滩尚有一些健在的杖国之年甚至耄耋之年

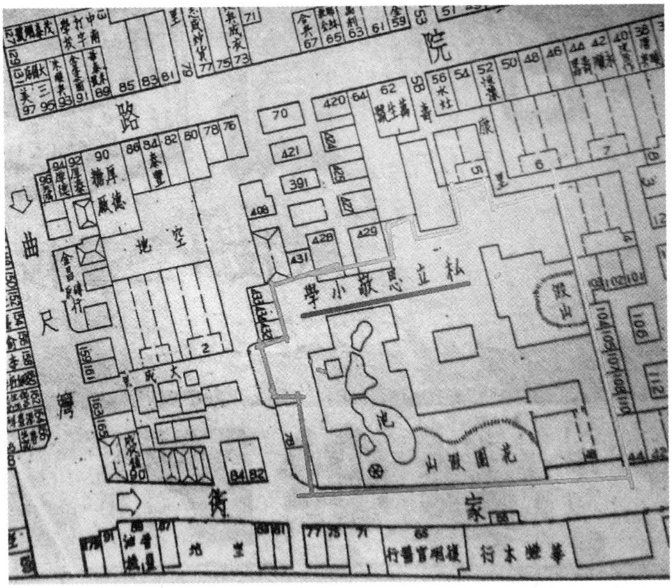

图 1 《老上海百业指南》上的思敬小学

的师生，他们至今对“思敬小学”校园记忆犹新。20世纪50年代初，他们在西姚家弄48号上过学或教过书，我和他们都是“思敬园”最后岁月的见证人。

同治十年（1871）的《同治上海县志》，是目前所知的最早记载“思敬园”的县志，县志云：“思敬园在城东，朱之淇别业，四时花木繁盛，颇擅幽致，有望云阁、一草亭、非水居、耸翠亭诸胜。”虽仅寥寥三十六字，已高度概括了老城厢这座小巧玲珑，占地只有三亩多地的江南古典私园的迷人胜景。

1937年11月15日的《申报》上有这样一则报道：“历史悠久之西城小学校及曲尺湾朱氏思敬花园祠堂，亦遭焚烬。”（注：曲尺湾，今四牌楼路）思敬园和思敬小学真的被焚毁了么？后来，我找到了1948年出版的《老上海百业指南》地图和飞机航拍图。在指南上，小学的门牌号和现在的门牌号完全一样，都是“西姚家弄48号”。在1948年的飞机航拍图上，学校里的池塘、花园、假山等显示得清清楚楚，与早期“思敬园”的线描图完全一致。可见思敬园并没有被焚毁。

1948年，“上海市文献委员会编印”的《上海文献丛刊》“上海胜迹略——私园”一节中，有如下介绍：“思敬园，清中宪大夫朱之淇，工部员外朱朝源奉先之所。内有亭榭四时花木之胜。”[1]

著名的古建筑专家郭俊纶先生在《沪城旧园考》一文中透露，他在20世纪40年代末，曾经受邀在思敬园里游玩过，他所述园景与《同治上海县志》里的记载所差无几。惟郭先生忆及的“竹丝墙门”恐怕是记错了，在我的记忆中，竹篱笆是“朱氏家祠”对面华生木行和恒昌星玻璃厂

[1] “中宪大夫”系清代“正四品文官”，“工部员外”系“从五品文官”，实以捐资换取官衔。奉先：祭祀祖先。

的简易篱笆。“思敬园”即“朱氏家祠”的墙是大块砖墙，门是中国传统祠堂的木质大门。此后，找到的1928年秋拍摄的大门老照片资料也佐证了这一史实。1956年春，大门左侧窗口下的教室，恰是我就读西姚家弄小学时的第一个教室，而左右侧的边门已由青砖封掉。当时进大门，往下约有三四级大条石台阶，校舍地面已明显低于街道路面不少。仅从思敬园内外地面的落差来说，令我们感受到，200年来老城厢的变迁已今非昔比。

图2　思敬园（私立思敬小学）大门（1928年）

“思敬园”里台亭楼阁，小桥流水，一派江南古典园林风光。当时这里的水系恐与肇嘉浜、老城厢环城河相通，随着近代城市的快速进展，老城厢内的河浜逐步消失。填河填浜筑路，筑成了今天的复兴东路和中华路、人民路，“思敬园”池塘成了死水一潭。1952年7月9日《新民报晚刊》曾报道了邑庙区的爱国卫生运动，文中提到：思敬小学内160余平方米的污水塘，过去是蚊蝇的保育所，小朋友一不小心就要跌下去，现在用175吨垃圾填平后，已变成了儿童活动的乐园。

“思敬园”里的假山、太湖石，同样令人难以忘怀。叠置的假山，玲珑剔透的太湖石，还有高大茂密的古树，1956 年之后被运送到哪里去了呢？一次偶然的机会，找到了曾经在思敬小学教过书的顾保勇老师，她告诉我："1956 年暑假里，学校里的假山、太湖石等，全部被运到人民公园去了。"如今，太湖石安然无恙地被安置在公园的一角。我曾去人民公园寻觅，仔细核对，发现那里的确有一太湖石与拍摄于"戊辰年仲秋"（注：1928 年，作者不详）的思敬园资料老照片里的太湖石外貌简直一模一样。

图 3　幸存在人民公园的"思敬园"太湖石（2013 年）

近年，经不懈努力，在故纸堆里总算寻觅到"朱氏祠堂图志"，据"朱氏祠堂图志"云：朱氏祠堂，"祠在本县城内二十五保八图。居宅之西，约地址三亩余。前为墙门三楹，额曰朱氏家祠。西则缭以长垣，入门为思敬堂。""堂后有石坡，植牡丹垂柳于其间。复作石为基，构小亭三楹，东隅，曰守祠。""其后，则厨湢在焉。堂前东庑，立菉溪公祠堂碑记于中。西为寝门，前叠为山，繁植桂树，名之曰小山丛。桂山岭有亭，翼然北，则飨堂三楹，为祭祀行礼之处，以纶音祥开厥后，颜其上。""东西厢，曰敬庐，曰敦素为致齐之所。其西则葡萄作架，下濬为池，畜金鱼千头，游泳唼喋，可作濮上观。北曰一勺泉，上为岸舫。曰知鱼乐。临池者为水榭。迤西为望云阁，颇极高旷。前叠小山，饶有层岚丛翠之致。池水环绕其下，中植荷花。山之南，曰一草堂，西为小楼，宛转高下，可由曲磴以达望云阁焉。邑志遂以思敬名其园。”

又，朱氏后人在“道光己亥寝室后添建钦旌孝悌祠三楹。民国甲寅以守祠所翻为楼房，立先贤祠。乙卯改建后进厨房。戊午复于西首添建纫香楼三楹。”[1]

此时，可谓“朱氏家祠”、“思敬园”的鼎盛时期。其后50年，随着在“家祠”内创办学校，“思敬园”逐步衰落，盛景不再。1952年7月，园内“金鱼千头”的池塘，在爱国卫生运动中被填埋。至1956年夏，又为建学校操场，水榭被拆毁、二层楼高的假山、山洞，数量可观的景观太湖石统统被挖掘、运走，古树林木也没有了，历经182年的江南古典园景未被战火所焚，也未被天灾殃及，却这样被人为地消灭了。当年小小年龄的我们就听说，时任校长张某为古树受损受到了通报批评。2013年，寻访到后任沈校长时，她告诉笔者，事后，张校长还因此事被降职调离。20世纪70年代中期，青色的砖、小片的黛瓦、雕梁花窗、飞檐出甍、回廊挂落、雕刻精美、流檐翘角的老建筑，最终也全部在这里消失得无影无踪，取而代之的是如今的L形五层教学楼。

“思敬园”淹没在历史长河中，文献史料中也难觅踪影。如今已鲜有人知晓“思敬园”的昔日风貌，真是应了“养在深闺无人识”！即使西姚家弄48号的新主人——董家渡路第二小学的师生们，倘不是老翁主动上门相告，他们也不会知道自己脚底下，竟然有如此深厚的城市记忆和园林

[1] 道光己亥：1839年。民国甲寅：1914年。乙卯：1915年。戊午：1918年。

历史文化底蕴！

为了我们的城市记忆，老城厢园林历史文化的传承，西姚家弄48号的“董家渡路第二小学”校名是否更名为“思敬小学”更合适呢？学校能否开辟“思敬园史料室”呢？校门口能否挂上“思敬园遗址”城市记忆简介铭牌呢？可能这仅是草根园林史学老人的一厢情愿而已，仅供主管部门参考。

老翁亦寄语董家渡二小的老师们，让下一代早日了解“思敬园”遗址上的历史文化记忆，多向学生们宣传我们脚下这块老城厢土地上的历史文化底蕴，是我们知情老人的历史责任，更是老城厢教育工作者的义不容辞的任务。

图4　1955届师生笑谈“思敬”往事（2012年春节潘初恒老师家）

2014年恰逢“思敬园”建园240周年，特奉上园林史学草根这篇历经数十年的“历史寻觅”之作，也是为那不该忘却的历史，挖掘、抢救已消失的“老城厢园林史”之刻不容缓摇旗呐喊也！

（原载《园林》2014年第10期，改于2017年9月）

思敬园图志

1.《朱氏祠堂图志》

朱氏祠堂圖誌

此我朱氏祠堂圖也祠在本縣城內二十五保八圖居宅之
西約地址三畝餘前爲牆門三楹額曰朱氏家祠西則繚以
長垣入門爲思敬堂祭後宗族飲福之地堂後有石坡植牡
丹垂柳於其間復作石爲基搆小亭三楹東隅曰守祠所中
供 先大夫栖谷公畫像遵遺意也公奉 伯父菉溪公命
經營結搆創立宗祠落成之後嘗曰死而有知我魂魄當長
爲祖宗守護也其後則廚湢在焉堂前東廡立 菉溪公祠
堂碑記於中西爲寢門庭前叠石爲山繁植桂樹名之曰小
山叢桂山巔有亭翼然北則饗堂三楹爲祭祀行禮之處以
綸音祥開厥後顏其上後爲寢室三楹供奉 先世木主東
西爲夾室 祧主祭器藏焉東西廂曰敬廬曰敦素爲致齋
之所其西則葡萄作架下瀦爲池畜金魚千頭游泳唼喋可
作濠上觀北曰一勺泉上爲岸舫曰知魚樂臨池者爲水榭
迤西爲望雲閣顛極高曠前壘小山饒有層巒聳翠之致池
水環繞其下中植荷花山之南曰一草亭西爲小樓宛轉高
下可由曲磴以達望雲閣焉邑志遂以思敬名其園歲己酉
從兄綺峯輩倡輯族譜中列世祠幸偕仲弟林季弟森共與
校讐之末書成敬敘大畧如右七世孫木謹識
道光己亥寢室後添建欽旌孝悌祠三楹民國甲寅以守祠
所翻爲樓房立先賢祠乙卯改建後進廚房爲樓屋戊午復
於西首添建紉香樓三楹

2. 思敬园之太湖石姿态万千

3. 思敬园线描图

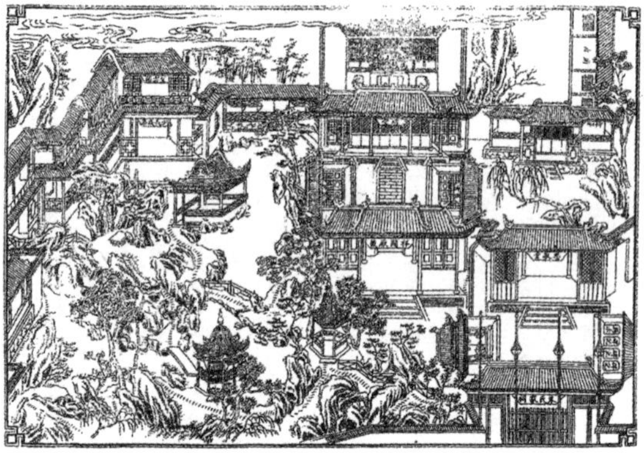

4. 思敬园园景（40 年代末）

5. 20世纪初的思敬堂

6. 20世纪初的飨堂（“祭祀、祭献祖宗的堂屋”）

7. 20世纪初的拜厅

8. 20 世纪初的将军门

9. 20 世纪初的非水居

10. 20世纪初的孝悌祠

11. 20世纪初的久香楼

12. 20 世纪初的崇报祠

13. 20 世纪初的山洞里的洞仙

14. 20世纪初的参天龙须古松

参考文献：

[1] 朱澄俭辑纂：《上海朱氏族谱》，1928年，上海图书馆馆藏。

“思敬小学”百年钩沉

1916年6月，祖籍安徽婺源，世居上海老城厢阁老坊的朱澄俭先生（后成为上海民族绢丝大亨），经沛国族会同意，在老城厢“朱氏祠堂”祠内（今西姚家弄48号）设立学校。朱澄俭先生亲自“捐助洋叁千七百余元，始克成事”。8月，正式开学。朱澄俭先生亲任“私立思敬小学”校长和学校董事会董事长。校名“思敬”，直接取自“朱氏祠堂”内建有“思敬堂”之故。

与此同时，1916年至1918年，朱澄俭先生还因向公立和安高等小学捐资叁千七百元兴学有功，获得政府部门颁发的金色二等褒章和匾额。

表八：民国初期上海社会各界捐资兴学概况（单位：元）①

姓名	籍贯	捐款	捐助学校	时期	褒奖	备考
吴　馨	江苏上海	91,301	本县第一女子高等小学	民国2年	一等嘉祥章，三等嘉禾章，匾额	捐以基地、校舍器具共值如上
袁树勋	湖南湘潭	30,000	上海私立神州法政专门学校	民国元年	匾额、褒词	
杨白氏	江苏上海	2,965	本县私立城东女学社	民国元年至二年	金色三等褒章	
黄　镕	江苏上海	10,000	上海市私立三育初高等小学	民国元年起	匾额	清宣统三年以4万余元，因与例不符，故未给
黄庆澜	江苏上海	21,300	上海市私立三育初高等小学	民国元年起	三等嘉禾章	该员克成先志，助，孝义可风
上海金业公所		10,000	上海市私立金业商校及附设国民学校	民国元年至6年	匾额（正德厚生）	
蒋长洛	江苏江宁	1,000	上海贫儿院	民国元年	金色三等褒章	
顾庆祺	上海	1,000	公立和安高等小学	民国元年	金色三等褒章	
曹　骧	上海	1,000	公立和安高等小学	民国元年	金色三等褒章	
王焕卿	上海	1,000	公立和安高等小学	民国元年	金色三等褒章	
王榕生	上海	1,000	公立和安高等小学	民国元年	金色三等褒章	
顾汝霖	上海	1,000	公立和安高等小学	民国元年	金色三等褒章	
卫文熙	上海	1,000	公立和安高等小学	民国元年	金色三等褒章	
朱澄俭	上海	3,700	公立和安高等小学	民国5年至7年	金色二等褒章、匾额	
穆湘玥		2,650	上海中华职业学校	民国7年	金色三等褒章、匾额	

图1　民国初朱澄俭先生捐资办学截图

1919年3月，时任民国大总统的徐世昌，为朱澄俭题词："敬教劝学"。此时正是朱澄俭办学的起步阶段，徐世昌为朱澄俭先生留下了总统墨迹。这在沪上小学教育史上是非常罕见的，可惜，在上海初等教育史著上并没有记载。

1936年，私立"思敬小学"隆重举办建校20周年庆祝活动，鲜为人知的是，孙科、孔祥熙、居正、吴铁城、潘公展等近30位民国要员纷纷挥毫为该校题词祝贺。

1936年，朱澄俭先生任中孚绢丝厂经理、沛国族会总经理，兼任"思敬小学"学校董事会董事长，学校由校董、朱氏家族的朱树鉴任校长。

1948年底，朱树鉴"一走了之"。此后，公开的档案资料中，"朱树鉴"的信息就杳无踪影。校长由朱氏家族成员陈伟明（朱氏的儿媳）接手，教导主任先是蓝宝鑫，后由孙芝萱接任。

1951年校董事会由朱柏生负责，校董有朱大可、朱耀炬、朱秉生、朱子俊、朱子闻等人。

1952年私立"思敬小学"由邑庙区教育局接管，改为公立，学校更名为西姚家弄小学后，邑庙区教育局任命张雪瑾为校长。1957年，张雪瑾调离，区教育局任命沈谦六为校长，石美菁老师任少先队大队辅导员。

私立思敬小学末期教师有老教师孙芝萱、潘初恒、鲍鸿达、李晓成、顾惠珠、顾保勇、韩秀文、陈伟明、王士浚。老教师蓝宝鑫调往静文小学，戴尔钧调往区文教科。同时，吴飞霞老师由附近的昭华小学调入私立思敬小学。此外，从新教育学院第八期学习班结业的朱蕴玉、余淑娟、周含馨进入私立思敬小学任教。

私立思敬小学末期，校舍是朱氏祠屋，产权还是属于朱氏族会。校舍面积二亩多，有教室11间，可以容纳百余人的小礼堂一间，小宿舍3间。

另外有5家房客居住数间。祠屋比较零落，教室是分散的。1950年初因“二·六”轰炸、经济困难，学生只有109人，3间教室。此后，经政府逐年补助，扩展到11间教室，学生增加到500多人。教师由4人增加到13人。

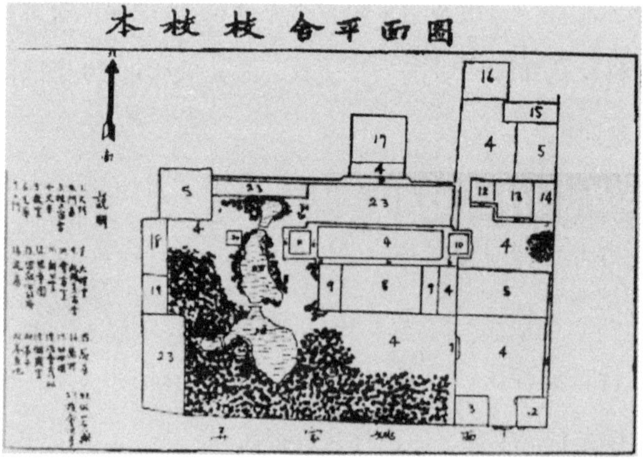

图2 “思敬小学”校舍平面图（1936年）

上述简况在上海图书馆的近代文献中和上海市档案馆的开放档案中均有资料留存。2013年前后，笔者向当年的班主任潘初恒老师了解情况时，80多岁的她，对往事和同事，依然记忆犹新，笔者还拜访了顾保勇老师、电话联系了吴飞霞老师，她们都异口同声地回忆起校园环境和老同事及往事。尽管笔者对吴飞霞老师已无任何印象，但从资料上得知吴飞霞老师来自昭华小学，我立即回想起当年曾陪他的学生，我的同校学长、邻居臧汉勋、周天吉去过她家两三次，昭华小学与我家近在咫尺，吴老师的公公是私立昭华小学校长（后改名，新太平弄小学），并且就住在私立昭华小学校内，所以，印象很深刻。2014年初，笔者与臧汉勋兄分别失联50余年，通过他的班主任吴飞霞老师提供的手机号码，终于与他取得联系，并见了一次面。不久，当准备好思敬小学历史资料复印件，联系给他送去时，他称没有空，叫我等他通知。令人想不到的是，这些资料，他永远看不到了。2014 年 5 月 13 日深夜，昵称“法官手记”的网友，在个人博客上留下八个字：“臧汉勋悄悄的走了”！臧兄于 2014 年 4 月 29 日病世，“谜”一般的臧兄，带走了很多我们无法解开的历史往事。他说，他父亲还在台湾，曾与汪道涵一起赴延安参加革命，臧父在上海解放前夕去台（难道是奉令？）。汪道涵在上海任海协会会长时，经“文革”迫害出狱的臧兄，借调到汪办工作，传闻，曾任汪道涵“私人”秘书。但一直未见官方披露。臧兄对笔者说，直到退休，他的人事关系仍在原来单位，他的“身份”等历史遗留问题也一直没有解决。他带着遗憾“悄悄的走了”！

20 世纪 50 年代初，臧兄仅靠他弱小的母亲在十六铺有轨电车终点站附近摆流动香烟摊的微薄收入维持着生活。1953 年春，太平弄一场轰动全市的大火，家中连一件像样的家具也没有剩下，灾后，母子俩蜗居在 10 平方左右的灾民自己集资合作建造的房子里，连床都是用木板加长凳凑合着。“文革”期间，臧母因丈夫去台后杳无音信，更加成为街道里弄组织的批判会“活靶子”，笔者至今没能忘却。

据媒体报道：1937 年 10 月 10 日晚，汪雨相、汪道涵父子带领全家、中共明光临时支部成员及家属共 28 人，踏上了奔赴延安的征程，臧汉勋的父亲应是其中一员。但究竟是汪家成员还是中共明光临时支部成员，就难以查证了。

值得一提的是，笔者还对 60 多年前的几位任教不久的未婚青年教师记忆犹新，如先后教我们语文、算术，兼班主任的庄鸣才老师、潘初恒老师；大队辅导员石美石菁老师；教体育的王虹俊老师；教美术的叶明老师。还有教历史的则是已过知命之年的柳葆年老师。除未去过叶老师、柳老师的家外，庄老师、潘老师家是常去玩的。石老师与王老师家虽然未能“跨”进，他们都是在老城厢的二楼斗室，但我们小朋友还是在他们临街的窗户下，近距离地与他们聊上几句。正是凭着数十年前的记忆，找到了潘老师在老城厢的老宅，意外地与失联了40余年的启蒙恩师接上了头，正是潘老师提供的重大信息，才使我顺利地对“思敬小学”的前世今生开展了寻踪，才为全面揭示江南古典私园全貌有了开端。我还找到了臧汉勋所说的“不问政治”的“老好人”——叶老师。长期潜心作画的叶老师，即使晚年中风坐在轮椅上，唯一的爱好仍是作画。当年，他曾带我与同窗好友黄家驹去还是农村风貌的浦东写生，我依然历历在目。

我还找到了西姚家弄小学的末任校长沈谦六老师，年已九旬的她，热心地为我提供了吴飞霞老师、顾保勇老师的联系电话。吴老师又使我找到了臧汉勋兄。是顾保勇老师向我披露了上海滩无人知晓的“密闻”——“被拆毁的思敬园假山山石、太湖石统统运到人民公园去了”。据查，在诸多上海园林史著中，都没有顾保勇老师向我披露的“密闻”。人民公园西山园景的介绍牌上是否应该补充这一有意义的史实呢？

作为“思敬小学”的校友，想想也是蛮有意思的历史，1916年创建私立“思敬小学”，1952年成为公办，改名“西姚家弄小学”，1965年，西姚家弄小学撤销，整体合并到附近的聚奎街小学。45年后，又鲜为人知地悄然回到西姚家弄48号故地：“娘家”！

据悉，目前董家渡路第二小学退休教师中，既有原“思敬小学”“西姚家弄小学”鲐背之年的老教师，也有1955届的“思敬小学”鲐背之年的老学长，不知黄浦区教育局何日能为这所百年老校名正言顺恢复“名誉”？

同窗们你们在哪?

五六十年了，我仍然写得出20多位同学的名字。2013年初，凭着50多年前的印象，我多次故地“重游”，在老城厢，居然找到了庚麟、伟福、云霞家的老宅，还取得了他们的电话，与他们通上了电话。但更多的老同学还是杳无音信。

2013年春节，我给班主任潘初恒老师去拜年，84岁的她仍记得不少学生，如黄家驹、赵松涛、牛素珍等。

数十年来，大部分同学的名字、少年时的容貌、家庭住址等，常在脑海里浮现。除少数同学外，大部分同学家我都去过，有的还是我们温课小组半天活动的地方。1959年从邑庙区西姚家弄小学毕业后，至今，我们只组织了一次活动。那是1965年左右，在赵松涛同学的组织下，同窗们与潘老师欢聚在外滩公园，以外白渡桥和苏联领事馆为背景，拍摄下了唯一的一张不完整的班级合影。可惜，我在2005年退休回沪搬迁中散失了。50年代末，同学间互换个人小照片很红火，照相馆还特别推出价廉的半寸的迷你照片。当年，我与同窗交换的照片，保存完好的也寥寥无几了。

七旬同窗，记得的有杨惠君（曾住望亭路）、赵松涛（湖北二汽回沪，90年代曾住南市）、黄家驹（曾在上海轻工机械厂工作，60年代曾住复兴东路花园弄）、牛素珍（大队宣传委员，画图很好的，上钢三厂）、倪阿娣（中华路老太平弄弄口共和茶园老板次女）、柴云维（曾任中远公司远洋船船长，2000年左右，家住虹桥地区）、薛恒芳（上海外岗工业学校66届，分配到北京商业系统）、钮桂元（后去新疆建设兵团）、任国成（66届上海运输学校毕业）、陆炎荣（母亲越剧演员）、顾宝明（上海工学院69届，分配去湖南长沙)、徐凌荣(后去新疆建设兵团)、周和珍(豫园内老城隍庙五香豆梨膏糖店营业员)、李人华(1962年光明中学初中毕业后去了香港)、斐立秀、张婷婷、张杏珍、胡建海、戚红娣、陶建峰、蒋国庆、顾金城等。同窗们：你们在哪呢？能看到、听到我的呼唤吗？真想念你们，真希望大家有机会聚一聚，一起去拜望生活在敬老院里的年迈的潘老师。

附录：

1.“思敬小学”历史沿革

1916年6月在老城厢“朱氏祠堂”思敬园(即今西姚家弄48号)内，由朱澄俭先生捐资创办私立“思敬小学”，朱澄俭亲任校长。不久，由朱澄俭的堂侄，朱树鉴任校长。

1936年，私立“思敬小学”隆重举办建校20周年庆祝活动，近30位民国要员纷纷挥毫为该校题词祝贺。

1948年年底，朱树鉴“一走了之”。校长由朱氏家族成员陈伟明(朱氏的儿媳)接手，教导主任先是蓝宝鑫，后由孙芝萱接任。

1952年，由邑庙区教育局接管，私立改公办，更名“西姚家弄小学”，1960年1月，邑庙区与蓬莱区合并为南市区，改称南市区西姚家弄小学。

1965年，上海市南市区西姚家弄小学整体并入附近的聚奎街小学(聚奎街小学于1960年创办)。

1965年，澈浦中学在西姚家弄48号始建。

2000年，原井冈中学和澈浦中学拆二建一，成立新井冈中学。盐码头街168号校舍为井冈中学总校，原澈浦中学校舍为井冈中学分校。

2003 年，井岗中学与多稼中学（前身为创办于 1933 年的私立斯盛中学）合并建立新的多稼中学，西姚家弄 48 号为多稼中学分部。

2005 年 9 月，多稼中学更名为上海市市八初级中学，西姚家弄 48 号为市八初级中学分部。2010 年 7 月市八初级中学分部撤销。

2010 年 9 月至今，“思敬小学”隐姓埋名悄然“荣归故里”。董家渡路第二小学整体迁入西姚家弄 48 号，附近的聚奎街小学（原南市区区重点）、人民路一小、中华路一小、新太平弄小学等全部并入。

2. 史料

（1）思敬小学校史（1936 年）

校 史

民國五年六月，本校董事長朱節香先生，及朱企雲朱樹愛先生等，爲培植地方子弟起見，請求沛國族會，就思敬園祠址，設立學校。得族會同意，於同年八月開學，定名爲思敬小學。第一學期，計有學生六十人，採行單級複式教學，推朱節香先生爲校長。籌備伊始，需款孔亟，因由朱節香先生先後捐助洋叁千七百餘元，始克成事，十一月呈請省縣署立案。六年二月添設幼稚班。同月改單式爲複式，分一二年級，三四年級教室各一。七月國民科第一屆學生六人畢業。民國八年二月添設一教室，計全校有四教室。八月設高等小學，並呈請教育廳備案。十一年七月高等科第一屆學生畢業。十六年八月，就中華路族會餘屋，設第二部，合二部計有教室凡九。十七年六月，蒙市教育局立案。十八年八月，第二部停辦，並於校名上加「朱氏」兩字。十九年八月，去「朱氏」兩字，恢複原稱。二十二年一月，朱節香先生辭職，由朱樹進先生為校長，二十四年一月辭職，朱樹鑒繼為校長。本校二十年來之概況，大略如此。至教職員之進退，學生人數之遞減，經費之收支，則另有統計在，茲不贅述。

（2）朱澄俭为 20 周年校庆作序（1936 年）

序

民國五年六月間，堂姪企雲，堂姪女樹愛，與余談及我族子女讀書事，主於姚家弄思敬園家祠內，設一學校，以爲族中子女教育之所。余以人生而須教，長卽須學，我族子女，須受教育，推己及人，則任何人之子女，莫不須受教育；教一姓之子女，何如教一地方之子女；故不興學則已，否則應本服務社會之義，由一族所立之學校，兼及他族他姓之子弟。企雲等深以爲然。余乃建議族會，創設小學。蒙族會同人，一致贊助，我校乃得於同年八月正式開學。其間擘劃經營，企雲樹愛兩姪之功，不可沒也。

光陰荏苒，我校創辦迄今，廿載于茲矣！賴社會人士之熱忱贊助，歷屆主持者及教職員之堅苦奮鬥，其間負笈而來，畢業而去，本其所學，服務社會者，亦不下乙千餘人矣！惟念教育事業，年有進步，教育方法，日有改善，凡曩昔之引以爲善者，曾幾何時，已皆成陳跡；況今日國難嚴重，已入非常時間，小學教育，負有復興民族，拯救國難之重大責任，主持教育者，更將如何本其職責之所在，全力以赴耶！故余對於我校今後負校務之全責者，不能不致其拳拳之情，惟望於時代不斷演進之中，加以不斷之創造與改進，務使我校子弟，人人能成其材而用其所學也！

我校校長樹鑑姪，以立校二十週年，鑒往惕來，爰編思敬概況，求序於余，余與思敬，關係綦切，不可無一言，乃述創校之初旨，及今後之祈望，以爲同人勉焉！是爲序

朱澄儉序於中孚絹絲廠

（3）弁言（朱树鉴 1936 年）

弁　言

二十四年春，族弟樹進，就業郵政，校董會囑樹鑑長我校，小學重責，何敢濫竽，惟念思敬爲族會所創，未敢固辭，因承其乏焉。

我校創辦伊始，立校訓有二：曰勤曰愛。勤者謂勤學勤行；愛者謂愛人愛物。夫學而能勤，勤而能至於行，推其學之所得，由愛人而愛物，爲學之道，盡於此矣！爲人之道亦盡於此矣。教育事業，貴有目標，尤貴持之以恆，宗旨適當，何用更張？蕭規曹隨可也，此其一。

我國今日，貧弱極矣！攷其原因，列强之侵略居其半，國民智識之幼稚亦占其半，因國民智識之孤陋，對於列强之侵略，由不能抗而不敢抗，於是國民經濟破產，國民氣節隳落，以至國步維艱，國難日深，事實昭然，固毋庸諱言者也。小學教育，爲培養國民品學之基本教育，國事蜩螗至斯，訓教目標，尤應獎勵氣節，崇尚信義，養成爲國犧牲，爲民服務之最高德性。樹鑑深信國民之氣節不振，信義不張，則仕途之貪污不能除，民生之疾苦亦不能去，而民族復興，更難期矣！我校不敏，然致力於學生氣節之養成，信義之固執者，已不自今日始；今後方針，自當擇善固從，不欲輕于更迭者也。此其二。

『教學做』之合一，爲海內教學家一致之主張，自本年部頒新課程標準後，課外活動之時間增加，學生自治工作，更易發展，將如何運用課內外之時間，以達到『教學做』合一及手腦並用之目的者，仍有待於我人之一心一德，戮力耕耘，成敗得失，自非今日所敢逆料也，此其三。

我校創辦迄今，垂二十載，緬懷歷屆主持者之慘淡經營，至有今日，鑒往惕來，因有二十週紀念册之付梓，樹鑑躬逢其盛，不能無詞，爰述初衷，並誌所期，尚望海內明達，有以正之！

二十五年十一月八日朱樹鑑序於思敬園

（4）“思敬”校歌（1936 年）

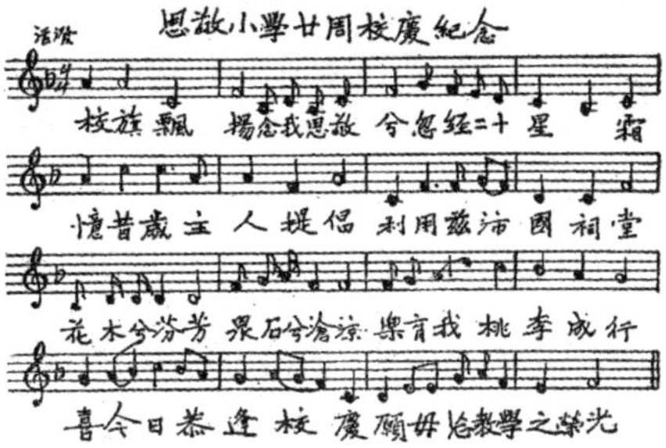

（5）1936 年思敬概况

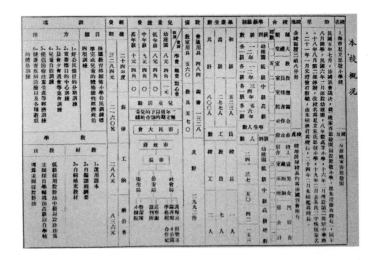

本校概況

校名	校址
上海市私立思敬小學校	南市姚家弄思敬園

沿革：民國五年七月，沛國族會議決，就姚家弄思敬園創設思敬小學，推朱澄儉為校長，同年八月開學，民國六年二月添設幼稚園，八年設高等小學，十六年二月增設第二部於中華路。十八年八月第二部停辦，改校名為私立朱氏思敬小學，十九年二月去朱氏二字恢復原名，二十一年一月朱澄儉君辭職，由朱樹濂君為校長，二十四年二月朱樹鑑為校長。

校地	校產
全校面積三畝八分另	校地房屋校具均為沛國族會所有

校舍

類別	間數
大禮堂	一
教室	五
教員室	二
應接室	一
圖書館	一
合作社	一
市政府	一
校工宿舍	一
儲藏室	三
男廁所	一
女廁所	一
門房	一
宿舍	一
合計	二〇

學級編制

級別	級數
幼稚園	各一級
低級	一二年各一級
中級	三四年各一級
高級	五六年各一級

學生人數

級別	人數
幼稚園	二四
低級	三七
中級	五〇
高級	四二
總數	一五三

畢業生數

初級	高級	共計
五二三人	二七七人	八〇〇人

員工數

校長	教員	校工
一人	七人	二人

設備

普通用具	教室用具	圖書	教具	共計
四八四	五六〇	一三二八	五七〇	二九九二件

兒童繳費

費別\級別	幼稚園	低年級	中年級	高年級
學費	八元	八元	九元	十元
雜費	四角	四角	四角	四角
點心費	一元	○	○	○

兒童活動

二年級以下的兒童無定期的團體組合

市民大會
市政府
市長
社會局：週報社、圖書館、學藝館、俱樂部、小公園、合作社
公安局：巡察團、裁判所
衛生局：整潔隊、小醫院

經費

總額	新俸	工餉	辦公費
二十四年度 三二八四元	二一六〇元	二八八元	八三六元

訓導

目標：根據教育部頒佈小學公民訓練標準完成兒童的體格德性經濟政治四項訓練

方法：
1. 好公民條目的分期訓練
2. 重要德目的中心訓練
3. 晨會夕會週會等集會訓練
4. 兒童自治訓練
5. 提倡節儉注重生產等經濟訓練
6. 健康檢查疾病診療以及各種遊戲的體格訓練

教學

教材：
1. 選用課本
2. 自編課程綱要
3. 自輯補充教材

教法：低級採用設計法中級以設計法為主間採自學輔導法高級以自學輔導為主間採設計法

（6）今日遗址上的“董家渡路第二小学”全景（2013 年）

（2016 年 2 月 15 日）

参考文献：

[1] 贾祥瑞：《民国时期义务教育经费筹措探究》，东北师范大学硕士学位论文，2008 年。

[2]《思敬概况》，上海图书馆馆藏，1936 年。

“思敬”二十年庆题词墨迹 *

1936年上海私立思敬小学建校20周年，孙科、孔祥熙等诸多民国要员纷纷挥毫为该校题词祝贺。

鲜为人知的是，这些“墨迹”的照片资料被尘封了70余年后，近年才被笔者在无人问津的旧资料中发现。

当年题词祝贺的民国要员中，既有政府官员，也有著名金融、商界、教育界人士，以如此豪华、庞大和高级别的阵容，为一个地处上海老城厢一所名不见经传的弄堂小学——私立思敬小学建校20周年题词，确属罕见。这件事，这个历史，该如何解读呢？其中是否有惊人的细节不为大家所知晓呢？

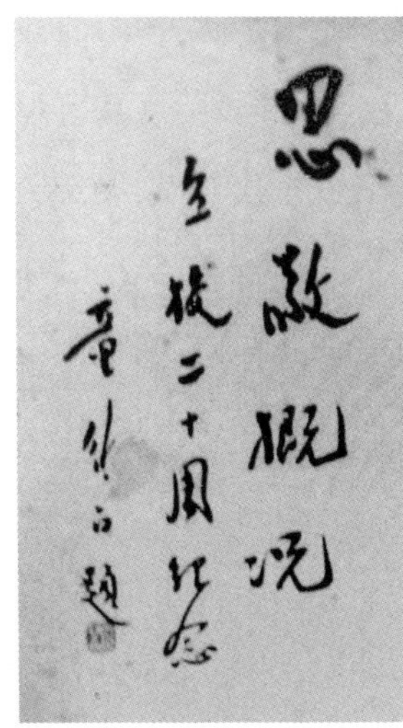

图1　思敬小学二十周年纪念册封面

我们不妨回顾一下当年的上海历史背景。

上海自1843年开埠至清末，逐渐发展为远东最繁荣的经济和商贸中心。

1927年3月，民国政府在租界以外地区设上海特别市，同时将原属江苏省的上海县、宝山县17市乡并入，总面积494平方公里，上海正式

* 说明：本文题词资料照选自思敬小学二十周年纪念册《思敬概况》(1936年)，上海图书馆馆藏。

脱离江苏管辖，直属行政院。因为紧邻首都南京，加之为对外贸易中心，故而大批金融机构包括四大银行均将总部设立于上海，其全国经济与金融中心地位更加巩固。全面抗战前的 1927 年至 1936 年，更是民国政府的一个重要历史时期，被史学家们称为“黄金十年”。1936 年全面抗战前夕，更是达到巅峰，1936 年全国工业总产值比 1927 年增加 80%。其中轻工业发展较快，上海的工业总产值占全国的 51%。上海无论租界还是华界在此十年内均得到飞速发展，与纽约、伦敦、巴黎并称世界四大城市，被誉为“十里洋场”和“冒险家的乐园”。

与此同时，上海开埠后，受西学东渐影响，新学逐渐代替旧学，在全国首开近代教育。光绪三十一年（1905），废科举、兴学堂，上海出现大批新式学校。光绪三十三年，有各类学校 271 所，其中中国人办 231 所、华洋合办 5 所、外国教会办 35 所。

1927 年，南京国民政府推行新学制。1932 年，教育部颁行《短期义务教育实施办法》，要求各省市创办为期一年的短期小学，开展义务教育。1936 年，上海市创办短期小学 96 所，大量采用复式制。私立学校向政府注册立案，私立中小学校比例下降，1927 年全市小学公私立学校比例 19∶81，1936 年为 36∶64。其他各类学校均有发展，至 1936 年，全市有初等学校 1033 所、在校学生 18.57 万人，中等学校 149 所、在校学生 3.7 万人，高等学校 34 所、在校学生 1.32 万人。

老城厢私立思敬小学也就是在这一民国鼎盛时期，迎来了建校 20 周年。

1916 年 6 月，朱澄俭先生经沛国族会同意，在“朱氏祠堂”（祠址即今西姚家弄 48 号）设立学校。朱澄俭先生亲自“捐助洋叁千七百余元，始克成事”。8 月，正式开学。朱澄俭先生任“思敬小学”第一任校长和学校董事会董事长。

私立思敬小学为庆祝建校20周年，特地编写了“思敬概况”宣传小册子，诸多民国要员纷纷挥毫为该校题词祝贺的墨迹就被收入这本小册子里。

这本1936年印发的小册子，由首任校长兼“思敬小学”学校董事会董事长，时任中孚绢丝厂经理和沛国族会总经理的朱澄俭先生作序。不经意间，这本小册子在字里行间隐隐地透露了朱澄俭即朱节香的真相，详细情况，本书《扑朔迷离的上海民族绢丝大亨》一文将作详细介绍。1936年，学校由朱澄俭的堂侄朱树鉴任校长、校董。1930年时，朱树鉴曾任国民党上海第一区第二届党部执行委员。

校名“思敬”，直接取自“朱氏祠堂”内建有“思敬堂”之故。上海县志上则将“朱氏祠堂”内西侧的朱氏氏族花园称之“思敬园”。

“思敬”一词，源自《论语·季氏篇第十六》中记载着孔子“君子有九思”：

> 孔子曰：“君子有九思：视思明，听思聪，色思温，貌思恭，言思忠，事思敬，疑思问，忿思难，见得思义。”

“事思敬”，就是君子要懂得敬业，每一份事业都需要全心全意，都要全情投入。没有随随便便就能做好的事情，只有仔细思考，周密准备，态度认真，才能有可能把事情做好。

1. 徐世昌题词：敬教劝学

徐世昌（1855—1939），祖籍浙江鄞县（今浙江宁波鄞州区），1919年3月至1922年曾任民国大总统。徐世昌国学功底深厚，不但著书立言，而且研习书法，工于山水松竹，被称为“文治总统”。

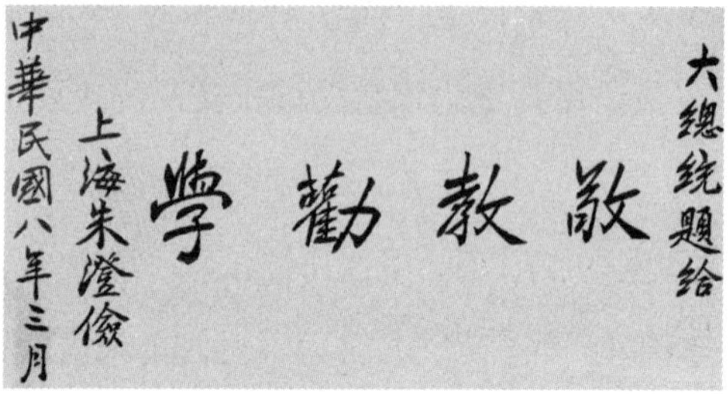

图 2　徐世昌题给朱澄俭

1919 年，正是朱澄俭在朱氏家祠办学的起步阶段，徐世昌为朱澄俭留下了一幅墨迹。[1]

“敬教劝学”，出自《朱舜水集 · 劝兴》：“敬教劝学，建国之大本；兴贤育才，为政之先务。”重视教育是建国的根本，培养人才是治理国家的首要任务。

其实，当时徐世昌曾为多所初等教育题写“敬教劝学”匾额。

如 1914 年，安徽芜湖市繁昌县孙村镇中分村名士徐理堂捐资助学，徐氏家族曾经出过“一门两进士”，为此，获得徐世昌题写的“敬教劝学”匾额。

1919 年，印尼华侨领袖、时任印尼《爪哇公报》主笔的韩希琦，因古突士发生残害华侨事件，被中华总商会推为代表回国请愿，请求祖国保护华侨。韩希琦此次北京之行，得到孙中山、萨镇冰、蔡元培和章士钊等人的热情协助和舆论的大力支持，终使“大总统”徐世昌不得不接见，并赠手书“敬教劝学”横匾一方。

1920 年，因浙江敖里南屏小学（敖里小学前身）办学成绩卓著，被

[1]　图 2 见于《思敬概况》，题词早于建校 20 周年纪念。

民国教育部授予“三等金质嘉祥褒章”，徐世昌颁给南屏小学与校长周鸿钧各一块“敬教劝学”匾额。[1]

图 3　徐世昌题给周鸿钧

1922 年，江南古镇无锡锡北寨门一所堪称苏南农村地区最早的私立经正高等小学（前身私立经正学堂，今寨门小学）举行办学二十周年纪念，徐世昌题写“敬教劝学”匾额褒奖。

2. 孙科题词：养正功深

孙科（1891—1973），孙中山先生长子，自幼在孙中山的关心、督促下，养成好读书的习惯，晚年在异域每当展卷阅读，父亲对他的谆谆教诲就萦回脑际。1936 年，任立法院长，“中苏文化协会”首届会长。1965 年由美国至台湾，任考试院院长，1967 年出任东吴大学董事长。

题词出自《易经》：“蒙以养正圣功也。”蒙童时代应培养纯正无邪的品质，这是造就圣人的成功之路。

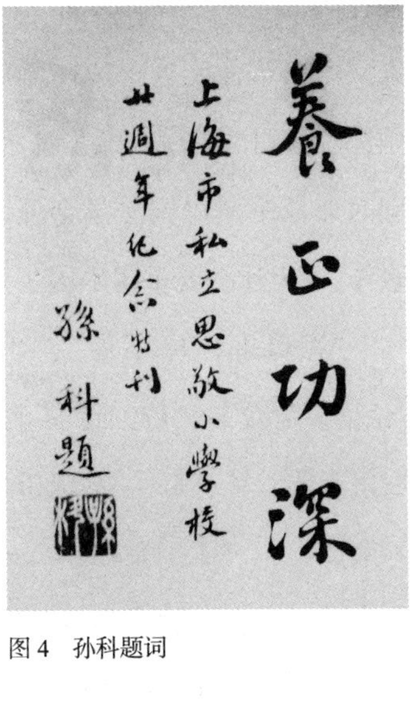

图 4　孙科题词

[1]　图 3 不见于纪念册。

3. 钮永建题词：旧邦新命

钮永建（1870—1965），生于上海县马桥镇（今属上海闵行区），辛亥革命元老。1936年，任考试院副院长。

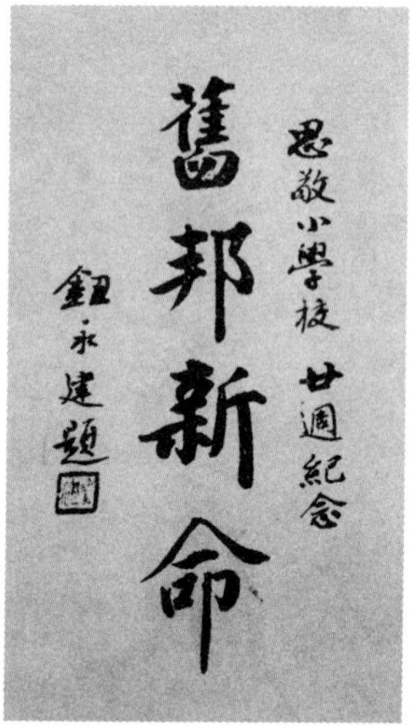

图 5　钮永建题词

“旧邦新命”，出自《诗经 · 大雅 · 文王》：“文王在上，於昭于天。周虽旧邦，其命维新。”冯友兰在《康有为“公车上书”书后》中，将《诗经》“周虽旧邦，其命维新”两句简化为“旧邦新命”，意为周朝虽然是古老的国家，但上天赋予了她新的使命，要求她的使命是不断创新，跟上时代步伐。

4. 居正题词：思无邪，毋不敬

居正（1876—1951），湖北广济人，辛亥革命元老。1931年后任南京国民政府司法院院长兼最高法院院长，同时兼任中华民国法学会理事长。代表作：《为什么要重建中国法系》。

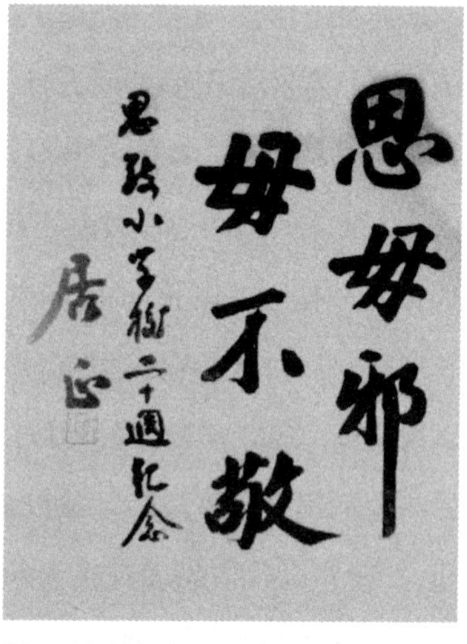

图 6　居正题词

“思毋邪，毋不敬”，出自孔子《论语 · 为政》：“诗三百,一言以避之，曰思无邪。礼三百,一言以避之，曰毋不敬。”

5. 孔祥熙题词：敬业乐群

孔祥熙（1880—1967），孔子第75代孙，1933年任南京国民政府中央银行总裁兼财政部长。孔祥熙长期

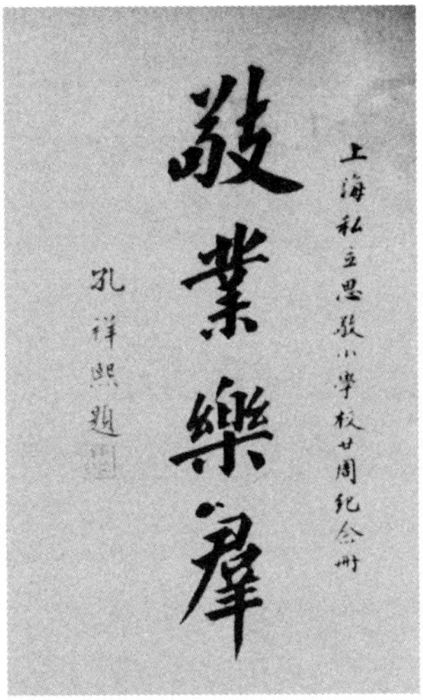

图 7　孔祥熙题词

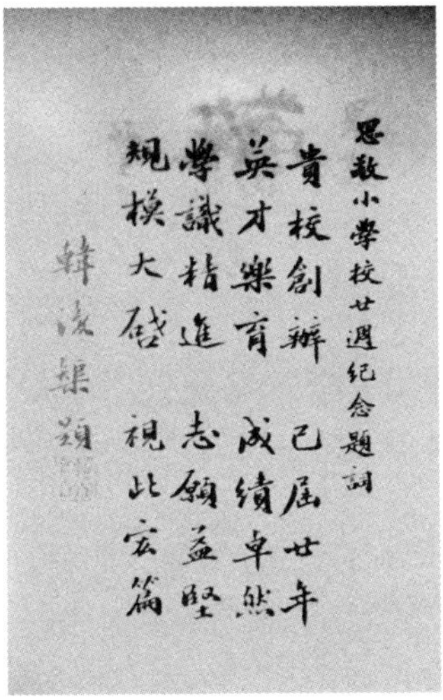

图 8　韩复榘题词

主理国民政府财政，主要政绩有改革中国币制，建设中国银行体系，加大国家对资本市场的控制等。

“敬业乐群”，意为对自己的事业很尽职，和同学、和朋友融洽相处。出自西汉·戴圣《礼记·学记》：“一年视离经辨志，三年视敬业乐群。”

6. 韩复榘题词：贵校创办，已届廿年。英才乐育，成绩卓然。学识精进，志愿益坚。规模大啓，视此宏篇

韩复榘（1891—1938），中国近代史上军阀之一，国民党高级将领；冯玉祥手下的“十三太保”之一。1930 年，任山东省主席。1931 年后，历任国民政府委员、鲁豫清乡督办、山东全省保安司令等职。抗日战争期间，韩复榘因擅自撤离山东战场而被蒋介石治罪，后被诱捕处决。

7. 黄绍竑题词：敬业乐群

黄绍竑（1895—1966），著名爱国将领，新桂系创建人，桂系三巨头之一。1936 年，任浙江省主席。在抗日战火中，黄绍竑仍十分重视教育事业的发展，他提出了“战时教育第二，平时教育第一”的教育方针，并

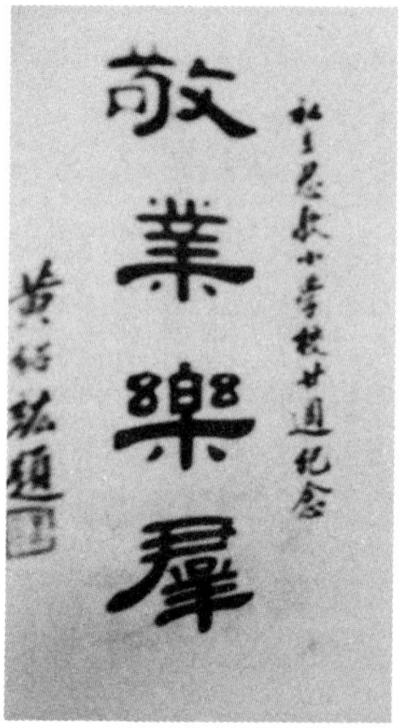

图 9　黄绍竑题词

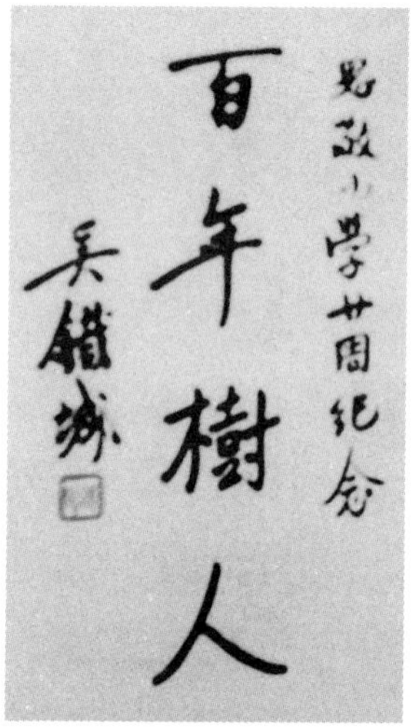

图 10　吴铁城题词

创办了浙江英士大学。对科学方面设立奖学金，他自己亲自搞科学发展以带动全省。

中华人民共和国成立后，历任政务院政务委员、全国人大常委会委员、政协全国委员会委员、民革中央常委等职。

8. 吴铁城题词：百年树人

吴铁城（1888—1953），早年追随孙中山先生，参加过辛亥革命和护国、护法斗争。1932 年后，接任上海市市长兼淞沪警备司令。后任广东省政府主席、国民党中央海外部部长等职。1949 年后去台湾。

“百年树人”，出自《管子 · 权修》：“一年之计，莫如树谷；十年之计，莫如树木，终身之计，莫如树人。”

9. 吴开先题词：教育救国

吴开先（1899—1990），1925 年 5 月在上海东亚同文书院读书时，经中共上海地委批准为共产党员。毕业于上海法政大学经济第一期，曾在江苏省立松江中学任教员，在上海创办思毅中学自任校长。1949 年到台湾，

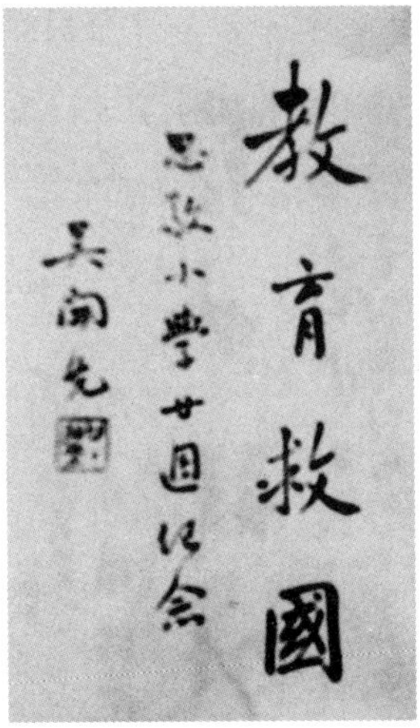

图 11　吴开先题词

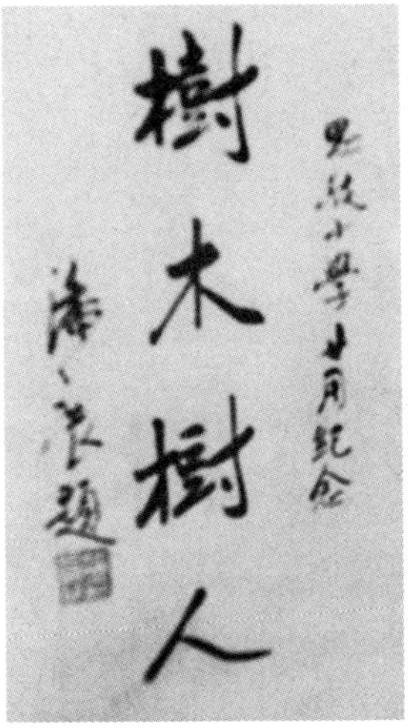

图 12　潘公展题词

任台湾中华书局董事。后被聘任为台湾当局领导人的顾问。

题词“教育救国”，是盛行于 20 世纪 20—30 年代主张以教育拯救中国社会的一种政治思潮，认为只有教育，才能拯救中国。

10. 潘公展题词：树木树人

潘公展（1894—1975），曾任中国公学校长、《晨报》社长、《申报》董事长、《商报》副董事长、上海参议会议长等。兼任上海大学、国民大学、南方大学教授。历任国民党上海特别市党部常务委员，上海市农工商局长、社会局长、教育局长。1950 年抵美定居。

题词“树木树人”，出自《管子・权修》：“一年之计，莫如树谷；十年之计，莫如树木；终身之计，莫如树人。”

11. 童行白题词：闳中肆外

童行白，20 世纪三四十年代的国民党上海市党部要员。毕业于上海法政大学。

据“上海市第十中学校史概述”，1934 年童行白出任“民立女子中

图 13　童行白题词

学”校长（今上海市第十中学），上任后点了三把火：一、重组校政，调整和加强学校行政管理系统；二、制定新规律，整治校风校纪；三、确定了校徽、校歌，以示民立女中之新形象、新精神。他亲自撰写了校歌歌词：“立言立行立己立人，维我民立新精神。外患日亟国难方殷，读书救国在我身。师生相敬，同学相亲，桃李春风化育成。服务社会，造福家庭，为我女界放光明。”校歌词义精深，体现了学校的办学宗旨和办学思想。

童行白在民立任职期间，将女子教育纳入国民新教育轨道，提出了“学行并重、因材施教、为学在做人、教学做合一”的教育理念。

代表作有《中国文学史纲》《战时后援工作》《孔子》[1] 等。

题词“闳中肆外”，出自唐·韩愈《进学解》：“先生之于文，可谓闳其中而肆其外矣。”闳：博大；肆：奔放，淋漓尽致。指文章内容丰富，文笔又能尽量发挥。

12. 陶百川题词：新教育的目的是在造成新国民而非书呆子。我希望思敬学识不要偏重识字读书，而忽略了做人的道理。

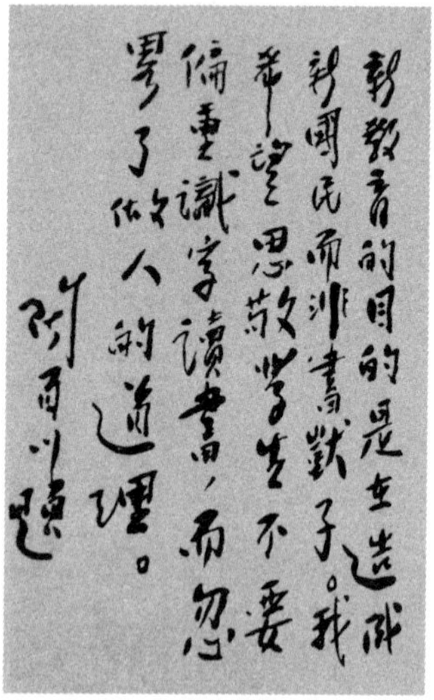

图 14　陶百川题词

[1]　童行白：《战时后援工作》，正中书局 1938 年版；《中国文学史纲》，大东书局 1933 年初版；《中华文库初中第一集 · 孔子》，中华书局 1936 年初版。

陶百川（1901—2002），上海法科大学法学系毕业。1936 年，任中国文化建设协会上海市分会干事长。历任上海《国民日报》编辑，国民党上海市党部执行委员。抗战时，任香港《国民日报》社长及重庆《中央日报》总社社长。著有《中国劳动法之理论与实际》《比较监察制度》《监察制度新发展》《台湾怎样能更好》等。

13. 蔡劲军题词：经营念载，孤指苦心，培教育之根，是儿童之福音[1]

蔡劲军（1900—1988），毕业于黄埔军校第二期、中央警官学校高级班。1935 年任上海市公安局长，兼淞沪警备副司令。

14. 徐佩璜题词：弱冠慷慨

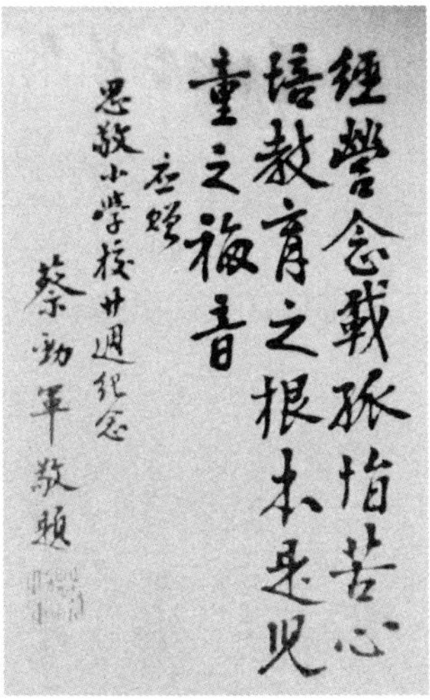

图 15　蔡劲军题词

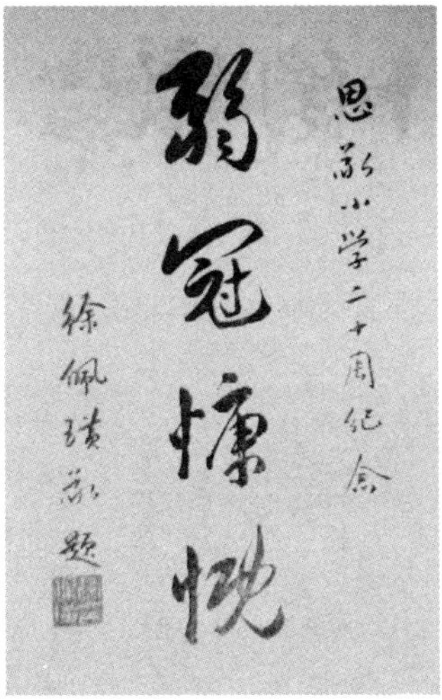

图 16　徐佩璜题词

徐佩璜，美国麻省理工大学学士。曾任该校研究员，纽约市市政卫生工程副工程师。回国后历任南洋大学中学部主任、中国工程学会会长、上

[1]“指”，疑当作“诣”。

海市政府参事、上海市教育局局长、上海市吴江县同乡会会长等。

题词：“弱冠慷慨”。弱冠：古人男子二十岁行冠礼，即戴上表示已成人的帽子，以示成年，但体犹未壮，还比较年少，故称“弱”；慷慨：充满正气，情绪激昂。

15. 徐桴题词：毅力热心，陶育后进

徐桴（1882—1958），字圣禅，浙江镇海（今浙江宁波镇海区）人。中国早期金融实业家，民国时期浙江财团的代表人物。1949 年移居台湾，担任台北市宁波同乡会名誉理事长。曾捐助过家乡枫林小学和庄市乡同义医院。徐桴故居“塔峙圃”经过修缮，2010 年被公布为区级文物保护点。2018 年初，徐桴留在大陆的“彩凤鸣岐”唐琴收藏被世人所瞩目。

“毅力热心，陶育后进”，谓思敬小学教员有毅力，为教育付出了艰辛，努力培养下一代。

16. 姜怀素题词：十年生聚，十年教训

姜怀素（1898—1953），又名姜沧父，江苏镇江人。毕业于上海法科

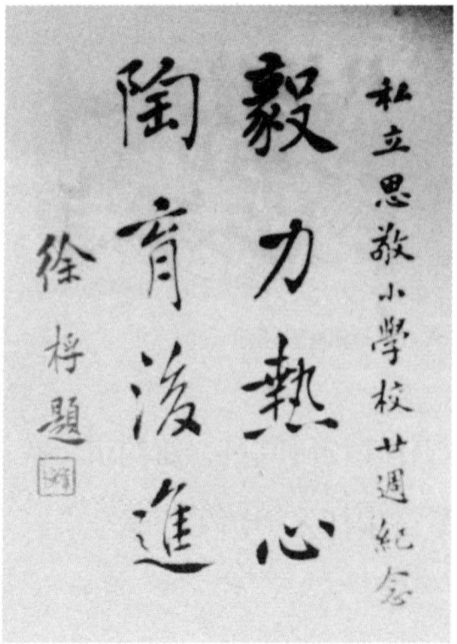

图 17　徐桴题词

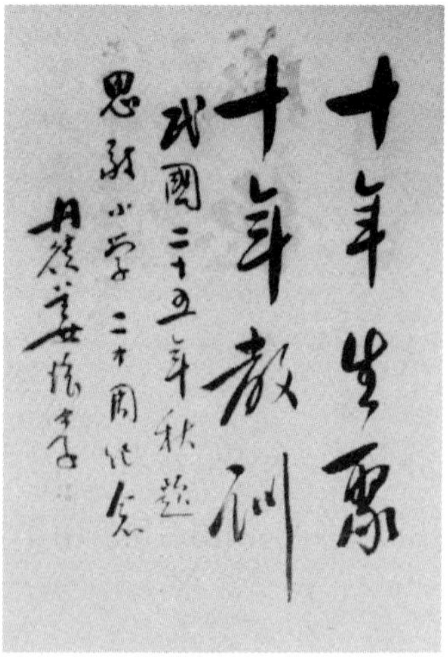

图 18　姜怀素题词

大学，早年师从于沈钧儒，与史良同窗。辛亥革命后，受孙中山先生影响加入了国民党。因崇拜怀素的字，姜怀素把名字“沧父”改成了“怀素”，并有一笔绝对漂亮的怀素体。[1]

“十年生聚，十年教训”，出自《左传·哀公元年》：“越十年生聚，而十年教训，二十年之外，吴其为沼乎！”生聚：休息生养，繁殖人口，聚积物力；教训：教育人民，训练军队。指军民同心同德，积聚力量，发愤图强，以洗刷耻辱。讲公元前496年，越王勾践带领越国军民同仇敌忾，奋力抵抗，大败吴军的故事。原话是伍子胥说给吴王夫差，告诫他要防备勾践。这里用来祝贺思敬小学二十年。

17. 王云五题词：成德育才

王云五（1888—1979），广东香山（今广东中山）人，现代出版家、商务印书馆总经理。1912年，先任南京临时大总统府秘书，后在北洋政府教育部任事。同年底，任北京英文《民主报》主编及北京大学、国民大学、中国公学大学部等英语教授。1913年5月，辞教育部职，任中国公学大学部教授，讲授英文、英国文学等课程。1917年起，在上海从事编译工作，并创办公民书局。1925年3月，发明四角号码检字法，后著有《王云五大词典》《中外图书统一分类法》等书。王云五开办并复兴东方图书馆，编写和出版了大量的古典、中外名著和教科书、辞典等。1930年春，王云五出任商务印书馆总经理，开创商务印书馆日出新书一种的新局面，对中国近代文化教育事业作出了重要贡献。1949年4月，王云五去台湾，1963年12月辞去一切政务，只任台湾商务印书馆董事长。

[1] 京人记忆：《祭同月同日往生——沈钧儒与姜怀素》，新浪博客，http://blog.sina.com.cn/s/blog_447c38ef0100en1g.html；《孙剑云忆师兄姜怀素》，http://blog.sina.com.cn/s/blog_447c38ef0100emzf.html。

图 19　王云五题词

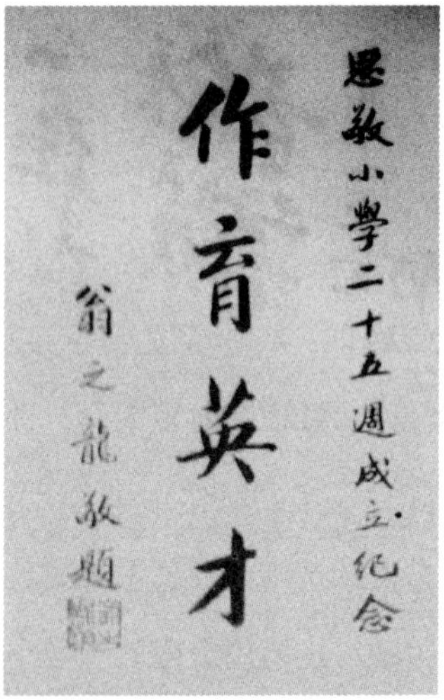

图 20　翁之龙题词[1]

“成德育才”，称思敬小学教员是品德高尚的人，培养新人才。

18. 翁之龙题词：作育英才

翁之龙（1896—1963），江苏常熟人，两代帝师翁同龢的后裔。1920 年毕业于上海同济医工专门学校，后即赴德国留学。1927 年回国后，开始在学校长期从事教育工作，先任北京大学讲师，次年任广州中山大学教授兼附属第一医院院长。1932 年，接任国立同济大学第十任校长之职。1941 年，赴重庆中央大学任医科教授兼附属医院院长，后升任校长。中华人民共和国成立后，历任川西第二医院、成都市第二人民医院皮肤科主任、主任医师，并当选为四川省人民代表大会代表、政协委员、科协理事、中华医学会成都分会理事等。

“作育英才”，称颂思敬小学教员培养造就杰出的人才。

[1]　1936 年思敬小学创办二十周年，恰逢“民国二十五年”，题词中“思敬小学二十五周成立纪念”，似翁之龙先生“笔误”。

19. 何炳松题词：教育救国

何炳松（1890—1946），现代著名史学家和教育家，著作甚丰。他撰有《历史研究法》《通史新义》《程朱辩异》《浙东派溯源》，译有《新史学》《西洋史学》《历史教学法》，并编译了《中古欧洲史》《近世欧洲史》等，其中不少被用作大学教材。他的著述融会古今，学贯中西，曾被誉为“中国新史学派的领袖”。

1917年，何炳松应北京大学校长蔡元培之聘去北京，任北大史学系教授，兼任北京高等师范英语部主任，兼代史地部主任。1922年至1923年，任浙江省立第一师范学校校长。1923年7月，省立一师与省立一中合并为新省立一中，任首任校长。1925年，任武昌师范大学校长。1926年，何炳松到上海商务印书馆工作，先后任史地部主任、国文部主任、编译所所长、大学丛书委员会委员等职，主编《中学史学丛书》《教育杂志》等书刊，兼光华大学、大夏大学教授。1934年，被选为中华学艺社理事长。1935年，受聘任国立暨南大学校长，后期曾兼任东南联合大学筹委会主

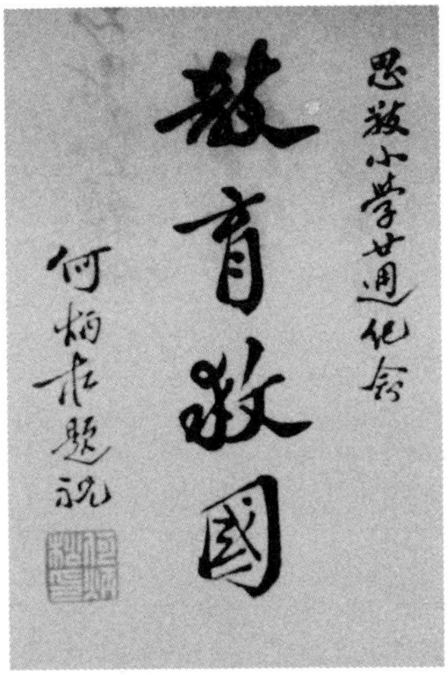

图 21　何炳松题词

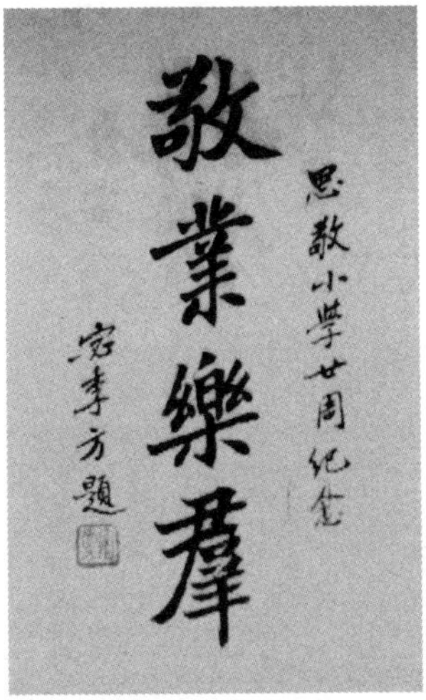

图 22　宓季方题词

任；抗战胜利后不久，受命改任国立英士大学校长。1946 年 6 月，调任国立英士大学校长，却因病未能到任。

20. 宓季方题词：敬业乐群

宓季方，潘公展的心腹，1932 年任上海晨报社股份有限公司经理。宓季方曾先后在上海社会局、考试院任职。

21. 汪伯奇题词：敬业乐群

1924 年，《新闻报》创办人汪汉溪去世后，作为儿子的汪伯奇与汪仲卫分别担任《新闻报》总经理和协理。此前他们已协助汪经营管理《新闻报》多年，他们子承父业，开创了《新闻报》第二个辉煌的十年。1950 年，汪伯奇任中华书局董事会行政管理委员会常务董事。

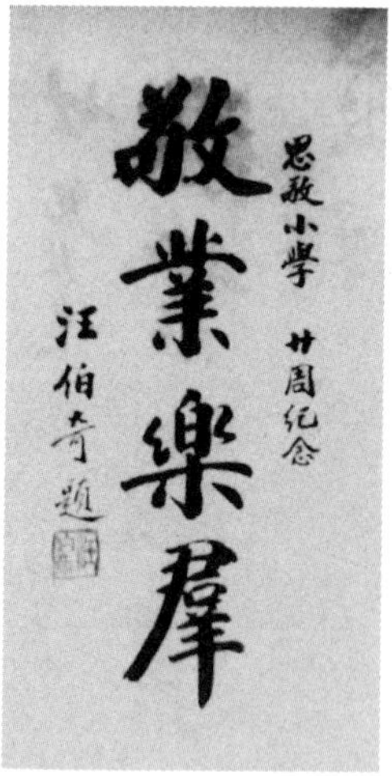

图 23　汪伯奇题词

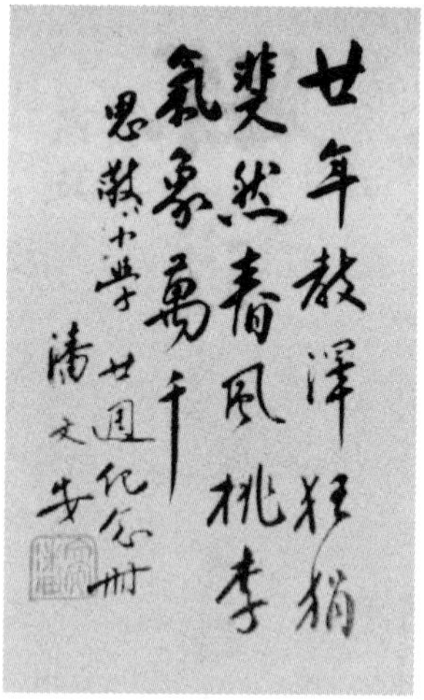

图 24　潘文安题词

22. 潘文安题词：廿年教泽，狂狷斐然，春风桃李，气象万千

潘文安（1894—1970），字仰尧，号仰安，上海嘉定人，近代著名的职业教育家，他躬身实践职业教育，矢志职业指导理论探讨，引介西方职业指导，构建中国职业指导理论，是我国早期职业指导理论与实践的重要

开拓者和奠基人。长期担任中华职业教育社上海职业指导所副主任。

题词表彰了思敬小学教员二十年培养了众多的学生，桃李满天下。

23. 张石麟题词：深造之基

张石麟，1928 年任清心女子中学国人首任校长，至 1944 年 1 月病故。

1861 年，美国基督教长老会传教士范约翰及其夫人来沪创办的“清心书院”，专门吸收贫苦女孩入学。该校原名清心女塾，1918 年定为清心女子中学。该校学生曾参加“五·四”“一二·九”等爱国运动，是五四后上海学生联合会的发起和组织单位之一。1953 年改名为上海市第八女子中学。1969 年起兼收男生，改称为上海市第八中学。今上海市市南中学（原清心男塾）图书馆原名石麟堂，系 1947 年张氏家族出资在已毁的校长旧居上扩建，今石麟堂奠基石仍完好无损。

“深造之基”，谓思敬小学是打好学习基础的学校，是培养人才的学校。

24. 郑通和题词：教育救国

郑通和，1926 年任上海大夏大学教授等职。1927 年 6 月，由著名学

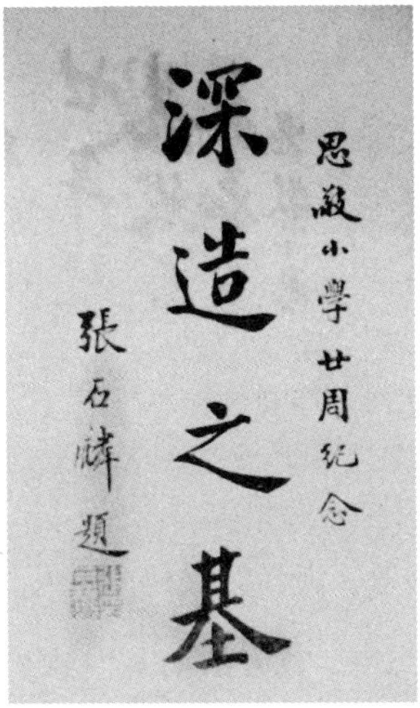

图 25　张石麟题词

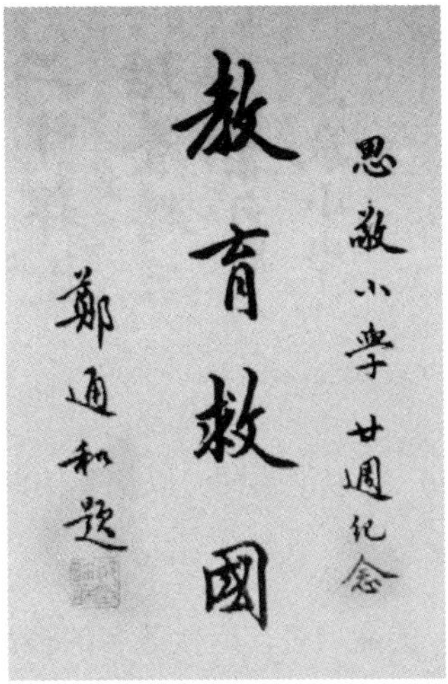

图 26　郑通和题词

者欧元怀推荐，任江苏省立上海中学校长，主持校政达 10 年之久，卓有成效，使该校成为当时全国中等学校示范单位。抗日战争期间及抗战胜利后，曾任国民政府甘肃省教育厅厅长、国民党第六届中央执行委员等职。1949 年 2 月去台湾，任台湾大学教授，及台湾教育事务主管部门任职等。

25. 贾丰芸题词：二十年来尘拂面，新知培养转深沉

贾丰芸，清末秀才，上海县教育会第 14、15、16 届常委会会长，曾任职于敬业学堂，上海市学务委员，中华职教社特别社员。

题词大意，二十年来教师吃尽了辛苦，学生的培养转入了一个新的境界。出自宋代朱熹《鹅湖寺和陆子寿》诗：“旧学商量加邃密，新知培养转深沉。”

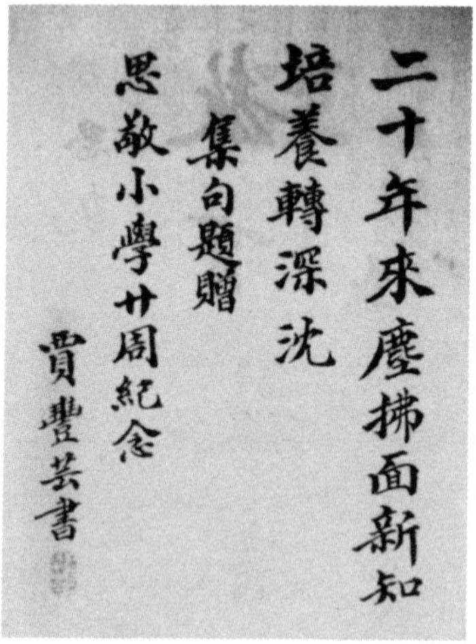

图 27　贾丰芸题词

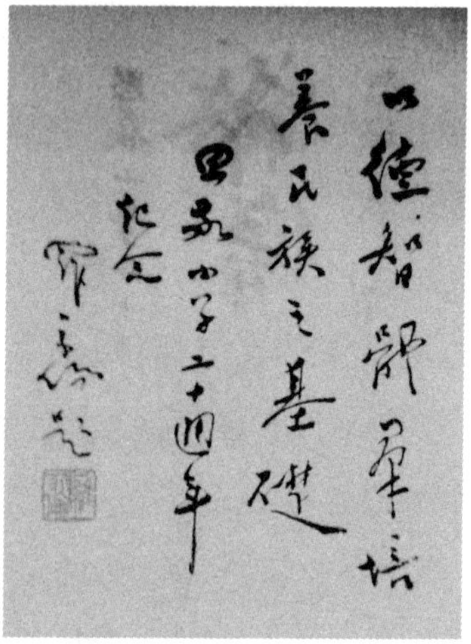
图 28　罗家伦题词

26. 罗家伦题词：以德智体群，培养民族之基础

罗家伦（1897—1969），字志希，笔名毅，浙江绍兴柯桥镇人。“五四运动”的命名者，近代著名的教育家、思想家、社会活动家。早年求学于复旦公学和北京大学，是蔡元培的学生。1919 年，在陈独秀、胡适支持

下，与傅斯年、徐彦之成立新潮社，出版《新潮》月刊。同年，当选为北京学生界代表，到上海参加全国学联成立大会，支持新文化运动。“五四运动”中，亲笔起草了唯一的印刷传单《北京学界全体宣言》，提出了“外争国权，内除国贼”的口号。曾任国立中央大学、国立清华大学校长等职。南京大学今天的校训“诚、朴、雄、伟”，就是由罗家伦所提出。罗家伦 1949 年去台湾，先后任国民党中央党史编纂委员会主任委员、台湾中国笔会会长、“考试院”副院长等职。

27. 蒋建白题词：鉴往知来

蒋建白（1901—1971），江苏淮安县（今江苏淮安市淮安区）人。1926 年夏毕业于国立东南大学教育学系，初任职于江苏省第十中学训育主任。1932 年夏，应聘上海江南学院教授兼教务长。次年，任上海市政府教育局科长兼任中国公学大学部教授，并创办晓光中学等。

全面抗战时期，上海未及撤退的各校师生达十数万人，蒋建白作为驻上海特派专员，督导租界区域各学校，收容战地学生，维持照常上课。抗战胜利后，出任上海市立晋元中学校长（1946—1949），并兼上海教育合作社常务理事。1949 年去台后，仍从事于各项教育事业。

著有《社会教育行政》《识字教育》《印度教育概况》《中等教育辅导》《中国教育问题》，及主编国民小学《社会》、国民中学《指导工作》、《职业简介》等教科书。

“鉴往知来”，出自《诗经 · 大雅 · 荡》：“殷鉴不远；在夏后之世。”意为根据以往的情形便知道以后怎样发生变化。

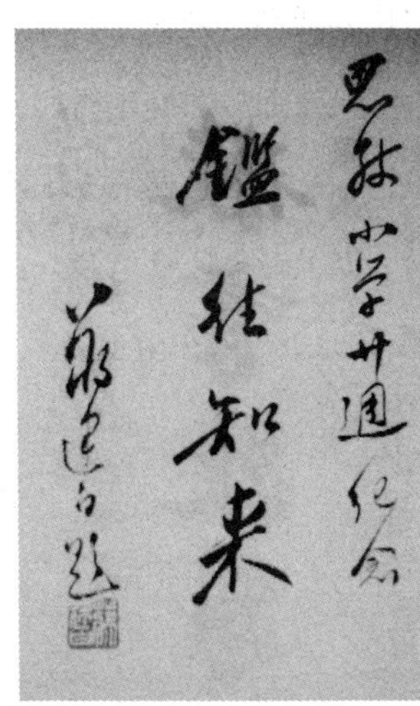

图 29　蒋建白题词

“思敬”学长：大提琴教育家陈九鹤

2011年11月9日，年已71岁的上海音乐学院大提琴、低音提琴、竖琴教研室主任，上海音乐家协会大提琴专业委员会会长陈九鹤副教授，视大提琴教学事业为生命重要部分而辛勤耕耘的他，还没有放下教鞭来享受夕阳生活就不幸去世了。笔者并不认识他，也从未谋过面，但却师出同一启蒙老师。2012年10月，小他4级的我想寻访他，了解启蒙学校的往事，才得知他在11个月前走了。真的晚了一年！无缘结识陈学长，写下此文，以致悼念！

陈九鹤副教授，大提琴教育家，“思敬”的杰出校友，1955年从邑庙区西姚家弄小学毕业，考入上海音乐学院附中，师从黄师虞教授；1967年以优异成绩毕业于上海音乐学院管弦系。20世纪60年代以来，陈九鹤一直活跃在上海的音乐舞台，参加上海交响乐团、上海广播交响乐团、上海乐团以及上海歌剧院等乐队的演出。他还经常举行独奏和参加重大演出活动，如上音校庆音乐会、贺绿汀作品音乐会、陈铭志教授大提琴作品音乐会等。1988年在由上音教授组成的慈善义演音乐会上，陈九鹤独奏了大提琴德沃夏克b小调协奏曲。他始终坚持课堂的讲授与示范相结合，在他培养下，许多学生走进了国家交响乐团、上海交响乐团、上海广播交响乐团等国家重点文艺单位。还培养了高学文、曹敏等一批青年优秀大提琴演奏家。在2000年第四届全国大提琴比赛中，他的本科二年级学生陈卫平为上海争得了银奖，二年级学生闫峰获得了优秀演奏奖。他们的演奏受到了来上音讲学的小泽征尔和罗斯特罗波维奇大师的夸奖。2002 年 4 月赴广州星海音乐学院公开授课，讲学。2003 年 11 月参加贺绿汀百年诞辰音乐会中担任独奏。2003 年 9 月，获上海音乐学院优秀教师奖。2004 年赴西安参加“西安音乐学院大提琴艺术节”公开授课。

叹为观止的老前辈

2011 年深秋，豆瓣网博友“piy”在自己的博客日记中“哀悼两位专家的去世”。

> “短短一个月不到，上音去世了两位泰斗级别的老教授，大提琴陈九鹤老师和长笛林克铭老师。都是水平极高，为人却极为谦虚的老前辈。他们教过的知名学生如果列一个名单，肯定是会让大家叹为观止的。这种音乐老师现在已经很少见了。”
>
> “很多年前，某小学组办弦乐队，请了一些上音的教授以及上海交大管弦乐团的声部长去辅导。我当时去帮忙弹一些伴奏。陈老师辅导小孩子真是不遗余力，演出的时候小孩坐在前面拉，他坐在小孩后面，他也拉，压阵。一边拉一边小声提醒小孩各种口令。每次来排练，小学的领导说你老专家了，打车来吧，车费我们报销。但每次他还是骑着一辆老坦克来。”

自始至终不忘启蒙恩师

其实，我并不知道、也不认识资深大提琴教育家、演奏家陈九鹤副教授，他只是笔者童时的学长。我第一次知道他，还是从小学班主任——潘初恒老师口中知道的。那是2009年的秋季，参加完单位同事聚会后，我特地带着相机回到老城厢寻找儿时的梦。自从1967年被分配到辽宁工作以后，整整45年与潘老及所有同学都失去了联系。母校旧址仍在，但已面目全非，是一所中学的分部了。凭着深刻的印象，寻到豫园附近的旧校场路某弄的破旧老宅。就是那么巧，似乎她正在迎接远途归来的爱徒——他正在门前与2个邻居老太聊天。我一眼就认出了她，而她望着45年后已两鬓白发的爱徒——已不认识了。当我自报家名，她立即喜出望外，连声：记得记得！立刻勾起我们半个世纪前的美好回忆。此时，她提到了上海音乐学院陈学长。当年，利用中午休息时间，潘老在音乐教室手把手指导他学脚踏风琴。家庭贫穷的他，经2年的刻苦练琴，终于学有所成，1955年，一个面码头工人的儿子，一个从老城厢弄堂小学毕业出来的他，“斗胆”报考上海音乐学院附中，果然，一举成功，考入附中，开始步步进入人人羡慕的音乐殿堂。

1967年，陈学长以优异成绩毕业于上海音乐学院管弦系，留校任教。56年来，特别是成名后，始终不忘启蒙恩师的无私辅导。他经常会与潘老师通电话问安，或上门看望。2010春节还特地给潘老600元压岁钱。这竟然是师生两人的最后一面。

一生清苦，总为下一代着想

2011春节，经潘老安排，我们相约陈学长的几位儿时同窗去潘老家拜年。在简陋的潘老家中，再一次聆听，贫穷码头工人的儿子、老城厢弄堂小学的学生，成为音乐殿堂的大提琴家的成长故事！

新浪网“江边的月色的博客”是陈学长的同窗，2011年9月7日，她在“难忘的岁月”博文中提到：“文娱委员陈九鹤总会主动举手回答各种问题（现在是音乐学院教授），他是码头工人的儿子，在成分第一的那个时代，小学毕业就被学校招去了。他的启蒙老师就是我的班主任潘老师。他当然会终生不忘潘老师，我也要感谢潘老师对我的培养。”“我们每年都去看望她的，她也快近九十了。”

2012年10月14日09:35，我在新浪微博上向2位上海大提琴界的“@黄婧super”（注：时为上海音乐学院大提琴研究生，Yoghurt成员之大提琴手）和“@豪放的自由lanQing”留言：“hi，认识陈九鹤副教授吗？他有博客或微博吗？给你一张他走上音乐道路的小学启蒙老师——2011年，他的同窗给潘老师拜年的照片。由学弟拍摄。”仅仅25分钟，网络屏幕那头竟然传来的是令人惊讶的噩耗！@黄婧super：“你好，陈老师已过世。”我回：“哎，晚了一步！我刚与生活在老城厢的潘老师通过电话，还提到他的，80多岁的她还不知道此噩耗！2年多前，潘老师还提起，陈老师给她600元压岁钱！2011年春节去潘老师家年，同窗还说他没有空来！我是从潘老师口中才知道他的！陈老师——学长、好人一路走好！”@黄婧super：“陈老师是个很好的老师，不论教学或者对学生。”@豪放的自由lanQing：“是的！陈老师是好人，可惜啊！一生清苦，总为下一代着想。”

专家与娃娃结缘艺术教育

前些年，“黄浦教育”网还有上海市实验小学在2001年12月12日的一篇报道，题目就是《专家与娃娃结缘艺术教育》。特照录如下：

2001年12月7日晚7:30在上海音乐厅，上海市实验小学小学生弦乐队举行了“童节音韵”艺术专场演出。担任音乐会指挥的是乐队顾问曹鹏先生和常任指挥王永吉先生。

实小乐队是小学艺术教育中不可多得的由名家直接指导下的乐队，从建队伊始，上海音乐学院大提琴教研室主任陈九鹤先生亲自对七八岁的娃进行启蒙教育，初次演出时，教授还坐在小凳上，为小队员们把音；小提琴教学由上海市少儿小提琴协会理事徐多沁老师亲自负责，手把手地辅导，二年来这些小娃娃在这些艺术专家们高尚的品格影响和精湛技艺熏陶下迅速成长，曾参加了像上海市2001年迎新音乐会等高层次的演出，成为一支较有特色的小学生艺术团队。

小朋友眼中大教授：“大提琴课上得可真有趣！”

天涯社区的“朝花夕拾1029”在2011年4月26日（半年后，陈九鹤老师逝世）博客中，选登了“郝茁屹ABC”小朋友的作文——《我的第一次大提琴课》，详细记录了小朋友眼中大教授。全文如下：

这周六，我第一次上陈九鹤老师的大提琴课。早上，我和妈妈吃好早饭，背起大提琴就开着电瓶车去青少年活动中心上课去了，我们到了青少年活动中心，先去了报告厅集合，最后去了教室。我放下大提琴，把它从袋子里拿出来，静静地等着陈老师的到来。一分钟，两分钟，三分钟……“陈老师怎么还不来呀！”

说曹操，曹操就到，门“咔”一下开了，陈老师来了！只见他满头白发，手上生茧，肚子微大，是一位70多岁的老人家。他可是上海音乐学院的教授呢！“年纪这么大每周还坚持来上课，真是令人佩服呀！”我在一边说道。

陈老师虽然是教授，但也有幽默的时候，就是记学生的名字很幽默。陈老师进门后就一拍脑门，说：“哎呀呀，老糊涂了！名字都忘记了！”说完就一个接一个的问名字。可是陈老师记一个名字又忘记一个名字，一会儿又问：“你叫什么？”这行为差点让我哈哈大笑。上课了，上课了！同学们坐在位子上，手拿大提琴拉起了优美的音乐。我是“新手上路”大提琴都不会拿，我手捧着大提琴，呆呆地坐着，不知怎么办。这时陈老师迅速走过来，把拉琴的姿势帮我摆好，又教了我怎样把位……突然，陈老师又拍了拍脑门说：“你叫郝……郝什么？”“郝苗屹！”我大声说道。“哦，郝苗屹！郝苗屹！”陈老师笑着说。看着陈老师的

张翼声
陈老师，一路走好~~~悲痛ING！
艺术实践
谭国璋
悼念大提琴家陈九鹤教授。一路走好！
2011年11月11日 00:18 转发(14) 评论 赞

图 1 “陈老师，一路走好！”（截屏于开心网）

记性太差了，我想出一个“妙计”。我找来一支黑笔，把自己的名字写在了左手的食指上，对陈老师说：“以后看我食指上的字，这样就不会记错名了！”“好好好！这个法子好！”陈老师笑着说。“叮铃铃……”下课铃声响了，陈老师拿起自己的衣服和茶杯，回头对我们说：“同学们再见！”“陈老师再见！”我们说。

这次大提琴课上得可真有趣！

（选自天涯社区：http://zhaohuaxishi1029.blog.tianya.cn）

有故事的老照片

图 2　上海音乐学院小分队与微型轴承厂合唱队（第五排左 2：陈九鹤）

在写本文搜索陈九鹤照片资料时，不经意间，被博客上昵称为“xiaobin1984029661”晒出的老照片所吸引，而昵称为“果成”的同事还完整地解读了这张老照片背后他们亲历的故事。令人惊讶的是，他们还能对 45 年前的往事记忆犹新。特将原文转录如下：

今天早晨5:58:07我国神州八号宇宙飞船升空上天，是值得庆贺的日子。今天我们把自己珍藏四十多年的老照片贡献出来，与大家共享。

一九六五年，遵照毛主席：“知识分子要接受工农兵再教育”的号召，上海音乐学院小分队、上海长征评弹团等一批文艺界的优秀师生、演员深入到上海微型轴承厂“接受教育”，他们劳动中得到了锻炼，并用他们的知识和才能，推动了我厂文艺活动的蓬勃开展，当时每逢周末、节假日前一天的晚上，我厂的大礼堂座无虚席，台上演的文艺节目赏心悦目，台下职工看得兴高采烈，全厂沉浸在欢乐的氛围之中。在上海音乐学院小分队师生的辅导下，我厂合唱团成立了，并编排、表演了许多大合唱、舞蹈节目，其中《轴承工人有力量》歌曲在上海市仪表局系统文艺汇演中获得创作奖。今天，我把自己珍藏的上海微型轴承厂合唱团与上海音乐学院小分队合影留念照片贡献给大家。看！想当年，照片中同志个个是年轻有为、朝气蓬勃、斗志昂扬。大家看了肯定回味无穷。特别是上海音乐学院的优秀师生，都是音乐的精英、国家的瑰宝。以后大多数都成为国家一级演员、著名的作曲家、指挥家、歌唱家、乐器演奏家（详见备注）。随着岁月的流逝，记忆开始模糊了，有的同志的名字记不清了，请大家自己对号入座，或请知情者提供信息，让照片上的人正名。

xiaoqing　果成　供稿

2011年11月1日

图 3 陈九鹤

Xiaoqing 留言："'一张记忆犹新的合影照'伴随着那熟悉的二胡演奏乐曲，似乎又把我们带回到四十五年前，记得那时在上海广播大楼的演播厅录制'轴承工人有力量'的情景还历历在目。"

难得可贵的是，他们还对照片上的上海音乐学院师生作了注释，其中，不少是当今著名的音乐家，如，现代二胡演奏皇后闵惠芬、著名小提琴演奏家俞丽拿等。其中也有陈九鹤先生。

陈九鹤（第五排左 2），2011 年时，任上海音乐学院大提琴副教授，任大提琴、低音提琴、竖琴教研室主任，上海音乐家协会大提琴专业委员会会长。

谭密子（第五排右 3）：长笛教授。

石林（第四排右 3）：民族声乐教育家、上海音乐学院民族声乐硕士生导师。

韦来根（第四排左 6）：笛子演奏家。

朱晓谷（第四排左 8）：现任上海音乐学院教授、教学研究室主任。上海民族管弦乐学会副会长，中国民乐指挥专业委员会常务理事。

张念冰（第三排左 3）：三弦演奏家。

康却非（第三排左 8）：上海音乐学院钢琴系教授。

郑国瑜（第二排左 2）：上海师范大学音乐系副教授，自上海音乐学院声乐专业毕业后一直在中央乐团任独唱演员，多次出国访问演出。80 年代中期，到上海师大音乐系任教。

沈西蒂（第二排左 5）：现任上海音乐学院管弦系教授，中、小提琴教研室副主任。中国音乐家协会与上海音乐家协会委员代表，国际中提琴学会会员。

闵惠芬（第二排左 6）：现代二胡演奏皇后，她是中国音协副主席，著名二胡演奏家，毕业于上海音乐学院。

俞丽拿（第二排左 8）：著名小提琴演奏家。1962 年毕业于上海音乐学院管弦系。现在上海音乐学院任教，任小提琴、中提琴教研室主任，上海音乐学院学科带头人，我国著名的小提琴演奏家。

盛中华（第二排右 2）：1967 年盛中华毕业于上海音乐学院，并留任该院副教授，1992 年起旅居挪威，除独奏和教学外，还著有专业教学心得《小提琴教学 160 问》、随笔《人生感情录》和自传体小说等。父亲盛雪是著名的小提琴教育家。

扑朔迷离的上海民族绢丝大亨

昔日上海滩曾有不少民族实业大亨，赫赫有名的荣宗敬，被誉为中国的“面粉大王”“棉纱大王”，莫觞清被誉为上海的“丝绸大王”。此外，老上海还有“味精大王”吴蕴初、“烟草大王”陈楚湘、“玻璃大王”蔡仁茂等。这些“大王”的厂史、家史在相关史著中都比较详尽，也常见于报端、新媒体城市专题记忆展。而对于上海民族绢纺产业巨商——“绢丝大亨”，鲜有提及，知情者寥寥。数十年来，或语焉不详，或以讹传讹，可谓扑朔迷离，犹如一层迷雾被遮盖。

关于中孚绢丝厂的创建，摘录几段比较权威的官方史志。

《上海丝绸志》：“1922 年，浙江湖州南浔人朱勤记丝行业主朱节香”，“在闸北金陵路（今秣陵路）创办中和绢丝厂。”“1925 年，朱节香心犹不甘，再次集资办绢纺厂，厂名为中孚绢丝厂股份有限公司，厂址仍设于闸北金陵路 420 号。”

《普陀区志》：“中孚绢丝厂民国 14 年创建于闸北，为市内第一家国货绢丝厂。八一三日军侵沪时毁于炮火。”

《上海之工业》(上海档案馆)：“中和绢丝厂系中国民族资本家朱节香于 1923 年始建于上海市闸北金陵路。”1925 年又“一方探讨研究，一方搜罗本国人才，招集资本，从事恢复。卒于民国 14 年更名为中孚绢丝厂”。

《江苏苏丝丝绸股份有限公司简介》：“江苏苏丝丝绸股份有限公司前

身为上海中孚绢纺厂，始建于1923年。”

笔者疑惑从创建中和绢丝厂究竟是1922年还是1923年而起。此外，这样有名气的民族实业家竟然在诸多史料中没有他的生卒年？甚至连源自上海中孚绢丝厂的江苏苏丝丝绸股份有限公司（原泗阳绢丝厂）寻找中孚创办人朱节香的生平，至今竟然未果。此外，说朱节香是浙江湖州南浔人，南浔史料中竟也无考？

著名的上海史专家熊月之先生在《“华人与狗不得入内”牌示的迷雾与真相》（《文汇报》2014年12月30日）一文中说：“历史研究中，说有容易说无难。要证明某一事项存在过，只要有一条过硬的材料就够了。而要证明某事项不存在，则无论积累多少材料，也很难就断言‘没有’。”

看似简简单单，但事隔90余年，要找出它们的证据，却没那么容易。

十多年前，在开始寻觅启蒙学校校史过程中，发现母校是办在有240多年历史的江南古典私园——思敬园里。经多年的寻踪、考证，得到了几乎濒临失传的思敬园图文史料和校史。鲜为人知的是，1936年，时任思敬小学校长的朱树鉴，在校庆20周年纪念册《思敬概况》“校史”中提到：思敬小学是“朱节香”先生在1916年捐资创办的，并亲任校长。而为纪念册作“序”的朱澄俭则称，是自己建议创设学校，序末署名为“朱澄俭序于中孚绢丝厂”。难道朱树鉴“校史”中提到的首任校长“朱节香”与“中孚绢丝厂”的“朱澄俭”系同一人？

在完成了思敬园和思敬小学的前世今生的考证之后，为厘清“朱澄俭”“朱节香”与“中孚绢丝厂”的关系，笔者又开始对“中孚绢丝厂”进行了多年的寻踪。执着要拨开上海民族绢丝大亨的一些迷雾。

筹备“中和绢丝”始于 1919 年

一般史料都认为，朱节香在闸北金陵路创办中和绢丝厂（中孚前身）始于 1922 年。2017 年 9 月 1 日，笔者在网上搜索、浏览时发现一组照片，拍摄的是盖有公章的“江苏淞沪警察厅”于 1919 年 12 月 12 日送稿、签发的“通缉令”。通缉令主题是：“一件为四区二呈报朱节香家被窃衣物一案通缉”，“令各署所队”。案情是：“本月三日下午五时，商民朱节香报称，民有住宅一所，在恒丰路底，西金陵路，第念六号门牌，于本月一日夜，被贼由后面空地上，用竹梯搁在墙上”进入室内行窃。据中孚绢丝厂厂区地图，西金陵路（今秣陵路）26 号，正是后来成为绢丝厂办公室的二层楼房屋，1919 年底，估计是已先期建造竣工的工厂办公楼，时为建厂筹备的办公室兼宿舍。

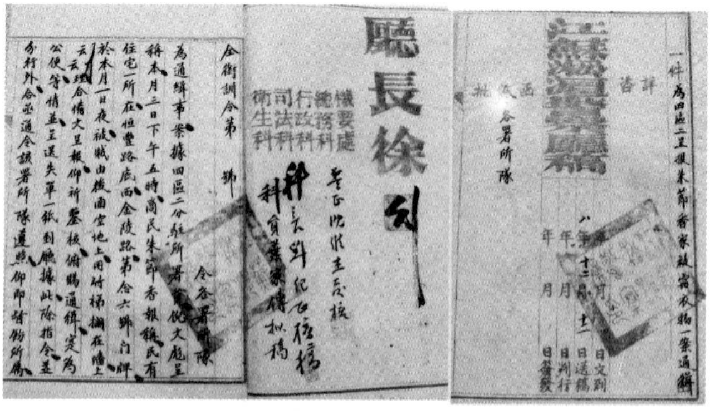

图 1　1919 年朱节香被窃案

史料载，清末民国初，该区域开辟金陵路时，因旁有江宁（今南京）供客死的同乡寄柩的丙舍，故以江宁别称金陵命名。此外，办公楼南临金陵路西临长安路，长安路之西则是广肇公所（即广州、肇庆两府的同乡会）的“广肇山庄”（主要用于厝柩）。其实，中孚绢丝厂在闸北的遗址，原来也是“广肇山庄”的墓地。据史料载：1872 年，广肇公所的“广肇山庄”初建于新闸大王庙（遗址在今成都北路苏州河边）。时至 1900 年左右，大王庙一带已成为人口稠密的居民区和商业区。丙舍设在人口稠密区，有碍卫生，于是当工部局在 1900 年，向广肇公所提出移址另建时，广肇公所就将新闸大王庙这块地产出让，并另择闸北叉袋角购地重建。这个迁新址的广肇山庄的占地面积很大，初建时范围相当于：西至苏州河边，南至裕通路，东至新客站，北至铁路以北。当时这里还是一片农田，十分荒凉（否则也不可能在这里购地建造墓地），住在浜南的居民主要可以过新闸桥去墓地，于是广肇山庄出资筑了一条小路，取名长安路，当然这个“长安”不是中国的行政地名，是以埋葬这里的死者“长久安息”，送葬回家的人“长久平安”的意思。同时，山庄又在正门筑了一条可以通往虹口的路，这条路即以广肇山庄名叫作广肇路（今天目西路）。

广肇山庄建立后，受租界市政建设和经济发展之影响，原来比较落后的闸北也迅速发展起来。首先是两江总督张之洞（字香山）奏请创办沪宁铁路。按计划上海车站设在闸北（即后来的东站，现在的新客站处），而铁路又要穿过广肇山庄。当时广肇山庄开业不久，墓地大多空着，于是广肇山庄同意动迁部分坟地作为沪宁铁路用地。1909 年上海自治公所领袖李平书筹资创办江苏上海闸北水电公司（今闸北发电厂的前身），因为发电厂和水厂必须建在江边，于是广肇山庄的又一部分墓地被征用，占地面积又减少了许多。

由上述史实可知，1918 年末或 1919 年初，朱节香为建厂购买的土地也是广肇山庄的一部分。因此，朱节香父子购下的地价，无疑是相当低廉的。这也是朱节香父子在百年前就具开明思想，避世俗忌讳，能成功创办绢丝实业的诀窍之一。

上述史实，也为我们佐证：朱节香父子创办“中和绢丝厂”工作，早在 1919 年已悄然开始实施。

“朱节香”非实名

早在 1950 年，中国第一代纺织业先驱、缫丝业老前辈施叔谋先生就在《中国绢纺工业发展史》一文中称，1922 年杭州纬成公司总经理朱谋先在嘉兴开设绢纺厂，“为国人自办绢纺工业之首创者”。“一九二六年同业绢丝原料者朱节香、朱礼耕以原料输出不如制成绢丝输出有利国计民生，乃集资创设中孚绢丝厂于上海闸北金陵路”，“此乃国人自办之继起者”。在该文的“中孚绢丝厂”简况一节中，同样有“该厂于一九二六年由朱节香朱礼耕集资创立”的叙述。

所以，中孚绢丝厂于 1926 年续建，并由朱节香朱礼耕携手创办，非朱节香一人。这一史实与《上海丝绸志》和地方志等史著的记载有差异。

据 1934 年出版的《第一次中国教育年鉴》[1] 记载，1916 年，有位沛国朱氏族会总经理“朱澄俭”先生，在老城厢朱氏祠堂创办私立思敬小学，亲任校长，并获得政府褒奖。

有媒体称，1922 年，浙江南浔镇朱勤记丝行业主朱节香先生，携资来上海发展。终于在上海摸清市场行情，创办绢纺实业，成为上海民族绢纺业的奠基者。

笔者经多年寻踪，“朱澄俭”就是后来的“朱节香”。“节香”很可能

[1] 《第一次中国教育年鉴》戊编“教育杂谈”，第六“捐资兴学一览”，第 294—352 页，开明书店 1934 年版。

是“朱澄俭”的“字”或“号”，“朱节香”只是他在绢纺业用的“名字”，并非是他的“实名”。2014 年，笔者曾主动向江苏泗阳苏丝集团在上海、江苏的二位销售经理披露过。

上述判断是有史实依据的，据 1936 年为庆贺思敬小学建校 20 周年编写印发的《思敬概况》一书，朱澄俭先生为该书题写了《序》，《序》中言：1916 年，“余乃建议族会，创设小学。蒙族会同人，一致赞助，我校乃得于同年 8 月正式开学。”还谈及“我校校长树鉴侄，以立校二十周年，鉴往惕来，爰编思敬概况，求序于余，余与思敬，关系綦切，不可无一言，乃述创校之初旨，及今后之祈望，以为同人勉焉！是为序”。《序》末署名为：“朱澄俭序于中孚绢丝厂”。

细阅该“序”及对照《思敬概况》中“校史”和时任校长朱树鉴写的“弁言”，不难判断，朱节香先生即“朱澄俭”。“朱节香”系其在绢纺商界、实业界的用名，“朱澄俭”才是其原名，故在家族中，一般他使用原名。鉴于“朱节香”在绢纺商界、实业界的成就和声誉，上海丝绸史上多有记载。可能朱澄俭先生为人低调，不但“朱澄俭”原名在史料上鲜有记载，即使在绢纺界，除了在绢纺实业方面业绩史料外，目前，涉及“朱节香”的个人、家庭、后裔等情况，对外界同样是个谜。即使近年笔者非常不易地找到他的嫡系后裔，往事不堪回首的他们，却拒绝外人了解他们的任何往事。即使泗阳苏丝集团对他们家族有“滴水之恩，当涌泉相报”之情，同样也拒之于门外。我也承诺，未经他们同意，不会牵线搭桥，向他人披露联系方式。

此外，从上海沛国朱姓一支字行辈来看，“铉国岳承德，铭之朝文增，锡澄树耀培”，“澄”字辈和“树”字辈的叔侄关系也印证了“朱澄俭”才是“真名实姓”。2012 年 7 月，“中国报道”网上海站张记者，在百度“南浔吧”上发帖：“寻找丝业巨商朱节香的后代！朱节香潜力研究绢织，呕心沥血在上海办中孚绢丝厂，为推动祖国现代民族工业的发展，功不可没。有谁知道他后代的情况。”当我见到这一信息时，他们还毫无收获。

无论以“朱节香”之名也好，还是以“朱澄俭”之名也好，“他”对“思敬小学”的创立和发展，与“他”在上海绢纺实业上一样，同样是功不可没。这也是前文所述，诸多民国要员给老城厢“思敬小学”的题词的直接因素。

所以，经笔者初步辨析，“思敬小学”的创建人、绢纺实业家朱节香先生即为“中孚绢丝厂经理”——朱澄俭先生。在所知的相关近、现代史料文献中，如此点明，还属罕见。

“节香”是朱澄俭的“号”

2016 年 2 月 27 日，当我再次在上海图书馆核实文献史料时，想不到“柳暗花明又一村”！得到了“真凭实据”，“节香”是“朱澄俭”的“号”而非原先揣测的“字”！

据沛国朱氏世谱，始祖为南桥公，生于明正德十四年（1519）。

1929 年的续谱中，“第十一世黼堂公支”下有如下记载：

> 澄俭字辅勤号节香，少黼公子清国学花翎同知衔，随带加二级候选州同（引注：清代知州的佐官）。民国六年，上海知县知事沈宝昌奖给小学传薪匾额，七年大总统徐世昌奖给敬教劝学匾额，并奖二等金质嘉祥章。捐赀兴学，提创实业，公益必为。清同治十年辛未九月十五日午时生。配南汇周氏清国学生小巖公次

女，清赠淑人，生于清同治八年己巳九月初一日子时，殁于清光绪二十一年乙未正月初一日戌时，葬于少黼公墓侧。继配南汇汪氏，清同治九年庚午六月初五日寅时生。子四，长树修，周淑人出，次树燏殇、三树承殇、四树潜殇，俱汪氏出。女四，长适浙江吴兴莫扶青，字芙卿，周淑人出。次殇、三适本邑王祖恒字立方，四未字，俱汪氏出。

图 2　朱澄俭（1936 年）

所以，据以上朱澄俭亲修的朱氏续谱史实，“朱节香”自己诠释的生平就相当清晰有考了。

即：朱澄俭，字辅勤，号节香，生于 1871 年 9 月 15 日，祖籍安徽婺源，世居上海，卒于 1950 年左右（即土改时期）。

关于朱澄俭卒于 1950 年左右的推断，是据上海档案馆收藏的于 1948 年 4 月填写的“区缫丝工业同业会员登记表”。该表上有会员“朱节香”时年“78 岁”的记载。而“朱节香”在 1948 年以后的文献资料中就难有发现。可以揣测，卒于 1950 年左右的可能性很大。史著中关于上海中孚绢纺厂创办人“朱节香”的“生”与“卒”始终“不明”，如今，基本可以有了“终结”。

朱节香是上海人

数十年来，上海中孚绢纺厂创办人“朱节香”是“湖州南浔人”被广为流传，且被《上海丝绸志》(上海社会科学院出版社1998年版）采用，该志披露，“浙江湖州南浔人朱勤记丝行业主朱节香”。

其实，1922年，朱节香已51岁，此时，他才有机遇涉足绢纺实业，创办中和绢纺厂。这可能源于他的长女嫁给丝绸之乡的浙江吴兴（今湖州）望族后裔莫扶青，得益于老上海有名气的美亚绸厂股份有限公司的创始人莫觞清。莫觞清在丝绸实业上的成功给朱节香父子带来启示，有着经营丝茧行经验的朱节香父子，另辟新途径，以绢纺新技术创办绢丝实业。

莫觞清（1871—1932）也是浙江吴兴人，有上海“缫丝大王”“丝绸大王”之称。莫觞清与朱节香同年生，涉足实业比朱节香早得多，清光绪二十六年（1900）就入苏州延昌永丝织厂，因办事精干，粗通英语，深得经理杨信之赏识，两年后到上海勤昌丝厂任总管车。1903年，与人合资，在上海开设久成丝厂生产“玫瑰”和“金刚钻”牌生丝。次年任上海宝康丝厂经理。宣统二年（1910）后，先后开设久成二厂、又成丝厂、恒丰丝厂、久成三厂、德成丝厂等。到1913年，投资开设或任经理的丝厂达10多家，成为上海缫丝业最大的资本家之一，还兼任美商蓝乐璧洋行买办。1917年，同汪辅卿及美国人蓝乐璧合资开设美亞织绸厂，2年后停办。1920年春，与天生锦绸庄合作，再度开设美亚织绸厂，聘请从美国留学回国的蔡声白任经理。十多年后，发展成为中国丝织业的托拉斯：除拥有11个绸厂外，还有纹制厂、染炼厂、铁工厂和织物研究所。

笔者岳母今年95，当年也是丝绸厂工人，在西康路美亚厂做过，后来到同乡（溧阳）老板开的丝绸厂工作。今年春节期间，告诉我们，当年丝绸厂出口订单多，工资比其他行业高不少，老板对职工也不错，每年都安排工人旅游，如杭州等比较近的地方。

1937年，淞沪战争期间，从闸北中孚绢丝厂内紧急抢运出来的设备就存放于西康路的美亚丝绸厂（当然，这是后话了）。可见，他们之间的关系不一般。莫扶青与莫觞清之间是否是近亲还是远亲关系，尚待考究。莫觞清在朱节香创办中和、中孚绢丝中是否提供帮助也尚欠考。

此前的1916年，朱澄俭则致力于在老城厢朱氏家祠创办私立思敬小学。1921年春，又偕侄朱树屏始在思敬园望云阁续修家谱等忙碌。流传甚广的朱节香"来上海"发展之前，是有"丝业经验的原南浔镇朱勤记丝行业主"，仅有的这十余字的介绍，至今却缺乏有力的考据，很可能是一厢情愿的揣测罢了。但其女婿的莫氏家族却不可等闲视之，据悉，宋代是莫氏一段极为辉煌的时期，尤其浙江吴兴的莫家，更是人才辈出，世代显达知名。吴兴莫家的崭露头角，是开始于苏东坡曾以《西河跳珠轩》一诗相赠的名士莫君陈。据说，莫君陈的学问很好，而"御家严整如官府"，所以出了许多好子弟，一个个光耀莫氏门庭。

此外，据上海档案馆资料：1916年7月"沪南工巡捐局关于朱澄俭、朱澄晓禀请暂免让路卷"披露，朱澄俭、朱澄晓私宅在南市大南门城内太卿坊（今光启南路）97、98、99号（近乔家路）。太卿坊邻近的西姚家弄48号正是朱氏祠堂（思敬小学）。实际上，朱氏家族世居在附近的不少。至今，附近乔家路上的徐光启故居内，还有当年嫁给徐光启后裔的，生于民国初的朱氏逾九旬的老太，她亲口告诉笔者，年轻时，她也是丝厂工人。30年代起，就一直居住在学院路的八旬思敬学长夏先生告诉我，他的朱氏同窗也住在乔家路。

朱澄俭长孙朱勤荪在1950年4月填报的一份企业"登记表"，更是明明白白地写着："籍贯：上海市"。这一结论也得到定居加拿大的朱节香第四代孙的确认，他告知作者，在沪亲属户口上的籍贯，确是上海市。

朱澄俭父子在绢丝业创业成功后，才迁至长沙路149弄16号。末代

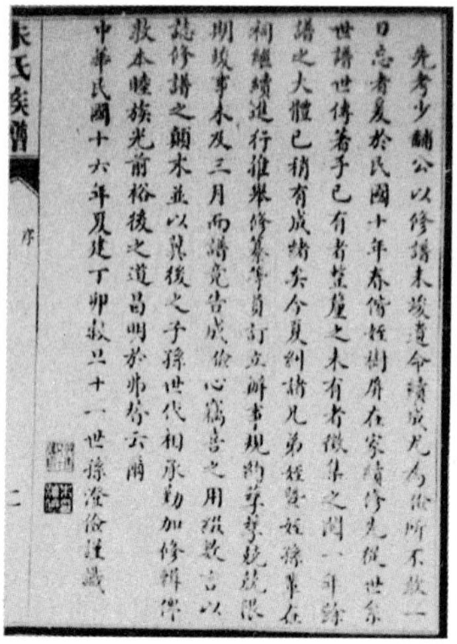

先考少卿公以修譜未竣遺命續成凡有從所不敢一日忘者爰於民國十年春偕姪樹屏在家續修先從世系世譜世傳著手已有者豈廢之未有者徵集之閱一年餘譜之大體已稍有成緒矣今夏糾族兄弟姪輩姪孫輩在祠繼續進行雁巢修纂等員訂立辦事規約萃聚鈔校限期竣事未及三月而譜竟告成從心竊喜之用綴數言以誌修譜之顛末並以昂後之子孫世代相承勤加修輯俾敦本睦族光前裕後之道昌明於弗替云爾

中華民國十六年歲建丁卯穀旦十一世孫澄儉謹識

朱氏族譜 序 二

图 3　1921—1927 年朱澄俭忙于修家谱

掌门人、朱澄俭长孙朱勤荪则购江苏路宣化路小月村花园洋房新居。小月村在 20 世纪 90 年代被动迁，小月村花园洋房遗迹今已荡然无存，仅有当时与小月村相邻的部分相仿的老建筑尚存。当然，这些是后话了，在他文介绍。

此外，上述史志说，朱节香是南浔镇朱勤记丝行业主，也未见任何有力的考据，恐仅是传闻而已。在 1950 年的同业公会会员申请表中，倒有位籍贯浙江鄞县的邹星东，42 岁，大朱勤荪 3 岁，曾在“朱勤记丝茧号”就过职。“朱勤记丝茧号”在何处？业主是谁？史料中欠考。是不是仅仅是个季节性在南浔镇临时设点的蚕茧收购站呢？邹星东少年可能是中孚绢丝厂派驻在南浔镇“朱勤记丝茧号”收购丝茧的伙计。

朱氏父子联手创办绢丝实业

自古以来，江浙出产的丝绸，可谓妇孺皆知，闻名世界。而知道“绢丝”及其来历的就比较孤陋寡闻了。实际上，它是对茧壳和缫丝下脚“废物利用”后生产的纺丝，它同样可以织成品质优良的丝绸。

在古代，人们只用一些简单的工具，将茧壳和缫丝下脚煮练并用手工纺成丝线，至 17 世纪中叶才逐渐采用半机械的方法。18 世纪发明了腐化练法对原料进行脱胶，推进了绢纺业的发展。到 19 世纪 50 年代创造了圆型梳绵机（简称圆梳机），才形成比较完整的绢纺机械。由于传统的绢纺生产工艺工序繁复，手工操作多，20 世纪 60 年代起又引用毛纺式罗拉梳理机和精梳机代替圆梳工艺。

随着机器缫丝厂的不断兴办，在缫丝中产生的下脚废丝也日益增多。仅以华东区江、浙、沪三地丝厂全盛期就有丝厂 190 余家，丝车 5 万余部，年产生丝 15 万担，一年的废丝、废茧（包括蚕种场、土丝制作、摇经加工）量，超过 10 万担。这些废丝、茧原来都视作废物，除用手剥丝绵、手捻绵线、织造土绵绸外，大部分只能用于废下脚出口。早在丝厂在上海刚兴办时，外商就意识到其中大有油水可捞。如日本除在其国内大办绢纺厂外，还于 1880 年在我国建造了一个 1200 锭的绢丝试验工场。英商也不甘落后，于 1888 年在上海由怡和洋行办起丝头厂，开始为绢纺生产制作丝头原料。不仅如此，他们在办这家厂的英文招牌上就明确宣布是办一个完整的丝纺、织、染厂。

1902 年，怡和置办了 2100 锭绢纺设备，拟筹办绢纺厂，但因经营不善，不得不将设备转售给当时中日合资创办的上海制造绢丝株式会社。此株式会社于 1906 年建成，即后来的钟渊公大三厂和上海绢纺厂。由于绢纺加工工艺较棉、毛、麻纺繁复，国人认识和掌握它还要有个过程。直到 20 世纪 20 年代，英国、瑞士、法国、意大利、德国、美国、日本等已拥有 80 余万枚绢丝纺锭时，华商才开始起步。

半个多世纪以来，熟悉上海丝绸行业史料的专业人士都知道，是朱节香独自创办了中和、中孚绢纺厂，一般丝绸业史著和媒体也是这样报道的。但是恐怕连绢纺专业人士都不会想到，实际上，是朱节香父子联手创办了中和、中孚绢丝厂。在对中孚绢丝厂寻踪过程中，笔者没有放过史料上的丝毫蛛丝马迹。如，容易使人忽略的是 1922 年创办中和绢丝厂时，朱节香已 51 岁，1926 年 1 月继办、6 月 17 日注册中孚绢丝厂时，已 54 岁。朱节香难道是到晚年才开始创业？笔者多年前就心存疑虑，也未多作考究。只是在近日细读上海档案馆保存的“朱礼耕”亲笔签名，填写于 1946 年申报的“中孚绢纺厂战时直接遭受损毁情形表”时发现了端倪，中孚绢纺厂“创办人”一栏是“朱节香”和“朱礼耕”二人，“填表人”是“朱礼耕”。“朱礼耕”何人？是“朱节香”的长子！朱礼耕，1891 年 9 月生，1922 年创办中和绢纺厂时，年已 31 岁，1926 年已 35 岁，正是而立之年。此前，朱节香还在忙碌办学和修家谱。所以，创办中孚绢丝是父子联手努力的结果，而且，真正肩负创业重责的是年富力强的朱礼耕先生，这一史实常被一些史著所忽视。

这些考据也是笔者 2016 年 2 月 27 日在上海图书馆核实文献史料，结合沛国朱氏世谱记载，才得到确认的。

多年前，笔者对“朱节香”与“朱礼耕”之间的关系一直未厘清（具体情况请阅“‘朱礼耕’是‘号’”一节），这样的结果，既令人意外，又在情理之中。在创办实业中，父子俩一直都没有使用“实名”而已，与世人打了一个不大不小的“哑谜”。

据《上海丝绸志》，1922 年，浙江工业学校校长许潜夫与杭州纬成公司总经理朱谋先去美国出席世界蚕丝会议时，在美购得绢纺机械 3000 锭，设厂于嘉兴南湖之滨，称纬成公司嘉兴绢丝厂。

与此同时，而立之年的朱节香长子，正关注市场信息，谋求创业。他与父亲发觉废丝吐头、下脚出口获利很薄，还不如加工成绢丝获利丰厚，于是父子俩决定涉足绢纺实业进行创业，购买了绢丝精纺机及有关设备，1922 年在上海金陵路 420 号创办中和绢丝厂，这也是上海首家设立的民族绢丝产业，国内第二家民族绢丝产业。但由于技术和设施不过关，缺乏纺制绢丝的生产、管理经验，加之经营不善，两年内亏损 10 万两银，以致出师不利被迫关闭。

但是朱节香父子心犹不甘，决心重整旗鼓。1925 年，为筹措复厂资金，决定筹备组建中孚绢丝厂股份有限公司，动员朱氏家族或熟悉的亲朋好友投入资金，成为中孚绢丝的主要股东。1926 年 1 月，中孚绢丝厂正式设立，6 月 17 日，获中央工商行政管理处注册批复。为吸取初次办厂失败的教训，还聘请丝业界熟悉绢丝生产管理和业务的技术和管理人员到厂加强力量。此后，中孚绢丝厂很快试纺成功 210 英支 / 2 绢丝。开业时，厂内设有精炼、制绵、前纺、精捻和整理 5 个工场，拥有绢纺精锭 1500 锭，定商标为“黄虎”“狮子”“钟虎”“仙鹤”“大鹏”“鹦鹉”“仙鹿”七个品牌绢丝和“多福”牌缫丝，并在上海九江路 219 号设立公司总办公机构。

至于传闻“朱节香为潜心研究，掌握绢纺生产技术，乔装工人，亲自混入日商经营绢丝厂做夜班，偷学绢纺技术”诀窍，对于当时已年逾 50 的老人来说，恐有失常理。这究竟出自何人之口何人之笔？也未见考据。若是由年富力强的朱礼耕去做，那还说得过去。所以，本文对这样查无实据的叙述不予采纳。

经过十年经营，中孚绢丝厂有了很大发展，到 1936 年绢纺精纺锭已扩大到 4800 锭，工人也增至 100 余人。为了充分利用原料，使绢丝生产过程中产生的大量落棉、绢纺生产副产品，增加加工深度，建立了规模为 420 锭绸丝纺织生产，纺制 40 支绸丝。还在上海长沙路 149 弄 16 号设立发行所（二楼兼作朱家住宅），扩展绢丝经营业务。

1937 年 7 月抗日战争全面爆发，8 月 13 日日本侵略军大举进攻上海，中孚绢丝厂临近闸北战区，朱节香父子当机立断，将厂中设备抢运到西康路上的美亚织绸厂暂放。不久，中孚厂房被烧毁。最近，在上海档案馆复印到当时中孚绢丝厂被日军炸毁的厂房照片和“遭受情况报告表”等，堪称珍贵，这些侵华罪证提醒我们，不忘国耻。

1938年2月，朱节香父子购买了位于公共租界的西康路1501弄3号原泰康饼干厂的旧厂房，进行翻修后复业，并在美国领事馆注册，挂上“美商中孚公司”招牌，避免日本侵略军骚扰。复业后，朱节香父子又陆续增添600锭精纺机等设备，年产绢丝50吨，外销南亚印度及东南亚各国。

图4　中孚绢丝厂购下的小沙渡厂房

1941年12月8日，日军偷袭美国珍珠港，太平洋战争由此爆发，日本侵略军随即侵入上海各租界。1942年1月30日，中孚公司为日军接管，强迫停产，通过周旋，直至1943年才得以重新复业。

抗日战争胜利后，朱节香父子所创办的中孚绢丝厂再度振兴，生产规模不断扩大，盈利大增，绢丝精纺锭增至6800锭，绸丝纺锭为420锭，职工数达400人，年产绢丝52吨。到1948年，该厂股权已基本成为朱氏家族企业。朱节香父子潜力研究绢织，呕心沥血办中孚绢丝厂，为推动我国现代民族绢丝业的发展，功不可没。

值得欣慰的是，至今，台湾“中央研究院”近代史研究所档案馆还保存着中孚绢丝厂的原始档案，如中孚绢丝厂股份有限公司章程、股东名单与股份、执照等，堪称珍贵。特选截屏历史资料附后（图5），权作上海丝绸史料、中孚绢丝厂厂史的补遗。

上海特別市農工商局　執照

據商人莫子經等在本特別市內設立中孚綢緞廠股份有限公司遵照本特別市公司註冊暫行規則呈請設立註冊到局核與規則相符應准註冊給照一體保護合將該公司聲明各款列後

一　商號　中孚綢緞廠股份有限公司

二　營業

三　股份總銀數

四　每股銀數

五　各股已繳銀數

六　本支店地

七　董事姓名住址

八　監察人姓名住址

九　設立年月日

右給中孚綢緞廠收執

局長潘宜展

中華民國十六年十二月三十一日

公司註冊第三類第　號

图 5　1927 年的工商执照（注：法人代表朱礼耕）

“礼耕”是朱节香长子的“号”

朱节香的长子“朱礼耕”，并非原名，而是“号”。

据沛国朱氏世谱续谱（1929 年），“第十二世黼堂公支”下有如下记载：

树修，字佐尧号礼耕，澄俭长子。清国学花翎同知衔，候选州同（引注：清代知州的佐官）。清光绪十六年庚寅九月二十六日子时生。配浙江钱塘鲍氏，清赐进士出身，即用知县候补直隶州知州祥士次女，清光绪十九年癸巳十二月二十七日生。子五，长耀棠、次

图 6　朱树修（20 世纪 40 年代末）

耀晟、三耀昶、四耀奭、五耀宓，女五四殇。[1]

朱澄俭的长子的简况：朱树修，字佐尧，号礼耕，1891 年出生。卒于 20 世纪 40 年代末。

在 1946 年 12 月 14 日填报的“中孚绢丝厂战时直接遭受损毁情形表”上，“创办人”“实业代表”“营业代表”三栏，都是“朱礼耕”的签名、印章。所以，当时中孚绢丝厂的实际掌门人是朱澄俭的长子、在世的独子——朱礼耕。

但是，在上海档案馆保存的中孚绢丝厂于 1948 年 4 月填报的“同业公会会员登记表”上，厂董事长、总经理是朱节香，经理朱勤孙（注：即朱勤荪），厂长周剑青，其他会员有朱稚耕、朱幼耕、朱也耕、朱乔年。鉴于朱勤荪、朱稚耕、朱幼耕、朱也耕和朱节香的住址都填写的是长沙路 149 弄 16 号（今旧址原房已被加层，周围私房未变）。独缺长子“朱礼耕”之名。

此后，至 50 年代初，经查，这一阶段，中孚绢丝厂申报的各类材料中，再未发现中孚绢丝厂创始人、总经理朱节香、朱礼耕父子的签名。

2017 年 8 月初，悉定居加拿大的朱节香第四代孙回沪探亲，去江苏泗阳寻祖辈创业的“根”，笔者主动与他取得联系，他证实，祖父朱礼耕确病逝于 1947 年 4 月 22 日。为上海民族绢丝产业作出巨大贡献的“幕后”英雄——“朱礼耕”先生，英年早逝。不久，遭受白发人送黑发人的打击，八旬的上海民族绢丝大亨朱节香先生，在土改中，也随长子而去。

有证据表明，上述朱勤荪是中孚绢丝厂最后的掌门人，一般来说，都

---

[1] 据 1952 年资料，朱礼耕有六子。

由长子接手自家产业，但是不是朱礼耕的长子、朱节香先生的长孙朱耀棠呢？上海档案馆资料中，尚欠考据。

最后的掌门人：朱勤荪

中孚绢丝厂最后的资方掌门人朱勤荪，这已被诸多档案文件所证实。但朱勤荪并非原名，这究竟是谁的“字”或“号”？

时任中孚绢丝厂总经理的朱勤荪，在1950年4月填报的“同业公会会员申请登记表”中，披露了一些实情。时年“39岁”，即生于1912年2月7日（壬子年十二月二十日）。“籍贯：上海市”。经历：“纬成利记绢丝公司经理”。“学历：沪江大学商学院”。“住址：长沙路149弄16号”。

图7 朱耀棠（1958年）

2016年2月29日，笔者在仔细阅读中孚绢丝厂股份有限公司1933年的股东名单时，发现并无“朱勤荪”，却有朱树修（号礼耕）的长子朱耀棠、次子朱耀晟、三子朱耀昶、四子朱耀奭，而无五子朱耀宓。但令人意外的是，四子朱耀奭之名后，下一位是好熟悉的名字——“朱芾甘”！笔者首次知道“朱芾甘”之名，源于2013年上海旅居美国华人学者、藏学学者徐明旭先生写的一篇博客：“我的国画老师朱芾甘先生”。根据他的回忆情况和笔者已有的考据，当即告诉他，你要找的朱芾甘先生当是上海中孚绢丝厂老板“朱勤荪”先生。

对照股东名单上的排序，显然这位“朱芾甘”就是中孚绢丝的接班人、最后的掌门人。显然，1929年时，朱礼耕的五子朱耀宓等耀字辈的人尚小，未成家，续谱中尚无他们的“字”与“号”。具有工商本科学历的“朱芾甘”，专业对口，管理实业的才能超过了他的四位“兄弟”，继承家族绢丝产业重担，成为中孚绢丝厂新的掌门人似乎也在情理之中。

“芾甘”极究竟是他的“字”还是“号”呢？

2013年，北京诚轩拍卖有限公司在秋季拍卖会上的一幅张大千画作“癸酉年作云山图卷”的“拍品描述”，为我们解开了谜团。

> 钤印：朱芾甘、耀棠长寿、上海朱棠字芾甘号勤荪印、棠居士、蜀郡张爰。
>
> 说明：是卷为大风堂门人朱芾甘临张大千藏李流芳《仿北苑》，卷中烟云浑蒙，墨气丰润，张大千亦赞其“画才之高，亦近今所不可多得也”。朱芾甘（1912—1966），名棠，字芾甘，以字行，号勤荪，浙江吴兴人，居上海，大风堂弟子。民国年间在上海经营丝织业，家业巨富，好收藏，甚得张大千赏识。
>
> 上述“钤印：朱芾甘、耀棠长寿、上海朱棠字芾甘号勤荪印”，即“朱芾甘”是朱礼耕的长子——朱耀棠，名棠、字芾甘、号勤荪。

由此可知，上述提到的股东持股名单中的朱耀棠和朱芾甘是同一个人。此外，经考，上述朱稚耕、朱也耕和朱幼耕则分别是股东持股名单中的朱耀晟、朱耀奭、朱耀昶的“号”。亦即：朱树修（号礼耕）的长子朱耀棠（字芾甘、号勤荪）、次子朱耀晟（字西平、号稚耕）、三子朱耀昶（字西平、号幼耕）、四子朱耀奭（字召公、号也耕）。而朱树修的第五子朱耀宓（字守墨、号再耕）的名字在股东持股名单中并没有出现，可能年幼，股份份额由大哥以“朱芾甘”之名增持了。

当然，上述外界传说的朱芾甘是“浙江吴兴人”之说就有些以讹传讹了。如前述考据和朱勤荪自己填报的材料，朱勤荪是祖籍安徽婺源，世居上海，籍贯“上海市”则无疑。

破解昔日三代上海民族绢丝大亨的实名考证和籍贯，以真凭实据补遗了上海民族绢丝大亨们的“台前幕后”的逸事。这些史实，至今的上海丝绸史著中都未曾提及，有的一些史著、媒体等记载、报道往往也语焉不详，甚至以讹传讹！上海绢纺大亨朱氏三代的“名”“字”“号”，即使丝绸界的一些老前辈、老专家以及朱氏家族后裔也未必知晓。虽耗时多年，费力也不少，更得不到朱节香后裔的任何帮助，但搞明白了，有了结果，笔者还是很欣慰的。

据史料载，1950 年初，朱勤荪作为工商界代表去市郊农村考察土改情况；率领中孚绢丝厂职工，积极参加工商业改造；早在 1954 年 6 月 16 日就“通过厂董事会决议，并征得劳方工会意见”，向普陀区人民政府“具函申请公私合营”；1955 年 3 月，“上海市推销一九五五年国家经济建设公债委员会工商界总分会聘请朱勤荪先生等二十三位为上海市推销一九五五年国家经济建设公债委员会工商界总分会蚕丝业分会委员，并以朱勤荪先生为主任委员”。

1956 年，中孚绢丝厂公私合营以后，朱勤荪作为资方代表实际上基本退出工厂经营管理。而沉浸于山水写生，和书画鉴赏、收藏。

1960 年，根据国家宏观经济的需要，为支援内地工业建设，中孚绢丝厂奉令迁移。最初是准备全厂迁广州，因正逢广州水灾严重，无法安排。2 个月后，又调整迁移方案，将厂一分为三，除部分设备和人员迁往内蒙古扎兰屯和并入上海绢纺厂外，大部分设备及主要人员迁往江苏泗阳。资方人员留沪，朱勤荪赋闲在家。

随着一个接一个政治运动的开展，上海民族绢丝大亨家族更是彻底衰落，再也无人提起。至此，上海民族绢丝大亨的末代掌门人“朱勤荪”在上海滩基本上销声匿迹。

半个世纪以后，2010年世博会期间，普陀区收藏协会才在《新普陀报》上重拾中孚绢丝厂昔日辉煌阶段，重提上海民族绢丝创业者朱节香的伟绩，但语焉不详的地方也不少，正如本文寻觅考证朱节香及他子孙的原名、生卒年、籍贯，“中孚”创业重担应是朱节香的长子，最后的掌门人等基本情况，外界更是鲜有人知。

1960年以后，朱勤荪慎言而笃行。徐明旭先生的《我的国画老师朱芾甘先生》一文，更为我们深刻了解这位不寻常的末代资本家所奉行的人生哲学，提供了鲜为人知的史实。

行文至此，我们不难发现，上海首家民族绢丝实业：中孚绢丝厂的三代掌门人，他们在工商界都以本人的“号”署名，对他们的实名，仅在家族内使用，家族以外的人士鲜有知晓，即使在专业史著、地方志上，也是语焉不详，扑朔迷离。通过本文介绍，各界对中孚绢丝厂的三代掌门人，会有一新的认识，现综合如下。

朱澄俭，字辅勤，号节香，生于1871年9月15日，卒于1950年左右。籍贯，上海市（祖籍安徽婺源，世居上海）。1916年，捐资创办私立思敬小学。1922年，朱澄俭协助长子朱树修在上海闸北金陵路420号创办上海首家民族绢丝实业：中和绢丝厂；1926年注册续办，更名中孚绢丝厂。

朱树修，字佐尧，号礼耕，朱澄俭长子，生于1891年，卒于1947年4月。籍贯，上海市。中孚绢丝厂真正的创办者和实际掌门人。

朱耀棠，又名棠，字芾甘、号勤荪，朱澄俭长孙、朱树修长子。生于1912年，卒于1966年。1960年，公私合营中孚绢丝厂被撤并时的最后掌门人。在字画界以字芾甘为行，大风堂弟子，字画收藏家。

感谢定居加拿大的朱节香第四代孙朱强先生为本文提供了朱礼耕、朱勤荪先生珍贵旧照资料，也感谢旅美徐明旭先生对国画老师朱芾甘先生旧照的确认。

本文续记：

（1）“中孚”遗址荡然无存：当初步考究完上海绢丝大亨的三代掌门人之后，笔者于 2016 年 3 月 6 日傍晚，去普陀区西康路小沙渡，想寻觅上海第一家民族绢丝厂中孚绢丝厂的最后遗址，再看一下刚修缮一新的西康路桥。虽然从 1994 年以来去过几次，但当时还没有接触城市记忆，更不知道这里曾经有过中孚绢丝厂。与 20 多年前相比，苏州河南北两岸变化不小，除原来的南岸的电子市场（已关闭、待拆）大楼和北岸的历史保护建筑福新面粉三厂办公楼（几年前向西平移了 50 米，如今挨着新造的镇坪路桥）还在外，南北邻河已是新建筑，西面还增建了镇坪路桥。如今的中孚绢丝厂遗址上已看不到它的一丝历史痕迹。唯有在《老上海百业指南》地图还有着它的位置。

西康路桥面上有福新面粉厂、华生电器、申新纺织公司、上海第一家化工企业江苏药水厂等小沙渡著名上海民族实业介绍浮雕板，遗憾的是，唯独中孚绢丝被“遗忘”了！

1937 年上海第一家民族绢丝厂中孚绢丝厂在闸北被日军炮火所毁，1938 年在小沙渡南岸复业，中孚绢丝厂与福新第三面粉厂隔河相望。产品曾名扬海外，取得不俗成绩，上海民族绢纺产业巨商——“绢丝大亨”“缺席”城市记忆而“无人问津”，普陀区文化部门能谈谈“厚此薄彼”的理由吗？

（2）朱氏后裔往事不堪回首：在自序中，曾谈到好不容易与中孚老板的后裔接上联系，但可能他们不堪回首往事，可能他们不愿意外界再打扰他们业已“平静”的生活，可能他们对我们存有“芥蒂”，可能他们把我们当成另有“企图”的骗子，可能他们……。尽管笔者主动向他们发送了不少他们未知的先辈资料，对他们家族有不寻常意义的苏丝丝绸礼盒也转赠给他们，一片诚意，但至今仍不肯相见。令人无奈！只能尊重他们的选择，不去打扰他们。

2016 年 5 月 6 日，又觅得新资料，可能为上述困惑作了注解。据《社会科学》2006 年第 4 期《上海“五反”运动之经过》（作者杨奎松）一文披露，“中孚绢丝厂有六个老板（系六兄弟），六老板的儿子（浙江大学学生）是青年团员，他从杭州赶来参加五反斗争，首先劝他父亲坦白后，接着全案突破”。上述信息引自 1952 年 3 月 25 日的《薄一波关于上海五反第一战役经验和第二战役部署的报告》（四川省档案馆藏，建康 / 1 / 2481 / 14—19）。

文中“六老板”的“六”可能系作者笔误，疑为“大”更确切。1952 年，大老板朱勤荪 40 岁，年龄最小的六老板最多 30 出头，儿子已是浙江大学的学生？从年龄来判断，恐失常理。若为 40 岁“大老板”的大儿子，倒更有可能。

据悉，“大老板”朱勤荪的大儿子，退休前在北京某局工作，现定居北京。而在沪其他弟妹学历并不高，工作并不如意，既不了解往事，也无这方面兴趣。唯大哥关注家族往事，还曾到长沙路故居寻旧。他很可能就是上述那位浙江大学的毕业生。当小妹婿电告诉他，笔者正在寻觅考证朱氏思敬园和中孚绢丝厂往事时，一开始还与小妹婿说，到上海时会与笔者相见、交流。但此后就杳无音信！后来还与小妹婿说，不要与我接触，理由竟是“怕他们上当”！此后，作为享国务院政府特殊津贴的专家、某设计院副总工的小妹婿态度也一百八十度大逆转，不愿再与笔者联系。

2015年8月23日晚，在浏览相关网页时，不经意间，竟发现在京的“朱勤荪”孙女（朱勤荪的大儿子之女）在转载徐明旭的博客“我的国画老师朱芾甘先生”一文时留言：“徐先生写的那位老先生是我爷爷”。我也与她微博私信取得联系，她也“很想聊聊”！我也告诉她我的真名实姓和单位，已发表的城市记忆之作。奇怪的是，此后，她的博客、微博既无更新，也不与我对话。只有一个可能，她已向父亲“汇报”了，得到“指示”，不要与我“接触”。因此，在京的朱勤荪的大儿子，是否有意无意间披露了他的担忧——朱家往事不堪回首？被埋在他心底的“往事”担忧被世人重提？不管怎么说，《上海“五反”运动之经过》一文披露的史实，已经为我们作了部分注解。

更加令人意外的是，本以为上海滩“绢丝大亨”的逸事拾遗差不多结束了，2017年8月中旬，笔者得知，朱节香不但是拥有大量土地的大地主，还是在浦东占地43亩的“朱家花园”园主。真相如何，将在《朱家花园逸事》介绍。

（完稿于2016年2月26日，改于2017年9月）

徐明旭：我的国画老师朱苇甘先生

我的国画老师朱苇甘先生

徐明旭

我从小喜欢画画，上街回来，就用蜡笔画汽车，从外滩回来，就画轮船与高楼。识字后迷上“小书”（连环画）——那时看小书就像今天看电视一样是孩子的主要娱乐——特别是《三国》《隋唐》《说岳》《水浒》等武打故事，对那些英雄好汉无限崇拜，用铅笔画了许多关羽、赵云、岳飞、林冲等人的绣像，令小朋友啧啧称奇，有的还请我画后加以收藏。

1958年春小学六年级时，我参观了齐白石遗作展览，当晚就凭记忆用水彩工具画了一幅花卉，从此迷上国画，发誓要当画家。开始全靠自己摸索，我把光明中学图书馆里介绍国画与画家的小册子全部借来，临摹其中插图。那些插图又小又模糊，根本看不清笔墨。我于是常去上海美术馆、上海博物馆与南京路荣宝斋（后改名为朵云轩）看真迹。遇到喜欢的画，就用铅笔临摹下来，回家后再用毛笔画。由于从未见过一个国画家作画，临摹时常常不得要领，把方法与程序搞错，结果自然惨不忍睹，我感到非常苦恼。

我的虔诚终于感动了上帝。1960年我在上海博物馆用铅笔描录古画时，一位相貌清秀、风度儒雅的老先生主动问我：“小朋友，侬画迭个做啥?”听说我回去用水墨临摹，他就说：“侬这样学画非常吃力。侬礼拜天到我屋里来，我来教侬。”随即给我地址、电话与姓名——朱近生。他后来告诉我他是张大千30年代的学生。那是我第一次走进真正的小洋房，见识上海的上等人家，知道什么叫有钱、高雅与舒适。此前我只见过石库门里的资本家，相比之下只能算土财主。

近生先生的书房在一楼，面对花园，有打蜡地板、钢窗玻墙，又明亮又宽敞。中央是一张硕大的红木写字台，上有文房四宝、水池颜料之类。写字台前面是一排高大的红木书橱，有一只书橱被分成许多大小不等的格子，每格都用石青篆字刻着《二十四史》各史的字样。写字台后面是几只红木博古架，摆着许多我叫不出名堂的名瓷古玩。正对窗子的墙下放着一张色彩斑斓的大沙发，沙发背后的墙上挂着一幅镶在红木镜框里的张大千的彩墨画“春江水暖鸭先知”。沙发与彩墨打破了红木家具的沉重色调，与窗外的花草树木遥相呼应，为书房增添了活力与生气。我当时把它当成艺术宫殿，把近生先生当成不食人间烟火的仙人。

书房隔壁是起居室，也摆着红木家俱，挂着红木镜框，还有壁炉——虽然无用，却是洋房的象征。杀风景的是，洋房外面便是肮脏、嘈杂的马路菜场，进出他家大门必须穿过杂乱的菜摊，中间只留一条羊肠小道。买菜固然方便，气味实在难闻。

我后来参观过宋庆龄、郭沫若、茅盾与老舍的故居。就面积而言，宋、郭两人的书房大多了，但家具摆设却不及近生先生的豪华典雅。茅、老两人无论是房子本身的质量还是书房的面积、家具与摆设，都无法与近生先生的相比。我来美国后还参观过几位教授、一位大学校长与几位千万、亿万富翁的书房，其家具摆设也不及近生先生的豪华典雅。甚至纽约大都会博物馆、波士顿艺术博物馆与费城艺术博物馆里的中国古典书房都远比近生先生的逊色。它们都没有那样豪华的红木家具与那样典雅的装璜摆设。

近生先生显然非常有钱，不仅独住一栋两层小洋房，还独享一个与房子一样大的花园。房子带有车库，想必以前曾有汽车。大门有门铃，家中还有电话，这在那时是特权或富有的标志。当时正当困难时期，包括我在内的许多人面有菜色，衣履不整。先生似乎不受影响，他与师母、女儿总是笑嘻嘻的，气色与衣服都很好。每年夏天起居室一角堆满西瓜。春节期间糖果满桌、嘉宾满座——我曾介绍近生先生与同为张大千学生的L先生结识，春节时带后者去他家——他似乎从来不上班，却又似乎忙于社交。每年夏天都要出门旅游写生，从他拿给我临摹的写生册页看，他在1961、1962年夏天先后去过广州与井冈山。也不知是自发去的，还是组织去的。从去井冈山看应该是组织去的——自费去从动机上看不太可能，从技术上看不太现实——那么是什么组织呢？是美协还是政协？有趣的是册页非常小，比普通书籍还小一半，翻开来才有一本书大，精美得像工艺品。画面用笔工巧，设色绚丽，也像工艺品。显然不是供展出用的，只是自己赏玩而已。按他的出身（张大千学生）与水平，他完全可以作画参展，为何如此不求闻达？这对我始终是个谜。他的字纤秀飘逸，有点像丰子恺，也属工巧一路。他在册页上的落款是“朱勤荪”。

他知道我买不起宣纸，便送我一些，然后把我的临摹收去，也不知作何用途。他的女儿似乎继承了他的事业，我曾看到她画界画。即便按照美国标准，先生也称得上富翁：有豪宅曾有车，每年夏天长途旅游，无须上班却鲜衣美食。

奇怪的是我学画那阵上海的各种画展从来不见“朱近生”或“朱勤荪”的名字，他也从不提起有画参展，“文革”后上海美协为八位“文革”中不幸去世的老画家举办纪念画展，也没有他，连L先生也从来没有听说过他。

我至今不知道近生先生的职业，只在他的案头看到一叠用宣纸印制的“美商中孚公司职员用笺”。雅致的淡黄色小楷，但不是先生的笔迹。当他用来给我画画示范时（他作画时常用嘴去吸毛笔尖上的墨，以致唇边发黑），常把印有公司名称的笺首撕掉，似乎这是不能外传的秘密。我因此猜想解放前他在那个公司供职，而且是高级职员，但又无法将洋买办与中国画协调起来。我还保存了一张“朱芾甘山水画例”，反面也有先生的示范，也是用宣纸印制的，红色楷体铅字，是1941年中秋重订的，地址却不是我去的洋房（宣化路，上海人所谓的“上只角”），而是邻近我家的闹市区（长沙路，中小市民住的“中只角”）。从润格看，直幅3尺80元，4尺130元，5尺180元，应该是有点名气的画家。

我当时不知道朱芾甘何许人也，也不敢问近生先生。中国嘉德2000年11月5日的拍卖会上，“朱芾甘”神话般出现了，其“山村逸趣卷”拍出了16500元。画上有张大千题词，称赞“芾甘弟”画得好；还有章曰“朱棠字芾甘号勤荪”。上海工美2001

年春季拍卖会上，此画拍出2万元。北京瀚海2001年12月8日的拍卖会上，此画拍出28600元。我托朋友去上海朵云轩打听，答复是："朱芾甘，浙江人，字勤孙，大风堂（张大千号）弟子，工画。"可惜没有生卒年份，但可以肯定，近生先生就是朱芾甘。后来我又从网上查到，朱芾甘，字勤荪，张大千弟子，1941年在上海南京路的大新公司（即现在的第一百货公司）举办画展，中国美协会员，仍无生卒年份。令人费解的是，他为何要舍弃"朱芾甘"这个有影响的名字而采用"朱近生（实即他的字"勤荪"的谐音）"这个不见经传的名字？更令人费解的是，他既然开过画展卖过画，为何至今只有一幅"山村逸趣卷"反复出现在拍卖会上？还有他自己的后人保存的画（比如我临摹过的井冈山我的国画老师朱芾甘先生写生册页）呢？如果他的后人舍不得出卖他的画，至少应该告诉朵云轩或拍卖公司他的生平吧？

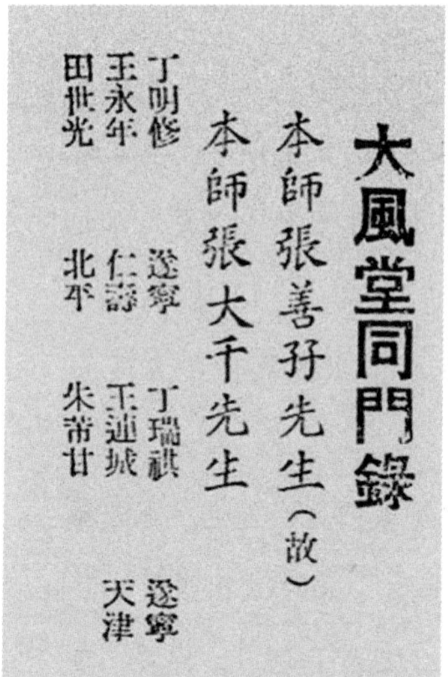

大風堂同門錄

本師張善孖先生（故）

本師張大千先生

丁明修 遂寧 丁瑞祺 遂寧

王永年 仁壽 王迪城 天津

田世光 北平 朱芾甘

图1 大风堂首批门录

我不知道他的两种职业（卖画与买办）孰先孰后，估计卖画在前（日据时期），买办在后（二战后美国卷土重来），也不知道他是靠哪个发财的。他1941年还住中只角，可见尚未买洋房，可能是1949年外国人大批撤退时买的廉价洋房。我当时以为他的洋房与家产都是画画挣的，从而更坚定了当画家的决心，暗地里希望将来也同他一样富有高雅舒适。

可惜就在我初中毕业的1961年，上海美术学院因毕业生分不出去而降格为大专，美院附中不招生。L先生在美术出版社供职，他的大儿子就是美院学生，因为分不出去而延长学制，补学实用美术，后来分在上海某剧团当美工。L先生可谓职业画家了，家里却非常拥挤寒酸。我曾见他全家以菜代饭，他大儿子不好意思地告诉我：他家人口多，月底把定粮吃光了。这使我怀疑画画能挣多少钱。

图2　朱芾甘作品：山水（民国时期，截屏于拍卖公告）

现在回想，近生先生同我非亲非故，凭空义务教我，本是一片好心。这样古道热肠的人现在已经绝迹了，我能受教于他也堪称奇迹。他没有儿子，想把我培养成他的传人。我未能进美院使他深感失望，认为我没有画画的前途，1962年底称病不再教我。就在绝我以闭门羹前，先生第一次带我外出，去南京西路上海美术馆参观，对展品略作评点后鼓励我道："侬胆子大一点，也可以画到这样的程度。”然后在小卖部买了几枝毛笔、几张宣纸送给我。下星期日早上我按老规矩打电话，先生也同意我去，不料按门铃后，师母告诉我“先生病了”，然后一动不动地站在门口直直地看着我——那时我已读了不少文学名著，开始观察人，在心中描绘人。我发现师母的眼睛又大又有神，虽然上了年纪，依然水灵灵的，皮肤又白又嫩，五官极为精致，年青时绝对是美人——我这才明白先生上次带我看画展送东西是“临别敬赠”的意思。我很惭愧辜负了近生先生的期望与心血，我至今不知他后人的下落，希望他们与我联系。如果他在“文革”前病逝，可谓有福之人，否则“文革”初的批斗与抄家不堪设想。1968年我见到他家花园变成水泥地，房子变成街道厂，想必“破四旧”时被扫地出门，他的写生册页、张大千画轴、二十四史与其他藏书藏画全部付之一炬。如今那房子被拆，原地矗起了高层公寓。

我学国画虽不成器，却也小出过风头。1958年毛泽东指示教育要与生产劳动相结合，我的初中同学每周都要去文士铅笔厂做半天工，我却被美术老师叫去画团扇，规定只画花卉，虽不能落款，也无报酬，却有一种“我是个画家了”的自豪感，同学们也视我为“小画家”。至于给壁报画题花与图案，元旦晚会画黑板，更是我从小学到大学的必修课。我甚至应任政先生要求画过一个山水扇面，但不好意思落款。“文革”中出大批判专栏，制作毛泽东语录墙，主要装饰是毛泽东像，其次是工农兵，可惜我从未学过人物画，只好临摹报刊图案。那时花卉只能画葵花向阳，山水只能画韶山日出。下乡与贫下中农“三同”时，有个贫农女儿正办嫁妆，其中有一只木盆。她见我在语录墙上画葵花，就要求我在她的木盆里画花。我趁机大展身手，先写个大红的双喜，然后画上许多牡丹、桃花、荷花、兰花、菊花之类，她高兴极了。领导我们的工宣队员见了，指示我“突出政治”、“革命化”。我答道：“这盆是洗澡用的，我怎么能在里面画毛主席像呢？”他哑口无言。

到美国后，有位学过美术、爱好中国文化的美国老太太买宣纸请我画四季屏条，粘在卧室的壁橱上，给我一百美元与一张照片（效果图）。那是我国画生涯的顶峰，因为是我唯一一次卖画。她还邀请我们去她家作客，她的床头竟然挂了一件在中国买的珍妃式的上衣，把妻子吓得魂不附体。我还买了些空白折扇，一面画山水花卉，一面写唐诗，作为礼品送美国朋友，颇受欢迎。妻子还拿去作为“多元文化教育课程”上介绍中国文化的道具。我的涂鸦竟能为中美文化交流略尽绵薄，却是近生先生料想不到的。

（选自徐明旭：《从珠穆朗玛到香榭丽舍》，《徐明旭散文集》，四川教育出版社 2010 年版）

朱苇甘先生生平：

拙文《我的国画老师朱苇甘先生》发表后，我一直盼望其后人与我联系，告知其生平。最近终于出现奇迹，有位（注：即本书作者）与其子女有交往的网友主动与我联系，告知朱先生的生平，现简述如下：

朱苇甘先生又名朱棠、朱勤荪、朱近生，籍贯：上海市，1911 年生，沪江大学商学院毕业，早年师从张大千学画，曾在上海卖画，1941年在上海南京路大新公司（即今日的一百）开过画展，中国美术家协会会员。先生的父亲朱节香1926年创办中孚绢纺厂，抗战初期为了防止日本人骚扰，在美国领事馆注册，改名为美商中孚公司。1948年朱芾甘先生子承父业，出任公司总经理，1954年公私合营后赋闲。“文革”前夕，先生中风，半身偏瘫。1966年“文革”爆发后的“红八月”里，先生受到红卫兵的残酷批斗与抄家，被扫地出门。先生与夫人及一个儿子愤而集体自杀。夫人幸被救活，先生不幸去世，享年55岁。

按：得知先生的生平，我大吃一惊。原来先生不是职业画家，而是企业家；不是美商买办，而是“民族资本家”。他的结局更令我震惊。我原以为他即使活到“文革”爆发，充其量不过是被批斗、抄家、扫地出门后悲愤病故，没想到他竟与妻儿集体自杀。这样一位善良而又才华横溢的人竟然如此悲惨地英年早逝。

章诒和在《往事并不如烟》里说“真正的贵族”精通传统文化，琴棋诗画样样能行，有钱却不把钱当一回事，乐于助人。还说她能结识“最后的贵族”是一种福气。朱芾甘先生就是这样一位“最后的贵族”，我能结识他并得到他的教诲，也是三生有幸。愿他的灵魂安息。

徐明旭　2013年10月17日

笔者补续：

经笔者与上海旅美学者、母校光明中学学长徐明旭先生联系，同意引用他已发表的上述文章。这也属无奈。截至目前，尚未找到接触过或者了解朱勤荪先生的知情人，史著中资料也罕见。即使好不容易找到他的小女婿，因是1966年以后才恋爱结婚的，对老丈人的认识也是空白。而唯朱勤荪的大儿子关心家史，略知情，前几年还去过长沙路旧址念旧。但他非常排斥外人了解他家先辈的逸事。

上述文中，笔者对个别有误处，按今考已作更正。2014年春，月村老居民告诉笔者，“文革”期间朱勤荪先生的夫人鲍老太搬出小月村后，被安置到月村，江苏路拓宽时，又由月村动迁至北新泾。老居民还说，鲍老太大概在2004年去世，享寿95岁左右。

“小月村”（宣化路1—11号）旧时为高级花园洋房住宅，目前已消失得无一丝痕迹。“小月村”遗址上，如今是2002年建成的2幢高层的“香樟公寓”。当年的“小月村”紧邻月村（江苏路480弄），据老居民讲，昔日“小月村”风貌与现存月村基本一样。名人汇居的月村建于1921年左右，砖木混合结构欧式假三层花园洋房，原共22幢，江苏路拓宽时，数幢被拆，现存的月村已被列为上海市第四批优秀历史建筑。

（2016年3月5日）

日军罪证新发现：“中孚绢丝”被毁实录

近年，笔者从尘封七十余载的档案中觅得一组从未被公开过的12幅老照片和战时损毁统计报表、损毁申报公函，这些珍贵的档案史料真实地记录了1937年日军在进攻上海闸北时的罪证！

这组史料主题很明确，反映的是，八十年前的1937年9月，上海民族绢丝第一家——位于闸北金陵路（今秣陵路）的“中孚绢丝厂股份有限公司”全厂建筑被日军炸成废墟的罪证！

据中孚绢丝厂业主朱礼耕（朱节香长子）于1946年12月14日填报的“战时直接遭受撕毁情形报告表”显示，自1937年9月4日起，中孚绢丝厂在民国“二十六年日寇进攻时被毁”，厂内全部建筑、设备及材料损毁“总值共计773 300.02”元。（图1）

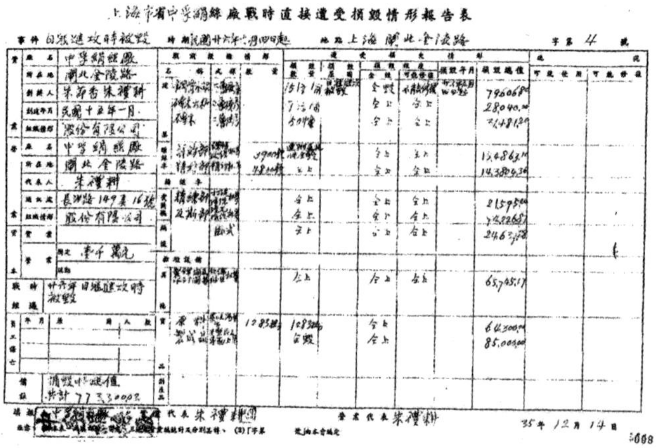
上海市省中孚绢丝厂战时直接遭受损毁情形报告表

图1　中孚绢丝厂战时直接遭受撕毁情形报告表

据《上海丝绸志》记载：

“1922年，浙江湖州南浔人朱勤记丝行业主朱节香，[1]在闻得废丝吐下脚出口，远不若加工成绢丝之获利丰厚信息后，千方百计购得一台绢丝精纺机和一些不配套的设备，高薪聘请日本技术人员在闸北金陵路（今秣陵路）创办中和绢丝厂。但因技术设施等不过关，经营不善，不到两年，亏损10万银两，只得被迫关闭。”

“1925年，朱节香心犹不甘，再次集资办绢纺厂，厂名为中孚绢丝厂股份有限公司，厂址仍设于闸北金陵路420号。为吸取上次创办失败的教训，聘用原丝行熟悉绢纺生产的王贵霖为厂长。为了掌握技术，朱节香本人甚至乔装成工人在上夜班时混入日商经营的公大三厂摸索技艺，之后很快在本厂纺出了210支绢丝，定商标为‘黄虎’、‘狮子’、‘钟虎’。1926年，正式获政府发文批准开业。同年，中孚厂已拥有绢纺锭1500枚，设有精练、制棉、前纺、精捻和整理5个生产工场，并在九江路219号303室设总办公机构，成为生产和管理齐全的股份有限公司。”

“1936年，经过10年惨淡经营，中孚绢丝厂的生产规模有较大的发展，绢纺精纺锭扩充至4800枚，并开始利用自纺落绵进行短纤维纺丝，规模为紬丝精纺锭420锭，纺制40支多福牌紬丝，工人有100余人，并在长沙路149弄16号设立发行所。”

由上海档案馆保存的原中孚绢丝厂厂区（即图2中A、B、C、D、E部）总布置图也证实，上海首家民族绢丝厂——中孚绢丝厂战前已到达相

[1] 朱节香实为上海人，参阅本书《扑朔迷离的上海民族绢丝大亨》一文。

当规模。

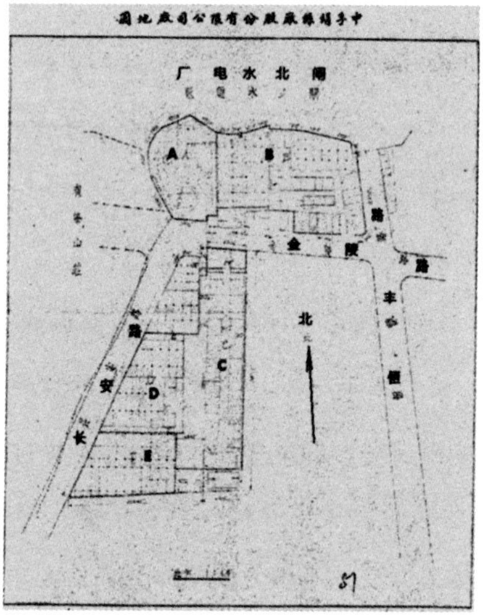

图 2　毁前中孚绢丝厂区总布置图

中孚绢丝厂 B 部建筑处于厂区东北面，北邻闸北水电厂旧址（1930 年闸北水电厂已整体搬迁至军工路），据业主朱礼耕所作的图注，该区域“建有二层楼房，三十余幢，全部被毁。又有砖木料厂房一百余方尽皆被毁”（图 5、图 6、图 7）。

1937 年“八·一三”淞沪抗战爆发，闸北华界地区又首当其冲，侵华日军再次发难于闸北，进行更残酷的毁灭性破坏。入侵日军在北站一带狂轰滥炸的同时，重点转向北西藏路（今西藏北路）、宋公园路以西地区。北站、麦根路车站、商务印书馆又多次被炸，成片的民房、工厂、商店被毁。1937 年 10 月 28 日，日机又在北站一带投掷夷烧弹，使闸北大火 3 日，从市中心北望，白天黑烟滚滚，入夜火光冲天。侵华日军还到处烧杀抢掠和强奸妇女，并集体屠杀平民。在“八·一三”淞沪抗战 3 个月中，入侵日军在闸北施虐 80 天之久。居民流离失所，无家可归者达数十万，大量人才和资金流入租界地区。创业十余载的中孚绢丝厂等工商企业几乎全遭毁损，被迫停产。

在《上海丝绸志》中，中孚绢丝厂遭受的损毁情况，仅有简单的文字叙述，考据力度不足，显而易见。而笔者新发现的“中孚绢丝厂战时直接遭受损毁情形报告表”和所附的十多幅老照片，则是中孚绢丝厂被日军炸毁的直接铁证，也是日军的侵华罪证。

中孚绢丝厂A部建筑处于厂区北面，北邻闸北水电厂旧址，据业主朱礼耕所作的图注，该区域“建有二层楼房，四幢玻璃花棚，一座原系经理住宅，全部被毁，一片瓦砾”(图4)。

中孚绢丝厂C部建筑处于厂区东南面，据业主朱礼耕所作的图注，该区域“建有砖木大料厂栈房一百余方，全部被毁。只存残余门墙。内部一片瓦砾。又有钢骨水泥五十余方，亦已被毁，略有余存”(图8、图9)。

D部建筑处于厂区中部，西邻长安路，据业主朱礼耕所作的图注，该区域“建有砖木大料厂房八十余方，全部被毁，荡然无存”(图10)。

E部建筑处于厂区西南部，西邻长安路，据业主朱礼耕所作的图注，该区域“建有钢骨水泥厂房一百余方，全部被毁，只存躯壳”(图11、图12)。

图3　摇摇欲坠的中孚绢丝厂围墙和厂门

图4　A部建筑一片瓦砾

图 5　B 部建筑全部被毁

图 6　B 部建筑全部被毁

图 7　B 部建筑全部被毁

图 8　C 部建筑只存残余门墙

图 9　C 部建筑只存残墙

图 10　D 部建筑荡然无存

图 11　E 部建筑只存躯壳

图 12　E 部建筑只存躯壳

值得一提的是，上述老照片（图 3—图 12）虽然没有标注拍摄时间，但从厂区被炸毁的照片看，炸后的惨状明显已被清理过，且从 1947 年 5 月 13 日中孚绢丝厂发给第三区缫丝工业同业公会的函件也可以知道（图 13），这些老照片系抗战胜利后补拍。所以，这些老照片系为申报中孚绢丝厂“战时直接遭受撕毁情况”特地补拍的，以作为 1946 年 12 月 14 日填报的“战时直接遭受损毁情形报告表”的损毁证据补充。

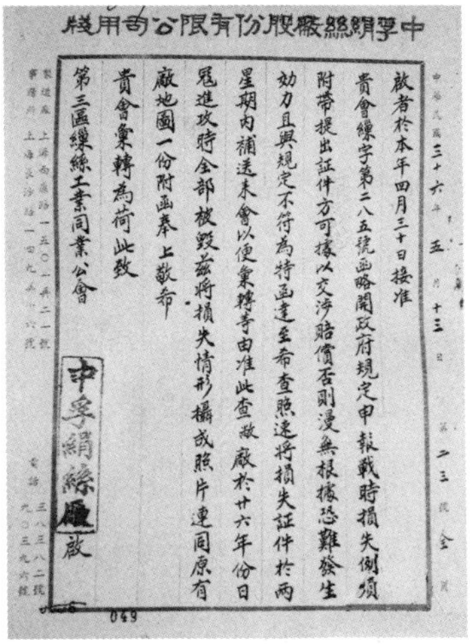

中孚絹絲織股份有限公司用箋

中華民國三十六年五月十三日

第二三號

啟者於本年四月三十日接准
貴會繰字第二八五號函略開政府規定申報戰時損失例須附帶提出証件方可據以交涉賠償否則漫無根據恐難發生效力且與規定不符為特函達至希查照速將損失証件於兩星期內補送來會以便彙轉等由准此查敝廠於廿六年份日冦進攻時全部被毀茲將損失情形攝成照片連同原有廠地圖一份附函奉上敬希
貴會彙轉為荷此致
第三區繅絲工業同業公會

中孚絹絲廠 啟

图 13　战时损毁申报公函

此外，从图 14 的“1948 年中孚绢丝厂遗址航拍图”上，明显看出金陵路以南，长安路以东区域，尽管被日军炸毁已逾十年，但中孚绢丝厂遗址等大幅地块仍然荒芜。也佐证了这些老照片约拍摄于 1947 年 5 月初。

1938 年 2 月，朱节香父子购买了位于公共租界的西康路 1501 弄 3 号原泰康饼干厂的旧厂房，进行翻修后复业，并在美国领事馆注册，挂上

图 14　1948 年中孚绢丝厂闸北遗址航拍图（来源：上海市测绘院）

“美商中孚公司”招牌，避免日本侵略军骚扰。复业后，朱节香父子又陆续增添 600 锭精纺机等设备，年产绢丝 50 吨，至 1941 年生产规模扩充至 5400 锭，产品销往印度、南洋，颇受欢迎。

1941 年 12 月 8 日，日军偷袭美国珍珠港，太平洋战争由此爆发，日本侵略军随即侵入上海各租界。1942 年 1 月 30 日，中孚公司初为日军接管，强迫停产，直延至 1943 年通过周旋，才得重新复业。

抗战胜利后，中孚绢丝厂再度振兴，盈利猛增。1948 年，该厂 99.7%股份都为朱氏家庭所有，外股仅占 0.30%，实际已成为朱家的独资企业。1948 年底，中孚绢丝厂占地 9 亩，职工 400 人，绢丝年产量达 52 吨。

建国初是上海私营绢纺厂中规模最大的厂。有绢丝精纺锭 6600 枚，䌷丝精纺锭 420 枚，工厂占地面积 6000 平方米，职工 400 余人，年产绢丝 52 吨。1950 年初，受“二・六”轰炸影响，因电力和原料一度断供而停产，4 月 10 日起，开始逐步恢复生产，并开始了苎麻纺纱。1951 年，将 1200 枚绢丝精纺锭售与庆济绢纺厂，工厂规模减为 5400 锭。1953 年，职工人数为 429 人，年产绢丝 49 吨，麻纱 225.8 吨。

1956 年初，中孚绢丝厂实行公私合营，经清产核资，确定资产净值为 180 万元。1958 年，中孚绢丝厂的精纺锭虽仍为 5400 枚，职工已增至 720 名，年产绢丝量达 231.8 吨，产值达 404 万元。

1960 年，根据国家宏观经济的需要，为支援内地工业建设，中孚绢丝厂奉令迁移。最初是准备全厂迁广州，因正逢广州水灾严重，无法安排。2 个月后，又调整迁移方案，将厂一分为三，除部分设备和人员迁往内蒙古扎兰屯和并入上海绢纺厂外，大部分设备及主要人员迁往江苏泗阳。

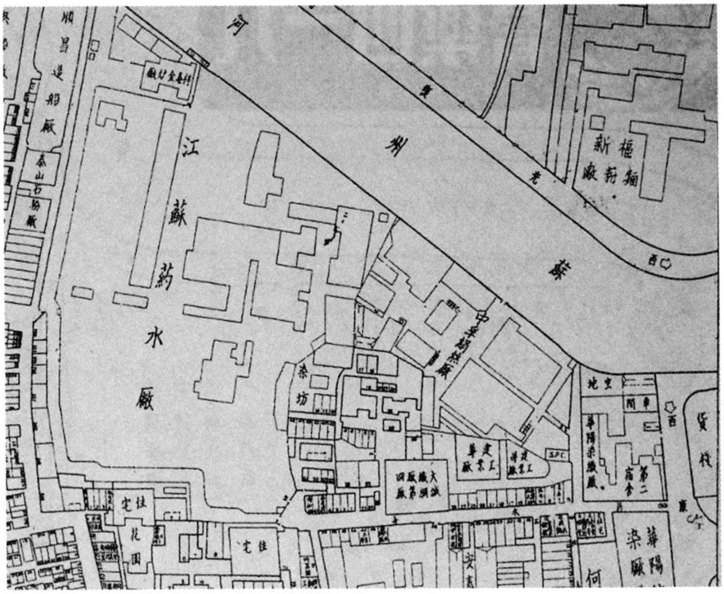

图 16 《老上海百业指南》上的“中孚绢丝”（1948 年）

如今，无论内蒙古扎兰屯绢纺厂还是上海绢纺厂，早已成为历史，惟在江苏的泗阳绢纺厂，2001 年 12 月由国有企业改制为民营企业，2011 年 10 月实施股份制改造，更名为江苏苏丝丝绸股份有限公司。公司现有员工 1500 人，占地面积 32 万平方米，固定资产 1.7 亿元；年生产“苏丝”“SPCC”牌丝绸家纺、服饰产品50万件（套），绢丝1200吨，绢丝绸280万米；年创产值3.5亿元，销售收入4.5亿元，利税2000万元，创汇2000万美元；公司系国家二级企业、中国丝绸家纺十大品牌企业，中国纺织服装企业500强、中国丝绸行业前10强、江苏省政府33家重点出口创汇企业、省纺织服装销售收入及利润50强、省服装（家纺）自主品牌30强企业，“SPCC”商标荣获中国驰名商标。多个丝绸产品荣获了国家丝绸创新金奖、中国高档丝绸产品证书。

朱家花园逸事

在本书《扑朔迷离的上海民族绢丝大亨》一文中，读者对朱节香的生平有了新的了解，笔者也感到上海民族绢丝大亨的逸事也无更多线索可以寻踪了。意外的是，2017 年 8 月 2 日，“苏丝股份”微信公众号传来“加拿大华人来苏丝寻根”的报道，这位老人冒着难耐的酷暑到江苏泗阳要寻访他曾祖父朱节香 1922 年在上海创办“中孚绢丝厂”的根脉。笔者关注寻踪“中孚”十余载，立即短信给“苏丝股份”在沪联系人张先生发去咨询，得知，他们出发去泗阳前，曾来电邀请笔者同行，多年来笔者也有愿望能去一下泗阳，去看一下“苏丝股份”的史料。可惜来电时，笔者没有接到，错失机会。在张先生的帮助下，使笔者与已回沪的朱节香的曾孙朱强先生取得联系。相互间通过微信，坦诚交流，相见恨晚，虽然朱先生在沪时间短暂，但双方都受益匪浅。根据朱先生提供的可靠线索和笔者进行的史实调查，有必要让读者了解对“上海民族绢丝大亨”被尘封半个世纪的史实：鲜为人知的人生另一面。

朱强先生在微信中告诉笔者：“他父亲生前亲口告诉他，浦东严桥有他们家的朱家花园，土改时被政府收去了。”

闻讯后，笔者即去上海图书馆查核，经查，还确实有史实佐证。

2014 年笔者曾发表过《史海钩沉思敬园》等文，介绍过朱节香于 1916 年在“思敬园”（朱氏家祠）内捐资创办思敬小学。当时，朱节香是族长，朱氏族人的私园——“思敬园”当然也由他主管了。

想不到，朱节香与长子办绢丝实业的同时，在浦东严桥购地建成有了他自己的“朱家花园”，而且，规模要比老城厢的朱氏家祠思敬园大10倍之多。

据《浦东老地名》(上海社会科学院出版社2007年版）一书中的《朱家花园的故事》一文（作者陈洪基）介绍：

“朱家花园位于严桥镇（现花木街道）新民村西南新民一队老杨高路东（现为杨高南路)，西临春塘河。占地40余亩，地块因园得名。清咸丰末至同治年间（1860—1870）朱氏家族朱勤俭（上海缫丝厂老板）从沪西法华迁来浦东，先从龚家买进土地30余亩，于20世纪30年代在此建造朱家花园。花园共占43亩，花园内修筑的住宅厅堂规模甚宏，还建有凉亭、荷花池、假山，并种植各种花卉、树木，临河建有铁栏杆、码头，供摇船游荡玩。”

“解放后，朱家花园回到劳动人民手中，1958年12月15日成立的五一人民公社敬老院，就建在朱家花园内。敬老院收住14位孤寡老人，在此颐养天年。

1959年6月1日，敬老院改名为严桥人民公社敬老院，并成为向外宾开放的单位之一。同年，中国版画家赖少其（后任安徽省美术家协会主席)、漫画家叶苗和苏联画家叶菲莫夫等4位中苏画家，还在敬老院墙上作壁画‘工人骑上千里马’，为严桥地区留下了一段佳话。”

随后，笔者又在《严桥镇志》(上海辞书出版社2008年版）中得到印证，所述比较简练："朱家花园位于严桥新民村西南角新民一队。清朝咸丰至同治年间（1860—1870），朱氏家族朱勤俭（上海缫丝厂老板）从沪西法华迁来。从龚家户买进30余亩地，种花卉树木，并建造花园，人称朱家花园。"

显而易见，二册书中都说"朱氏家族朱勤俭（上海缫丝厂老板）"，可能来自一个版本，且有误，恐是因老浦东口音所致。据朱强先生所述朱家往事，则此处"朱勤俭"当为"朱澄俭"，"上海缫丝厂老板"当为"中孚绢丝厂老板"才名副其实。此外，所谓"清朝咸丰至同治年间（1860—1870），朱氏家族朱勤俭（上海缫丝厂老板）从沪西法华迁来"也缺乏考据。有据的是，20世纪初，朱勤俭的老宅在老城厢阁老坊（今光启南路），距朱氏家祠东面数十米的东街，多为朱氏族人聚居地。

几经变迁，朱家花园早已没有了踪影，即使原来的敬老院也早没有了，据《严桥镇志》载：1994年，敬老院拆除，新民村朱家花园遗址在今由由新村（严镇路严民路一带）。

2017年9月14日夜深，笔者经再一次复核确认"新民村朱家花园遗址"后入寝。谁知，凌晨3点多突然醒来，脑海里冒出朱家花园遗址在严镇路严民路的由由新村，路名、村名为什么与上海滩其他地方用名规律不太一样，有些怪怪的。一思量，不免为"老浦东"们的智慧和创意叫绝！"由由"：祖祖辈辈的种田人"出人头地"，做上海城里人了。"严镇"：实指消逝的"严桥镇"也！"严民"：实指消逝的"严桥镇新民村"也！大家感觉到了吗？是多么浓浓的"乡愁"呀。虽是题外话，晨起，还是补遗于此，与读者共享。

有位迁居浦东御桥的老同学，也说，常听到他们那里的老浦东闲谈中，时有提及当年的朱家花园如何如何。昔日占地43亩的朱家花园，确实是离当地农民最近的大花园，可见历史影响有多大。

图 1 《朱家花园故事》插图

此外,《朱家花园的故事》一文中附有一幅图，是不是“朱家花园”园景？并没有说明，也没有注明时间和是哪位画家所作？或许是“意象”之作吧，也难免使读者有些遗憾。

荷花池：上海首家农民“游泳池”

据《新民晚报》1958 年 6 月 26 日以《上海新民农业社开展体育活动，修建第一所农民游泳池》为题报道：“上海第一所农民游泳池将于‘十一’开放。这所农民池在东郊严桥乡新民农业生产合作社里，原是一个荒废已久的荷花池。后来经过社员们的义务劳动，加以整理和改造，只花 20 多元钱，修成一个可以容纳 50 人同时游泳中型游泳池。”

7 月 26 日，又有后续报道：“游泳池在朱家花园前面的田野里，是一个二十公尺左右见方的池子，设备很简陋，更衣室是一个旧的凉棚，这个池子是地主的荷花池，年久失修，野草丛生。”“第一天开放时，有200多人游泳。十多里外的洋泾一带的人也赶来。”颇受广大农民，特别是小孩子们的欢迎。

显然，这个由“池塘”挖成的“土游泳池”，不言而喻，实乃“朱家花园”的荷花池也。

一个普普通通的泥“池塘”，哪经得起这么多泳客的“折腾”，也算是1958年的“奇葩产物”，不久，这所冠以“上海第一所农民游泳池”之称的“池塘游泳池”也销声匿迹了。

（2017年9月15日）

朱节香是“大地主”？

1950年底，上海郊区按中共中央统一步骤，开始土地改革工作，此时，浦东东郊的严桥乡地区的“朱半天”“朱半城”之名被报纸披露而传于华东地区。

“朱半天”是谁？“朱半城”又是谁？其实是同一个人。

据《浦东史志》记载：“杨思区严桥乡新民村（大队）1951年2月全面开展土改，在土改中被划为工商地主1户、地主5户、富农4户，共没收6户地主的土地417.24亩、房屋67间，其中朱家花园的地主朱纪祠拥有土地最多，被没收土地278.39亩、房屋7间。”

《浦东史志》大事记中还记载：

> “1951年　年初严桥地区土改工作开始。通过土改，全境征收、没收地主土地1229.55亩，分配土地1461亩，使无地、少地的贫雇农分到了土地，年底土改工作胜利完成。”
>
> “1979年　1月11日中共中央发出《关于地主、富农分子摘帽问题和地、富子女成分问题的决定》。境域内地主、富农、反革命分子、坏分子至1983年全部摘帽。”

据《浦东老地名》（上海社会科学院出版社2007年版）一书中的《朱家花园的故事》一文（作者陈洪基）介绍，朱家花园园主“朱氏家族朱勤俭（上海缫丝厂老板）祖上，用“意外之财”在“上海开厂，购置房产，到浦东购买土地，建造花园”。

据考，“故事”中的“上海缫丝厂”实为上海中孚绢丝厂，“故事”中的老板“朱勤俭”，疑是“音误”。中孚绢丝厂老板，实名朱澄俭，字辅勤，号节香。在实业界，他以号“朱节香”而著称，实名“朱澄俭”则鲜为人知。“故事”中的所谓“意外之财”，实乃杜撰，无考，甚至连他的曾孙朱强先生都认为：此说，不可信。有考的是，朱节香至少在1919年已购下闸北厂房地皮开始筹备开厂（详阅本书《扑朔迷离的上海民族绢丝大亨》一文）。

此外，作者陈洪基在文中还称：朱节香不但拥有43亩之大的朱家花园，还在“在严桥地区占有土地4300多亩（相当于严桥乡公社耕地面积的一半），雇工50余人，群众称他们‘朱半天’”。“朱家在上海开设丝织厂、织布厂，在大东门一带有3000多间房子，因此，又叫‘朱半城’。”

占有4300多亩土地的人，当然可以称得上江南的特大“大地主”了。此处“4300多亩”之数，值得商榷。

20世纪初，朱节香是上海“朱氏家祠”的族长（沛国社经理），自沙船巨商朱之淇（1694—1783，字泉左，号莱溪）、朱之灏（1705—1781，字苍严，号栖谷）兄弟发迹后，朱之淇晚年，1774年在西姚家弄48号建“朱氏家祠”（思敬园）以来，族人捐赠给散布于上海各处的“朱氏家祠”的祀田，从最初的240亩，到20世纪20年代末有确切记载的初步统计，“朱氏家祠”的祀田超过5000亩。这一数字，源自朱节香亲自编修的“朱氏家谱”，由笔者请朱强先生统计的结果，应是可信的。也就是说，实际上朱节香名下大量土地是“朱氏家祠”的祀田，这才是历史史实。至于“家祠”祀田在动乱的战争年代，被个人占有，则是另外需要讨论的问题。

因此，百年前，朱节香能在浦东严桥购置 43 亩田建“造家花园”，在闸北广肇山庄购进空地，为筹建上海首家民族绢纺业“中和绢丝厂”作准备，这都与他掌控的大量祀田不无关系。此外，这一史实，也否定了“江苏苏丝丝绸股份有限公司”官网上所谓“1923 年，浙江南浔‘朱勤记丝绸’掌柜朱节香 1923 年从浙江南浔”携带资金到上海来发展实业的“失实传言”。今日，我们有理由揣测，很可能与 1950 年左右进行的土地改革有关联，为能在运动中作为受保护的“工商地主”作铺垫。

关于朱节香在“大东门一带有 3000 多间房子”，也缺乏证据，史料载大东门东街一带，只是历代朱氏家族族人集聚地之一而已，认为房屋产权是朱节香的，也无考。

据《上海本邑绅商沙船主朱氏家族研究》（作者刘锦，时为华东师范大学人文社会科学学院历史学系硕士）一文介绍：“朱氏为沪上著名沙船家族，因子嗣兴旺，有‘东门第一家’之称。”又有评述：“沪城朱氏，望族也，世居东门，父老谓其清代成同以前自大东门城根至东西姚家弄一带为朱姓聚族而居之地。”“大东门城根至东西姚家弄一带”即为东临中华

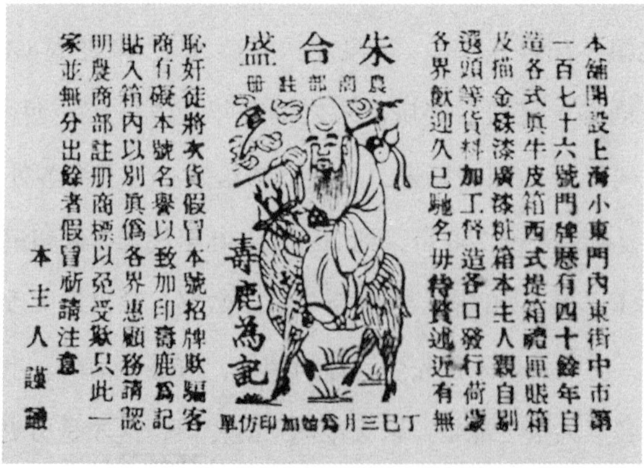

图 1　开设在东街的“朱合盛”皮箱行产品介绍

路，西临东街，南临大东门、复兴东路，北临东、西姚家弄（即朱氏家祠思敬园）。

据《上海沙船》（作者辛元欧，上海交通大学教授。上海书店出版社2004年版）一书介绍："乾嘉年间（注：乾隆、嘉庆，1795—1799年），上海沙船业的巨擘，有'朱王沈郁'四大家。朱家居首，'家资敌国'，人称'半边天'。"

据《浦东史志》统计："新民村1964年耕地面积为2120亩"，"新民村（大队）1951年2月""共没收6户地主的土地417.24亩"，"1951年年初严桥地区土改工作开始。通过土改，全境征收、没收地主土地1229.55亩"。因此，作者陈洪基认为朱节香"在严桥地区占有土地4300多亩"，似明显缺乏考究，仅是传闻而已。

据《新民报晚刊》1951年10月13日第4版"苏南地区土地改革展览会内容介绍"：

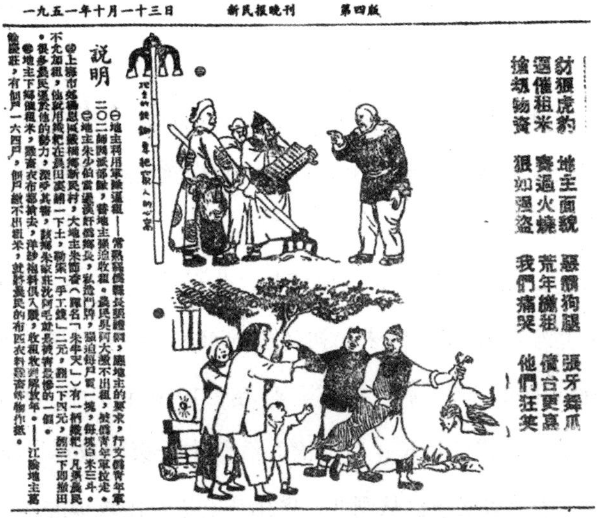

图2　苏南地区土地改革展览会展版之一："地主的铁耙专耙穷人的心窝"（注：即朱节香的铁耙）

上海市郊杨思区严桥乡新民村，大地主朱节香（译名“朱半天”）有一柄铁耙。凡是农民不允加租，他就用铁耙在农田里翻一下土，勒索‘手工钱’二元，翻二下四元，翻三下即撤田。很多农民逼于他的势力，深受其害，该乡朱家庄沈阿毛就是被害最惨的一个。

不难看出，上述《浦东史志》中《朱家花园的地主朱纪祠》《朱家花园的故事》二文中的朱家花园园主朱勤俭及《新民报晚刊》“土地改革展览会内容介绍”中的“大地主朱节香”，其实是指向同一人：即“朱节香”。

上述“地主朱纪祠”，目前缺考，并无其他文献、档案材料佐证。2017 年 8 月，朱强先生所作的统计，“朱氏家祠”民国初期时的祀田超过 5000 亩，“朱纪祠拥有土地”是否可以解读为“朱记家祠拥有的土地”呢?

据此，传闻甚广查无实据的“朱节香（浙江湖州南浔人）”在 1922 年从南浔携资到上海闸北创办上海首家民族绢丝实业“中和绢丝厂”，不过是以讹传讹而已!

综上所述，如今有据的是，民国初，朱氏家族最后一任族长、大地主朱节香（上海人），早在清末民初就购下浦东严桥乡新民村龚家的土地 30 余亩，建成朱家花园，后又扩充至 43 亩。1916 年 8 月，在老城厢捐资创办思敬小学，并亲任校长，后又潜心续修朱氏家谱数年。起码在 1919 年（或以前）朱节香父子已从闸北广肇山庄购进空闲坟地准备建厂，且在 1919 年底二层楼的办公楼兼宿舍已建好，并开始使用。此即为 1922 年开工的“中和绢丝厂”和1926年1月更名复办的“中孚绢丝厂。

因此，20世纪初辛亥革命虽然推翻了清王朝的统治，赶走了皇帝，结束了两千多年的封建帝制，但辛亥革命的最终结局却是中国农村未能产生大的社会变动。广大农村的氏族管理也同样如此，族内的“家祠”的大量祀田，仍然掌控在族长手中，使“族长”可以有相当多“资金”进行再生产，购买田亩，造大花园，到城里购地投资实业。

作者白希在《开国大土改》(中共党史出版社2009年版）一书中披露：“开国大土改前，有些人认为‘江南地主无剥削’、‘江南农村无恶霸’。以上事实说明，那些说法毫无根据。实际上苏南地主的封建剥削，比北方地主更加狡猾。旧中国的半殖民化，曾使苏南农村各阶级起了很大变化，不少地主将长期剥削所得，在宁、沪、杭沿线城市购买房产，兼营工商业，但不是说，他们不进行封建剥削了。只要还能够在农民身上剥削，哪怕仅仅是一点点，他们也不会轻易放弃的。”

1950年6月30日，中央人民政府根据全国解放后的新情况，颁布了《中华人民共和国土地改革法》，彻底摧毁了我国存在的两千多年的封建土地制度，没收地主的土地后，地主阶级也随之被消灭。

那么，1951年土改时，朱节香，究竟是工商大地主呢？还是大地主兼工商业主？

众所周知，前者是有政策性保护他们的，对后者则是以大地主被论处的！这方面的史著，近年已有不少出版，有兴趣者可以一阅。1951年左右，中孚绢丝厂股份有限公司的股份，集中在朱家手中，因朱礼耕已于1947年病逝，股份基本上已由朱礼耕的七个儿子分持，主持公司工作的则是朱礼耕的长子朱勤荪，年事已高的祖父朱节香仅是挂名而已。据《严桥镇志》，在土改中，朱节香被没收土地多达278.39亩，这在上海近郊农村的“大地主”中也是不太多的，恐怕已难以认定为“工商地主”，而是被定为斗争对象的“大地主”，也是不言而喻的。显然，土改时被上海媒体屡次点名的“大地主朱节香”，恐怕难逃噩运。

当新世纪开始，各行各业重视修史时，50年代初期的镇压反革命档案、土改时斗争地主的档案资料，至今并没有作为开放档案，是有严格限制的，一般人士难以借阅。半个世纪以后，摇身一变，朱节香的大地主身份不见了，反而被一些企业冠为企业“创始人”“民族大资本家”等耀眼“光环”，就不足为奇了！

正如本书《扑朔迷离的上海民族绢丝大亨》一文所述史实，一些行业主管部门或者企业，对一个企业百年前的“创始人”连最起码的生卒、生平、籍贯、实名（或字、或号）都没有考证清楚，甚至连直系后裔情况都没有调查清楚，搞出来的“上海丝绸史”“企业史”必然“水份”太大，与史实相距太远，企业博览馆展出“历史”图片、“创始人”头像也涉嫌“偷梁换柱”、弄虚作假。笔者曾登门拜访上海丝绸公司、普陀区档案馆等部门，似乎爱莫能助，频频被婉拒。多年来，作为上海中孚绢丝厂唯一传承单位——江苏苏丝集团领导更是令人不解，对笔者主动义务自费为他们进行寻踪调查史实，竟然是“与己无关”的态度。

据笔者掌握的各项史料，相互引证，经综合分析，中孚绢丝厂创办人应是朱节香、朱礼耕父子携手共同创业，且公司业务以朱礼耕为主，社会交际则以朱节香为主。创业的资金则主要源自朱节香掌控的5000多亩朱氏家祠的祀田。而20世纪二三十年代以来，社会动乱，战争频频，一定程度上“朱氏家祠”并无有效管束“族长”的机制，“族长”沦陷为“大地主”也是必然的。

2010年以来，将“朱节香”树为中孚绢丝厂的创始人，而共同创业的儿子朱礼耕鲜有提及，在缺乏史料又不核实的情况下，有关单位却极不尊重历史史实，反而广泛宣传，听不得不同意见，只能说是遗憾。

笔者通过浦东新区档案馆微信公众号，多次咨询查阅严桥乡土地改革档案资料事项，均没有得到有益的答复，2017 年 10 月中旬，又赶到浦东新区档案馆服务窗口查询，得知，他们只有 1951 年土改农民分得土地时的“土地证”存根，而“朱节香”等朱姓族人在严桥乡新民村“土地证”存根中并没有“朱姓”的农民。11 月 5 日，笔者赶到浦东新区档案馆川沙分馆，也得到引证，严桥乡新民村“土地证”存根名册中，村民中竟无一家是朱姓。更遗憾的是川沙分馆也没有其他川沙县土改时期的档案材料，甚至没有当地地主的具体情况材料。名曰有 1523 卷的“川沙县人民政府土地改革委员会”全宗，却只有 462 卷（第 1 目录号）川沙县“人口、土地、房屋申请登记表”和 586 卷（第 2 目录号）的川沙县“土地、房屋所有证存根”，存根也仅供权益人或者其后裔查阅。

被没收土地的大地主材料那里去了？甚至连当时被报道过的典型“恶霸”地主材料，无论在市档案馆还是区档案馆都无踪影。

除 1951 年 10 月 13 日，《新民报晚刊》转载了苏南地区土地改革展览会的“地主的铁耙专耙穷人的心窝”四则恶霸地主典型配图案例外，1951 年 5 月 1 日出版的《文艺新地》杂志（1951 年第 1 卷第 4 期，月刊）上，刊登了作者李兰写的题为《参观严桥乡联合斗争大会》的报道，这次由上午 9 点开到下午 5 点的斗争地主的大会上，严桥乡有 3 个大地主被拉上台斗争。他们是有严桥乡地产大王之称的六十来岁老地主严庄甫，有父亲是日伪时期任伪保长的高年大（又名高秋圃）和日伪时期任伪区长伪合作社社长的汉奸盛璞声。令人意外的是，这场斗争大会上，八旬的朱节香并没有被拉上台，可能事出有因，或已离世。

往事不堪回首，知情的朱勤荪大儿子不愿意向外人披露尘封的历史，也是可以理解的。

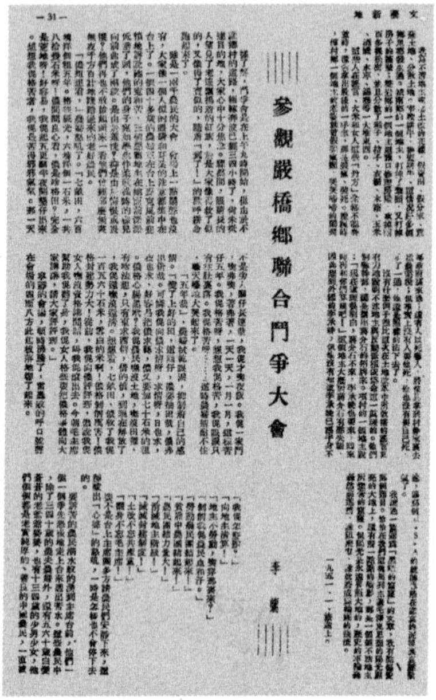
— 31 —

文藝新地

參觀嚴橋鄉聯合鬥爭大會

图 3 《参观严桥乡联合斗争大会》(《文艺新地》1951 年第 1 卷第 4 期)

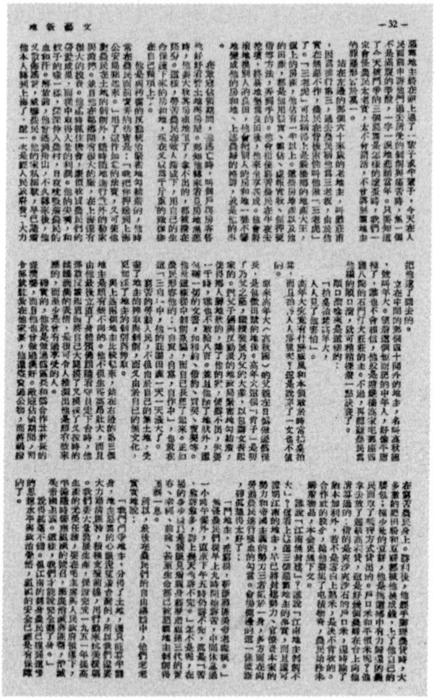
文藝新地

— 32 —

图 4 《参观严桥乡联合斗争大会》(《文艺新地》1951 年第 1 卷第 4 期)

新衙巷：上海“第一街”

新衙巷的历史文化底蕴和路名沿革，真有几笔可以值得回味的。

170年前的1844年2月至1849年7月21日，长达五年半间，“新衙巷”曾经是申城英国领事馆最初的馆址所在。有史为证，1843年的11月14日，申城首个外国领事机构——英国驻上海领事馆在老城厢东门到西门当中靠近城墙的姚氏的房子开馆，三天后，即11月17日上海正式开埠通商。三个月之后的1844年2月，英国领事馆搬到老城厢东西大街新衙巷顾氏住宅“敦春堂”。五年半之后，1849年7月21日，英国领事馆在外滩自建的新馆启用。一般文史资料上，就将顾氏住宅“敦春堂”作为英国上海领事馆首个馆址，“敦春堂”也是申城最早的外国领事馆馆址。而新衙巷这条东西向大街，早在此前数百年，就是老城厢名列榜首的大街却鲜为人知。

最早的“老城厢第一街”

当今，若谈起上海滩的南京路，人们不免与它的美誉“上海第一街”“中华第一街”相联系。外地人说，没到过南京路，就是没有到过上海。外国人说，没到过南京路等于没到过中国。这里汇集了数百家现代化商厦、中华老字号商店及名特产品商店，这里是我国最大的零售商品集散地和商业信息总汇，每天流向南京路的人流达到上百万人次。但鲜为人知的是，南京路并不是最早被记载的“上海第一街”，它仅仅是“后起之秀”而已。

其实，老城厢的“新衙巷”才是最早的“上海第一街”，这是笔者在寻踪“申城首个外国领事馆遗址究竟在何处?”时，在明《弘治上海志》中得到的收获。这段历史恐怕连申城的文史专家也没注意到，有的论著中还出现“败笔”，甚至以讹传讹——将“新衙巷”误成“新弄”。

《弘治上海志》是生平以修志为己任的明代学者唐锦，于弘治十七年（1504）修成，八卷，是现存最早的上海县志。该志久佚，在1932年秋，上海成立通志馆，馆长柳亚子尽力搜求，终于在中国现存最早的私家藏书楼，也是亚洲现有最古老的图书馆——宁波天一阁发现县志孤本，1940年由中华书局影印出版，幸以得传。

510年前的这本现存最早的上海县志的“卷之二 镇市坊巷”中，记载了老城厢的五条街巷：“新衙巷在县南，新路巷在县西南，薛巷在县西，康衢巷在县南，梅家巷在县东南。”

史料记载，上海立县始自元朝1292年，至今已722年。最初的县衙以上海镇升充。古上海镇衙在今小东门外咸瓜街老太平弄处。立县第八年后，县衙向西迁移约500米，在今光启路北段、学院路中段设立县治新署。与新署左右相邻的有粮厅、水利厅、捕厅等，新署对面则是牙厘局、申明亭等县治机构，于是新县署门前的东西向的大街就称为“新衙巷”，新衙巷也就理所当然地成为古老的五街之首。（详见图1）

上海这座大城市，建县仅722年，却与其他古老城市迥异。据记载，上海老城厢至1292年，只筑了上述五条街巷。

从上海建镇史来看，南宋末年咸淳年间（1267年前后），上海建镇，镇上以市舶司署（即后来的县署，位于今光启路北段）为基点，市容逐渐

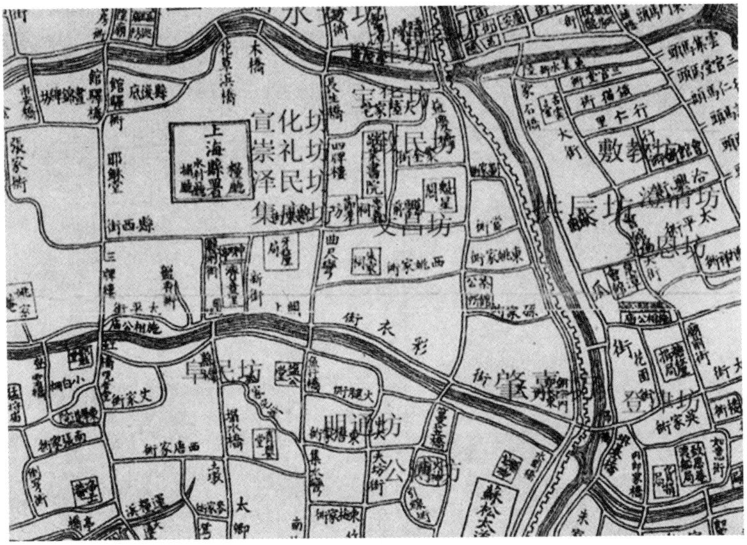

图 1　1884 年的老城厢

繁华起来。上海镇位于吴淞江支流上海浦的边上，它襟海带江，舟车辏集，坊表矗立，桥亭错落，官署、儒塾、佛宫、贾肆，鳞次而栉比，是华亭县东北的优良港口，面积 2.04 平方公里，人口不足 1000。镇上就是“新衙巷”等五条主要街道。它们都集中在今上海市区中华路以西、以北，河南南路以东和方浜路以南的范围内。此后 270 余年，未筑城墙。

嘉靖三年（1524）知县郑洛书监修《嘉靖上海县志》记载的上海老城厢十条“街巷”中，除上述《弘治上海志》中的新衙巷、康衢巷、新路巷、薛巷（今薛弄）、梅家巷外，又增加了五条，即观澜亭巷、宋家弯（湾）、马园弄、姚家弄和卜家弄。新衙巷在《嘉靖上海县志》中依然是街巷之首（图 2）。

正如，上海市地方志办公室主编的《上海名街志》一书前言所称：“这种格局延续至明末清初，上海县城一直是一个仅有 10 多条小街巷的‘蕞尔小邑’，人称‘小苏州’。”因官宦望族热衷于兴建坊表，民间多有小

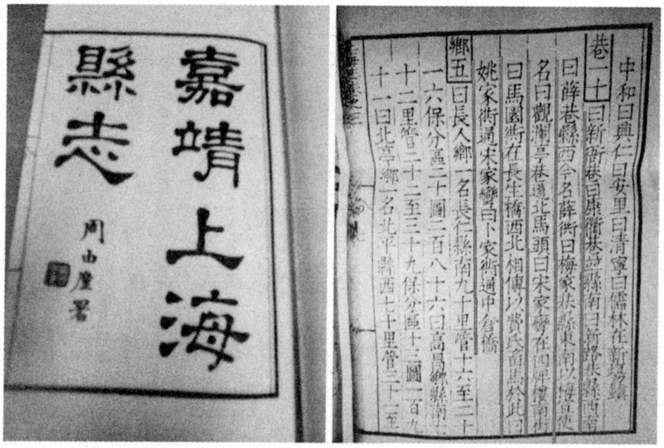

图 2 《嘉靖上海县志》记载的十条“街巷”

船水路畅通可以通行，官民都不急需辟路。迨清代康熙年老城厢街巷共13 条，乾隆嘉庆时，上海商业旺盛，街道则增至 64 条。鸦片战争前夕，增为百余条。大都为宽不足 2 米的狭街小巷，惟有行人、轿舆通行。

可见，最早的“上海第一街”之誉，当属新衙巷应是有据可依。

“新衙巷”是“新弄”?

“新衙巷”有人说就是今日老城厢学院路上的“新弄（街）”，这一结论最早出于上海文史专家、上海历史博物馆薛理勇研究员（今已退休）在1996 年出版的著作《闲话上海》一书中。薛先生在该书《宋代上海镇和元代上海县之中心考》一文中对“新衙巷”诠释如下：

上海在南宋末设镇，元至元二十七年（1292）升格为上海县。宋元之间上海镇（县）的确切位置在哪里，后人亦未详考。唯明弘治《上海县志》记载，明代上海有路名可称的有：新衙巷、康衢巷、新路巷、薛巷、梅家弄[1]。这五条道路所处方位、起讫，清同治《上海县志》均有记录和补正，抄录如下：

新衙巷。《郑志》在县南，《颜志》衙作街，前《志》云今县东西大街。

按：衙即县衙。元至元二十七年上海由镇升为县，不日即完成新县衙，县衙在今学院路（光启路与四牌楼路之间）。据此：新衙路[2]即今“新弄”。

薛先生在2002年出版的《外滩的历史和建筑》一书中又引用了上述“新衙巷”即今“新弄（街）”的结论。

薛先生在上海史学界有一定的名气，读者或著者直接引用薛先生的考证成果也就习以为常。如黄祥辉在《上海集邮》（2011年第1期）发表的《探寻各国在沪邮局旧址》，张建华在《上海档案信息网》上发表的“从上海镇到南市区”以及上海历史博物馆网站的原“上海新旧路名对照系统”[3]等，都将“新衙巷”作为今“新弄（街）”的旧称。

薛先生的“考据”看似很充分，但经笔者仔细查核，认真解读，发现“新衙巷”即今“新街（弄）”与史实完全相违。

嘉庆《松江府志》（嘉庆二十二年刊本，1817年）的记载给了我们答复。府志“新街巷”下注：“旧邑志云在县南，今按其地应是东西大街。”

《同治上海县志》（同治十一年刊本，1872年）“新街巷”下注：“《郑志》在县南，《颜志》衙作街，前志云今县东西大街。”“康衢巷”下注：

[1] 《弘治上海志》，“梅家弄”作“梅家巷”。

[2] “新衙路”似笔误，应为“新衙巷”。

[3] 经多次催促，2014年春，该系统网页已取消。

“前志云应是县南大街延及城外犹。”

由此可知，旧邑志中所谓“在县南”只是泛指县衙之南，“今按其地”才是明确的所在地“位置”。据此，“新街巷”是东西大街，系原“新衙巷”改称“新街巷”，即《颜志》中的“衙”作“街”的原因。

嘉庆年间（1796—1820）的上海县城图上，后人用红印章特地加盖的街巷就是1524年修的《嘉靖上海县志》上的十大街巷。其中县衙门前就是东西方向的“新衙街”。图中也标注了“新衖”（注：衖，“弄”的异体字），它是南北向的小弄。也就是说在同一张地图上，“新衙街”与“新衖”，不但路名不同，而且路的方向也不同。

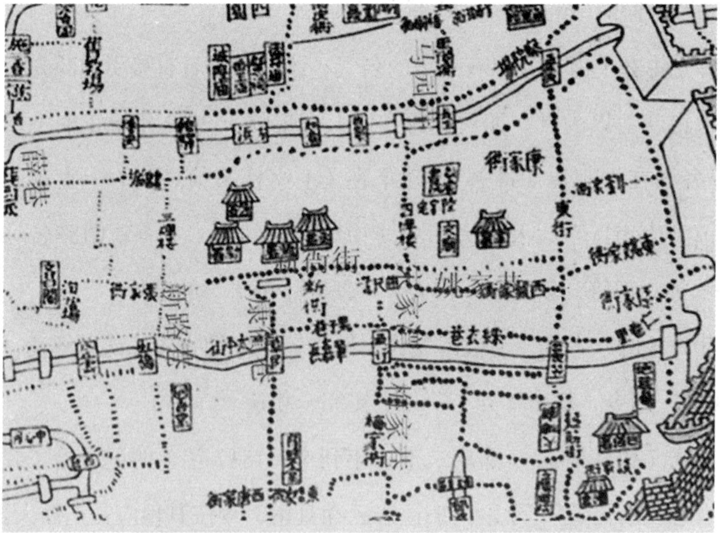

图3　嘉庆年间（1796—1820）老城厢（局部）

这在1934年柳亚子先生主编的《上海市通志馆期刊》也有印证：“英领巴尔福随即在城里东西大街新衙巷（Se Yaon Road）上租得顾姓（译音）共有52间屋的大房子，作为住宅和公署。”该文译自1921年G.LANNING-S. COULING先生所著 *THE HISTORY OF SHANGHAI*（《上海史》）一书的“the

Tun Chun Tang dwelling house of Koo in the Se Yaou Kea street”。

笔者认为，《上海市通志馆期刊》中翻译成“东西大街新衙巷”，还是可以的，但音译为“新衙街”或“新衙前街”更好。因为“新衙街”与“新衙前街”都是今学院路的旧称。此外，“street”的词意是除街、街道、马路外，尚有“纬路”（东西向）之意。这与“新衙前街”是东西走向的道路也相吻合。一些作者常将“Se Yaou Kea street”译成“西姚家弄”，得到广泛流传，并为上海地方志所用，这是值得商榷的。

那时有没有 Se Yaou Kea street——东西走向的“新衙前”街呢？

据《上海地名志》（上海社会科学院出版社 2004 年版）“市区旧今路名对照表”介绍，“新衙巷”“新衙前”街都是东西向学院路最初的旧称——顾名思义，是上海新县署前的大街。

笔者在 50 年代初，就在学院路附近的西姚家弄小学上学，基本上到过全班同学的家，比较熟悉附近的大小街巷，除复兴东路、方浜中路是 20 世纪初填埋河浜而成为比较宽的马路外，学院路无疑是附近最宽的马路。半个世纪后的今天，沿街两侧不少老房子依旧，路宽仍然没有变化。

图 4　昔日新衙巷，今日学院路

毋庸讳言，“新衙巷”就是今日学院路最初的旧称，也是地方志上有记载的老城厢最古老的街巷。

学院路约有十个旧名称

史学草根认为“学院路”还是申城拥有路名旧称最多的马路，可能会令老上海们都吃惊。因为从来没人谈起过，即使在专家论著、报刊、当代媒体上也从来没提到过。

同治十年（1871）《同治上海县志》附图“上海县图”中显示，四牌楼路东有聚奎街，这里是古代儒学、县学所在地。此处有敬业书院，院旁有旧学宫魁星阁（文庙）等，这也是今日学院路路名的由来。（参见本书《申城首个外国领事馆遗址究竟在何处？》图 6）

大凡上海的老马路都有旧称，如南京东路（中山东一路外滩—西藏中路）东起始段系清道光二十六年（1846）初筑，初名派克弄（Park lane），又叫花园弄（Garden lane），后西向延筑。清同治元年（1862）改称南京路，1945 年定现名。淮海中路曾称霞飞路，衡山路曾称贝当路，华山路曾称海格路等。基本上上海一条老马路的旧称就 1—2 个，若有 3—4 个的就不多了，超过 5 个的就罕见了。

《上海地名志》对学院路的沿革作了如下介绍：“学院路（Xueyuan Lu） 在南市区中部偏东。东起东街，西至三牌楼路。长 469 米，宽 8.7—11.4 米。因在原上海县署南，西段曾称县西街、院西街，中段曾称县东街、院东街，东段曾称老学前街。曾名县前横街。后以原敬业书院改名学院路。沿路为住宅。”

显然，上述《上海地名志》中学院路的这些旧称还不是全部。笔者综合《上海地名志》和其他史料、老地图，经初步梳理、统计，今日学院路的旧称有：最初的路名是新衙巷，后相继改称新街巷、新衙街、新衙前、县前街，西段曾称县西街、院西街，中段曾称县东街、院东街，东段曾称老学前街、旧学前街。笔者查找到的资料有限，相继改称的路名先后顺序和时间，还需要史志专家们一起来核实或补充。

在上海722年的城市道路发展史上，古老的学院路短短不足500米，居然拥有10个左右的旧称，学院路名副其实是拥有旧路名最多的马路，可谓创造了马路改名的“吉尼斯”纪录。

（原载《上海滩》2014年第8期）

五福弄有“福”

南京东路步行街上有个老弄堂叫五福弄，有时还会在报纸上露一下，百度里也能搜索到。而地处老城厢的学院路也有个弄堂叫“五福弄”，知道的人就很少很少了，即使老上海也未必知道。能晓得五福弄名称来历的人，可能就更加“凤毛麟角”了。即使像笔者这样，五六十年前就在附近的西姚家弄小学读书，有好几个同学的家就在学院路上，那时，也没注意到这条弄堂。最近，笔者在查阅百年前的一些上海老地图时，才知道老城厢的五福弄要比南京东路步行街上的五福弄的“资历”要老得多。

在 1932 年出版的老城厢地图上，笔者特地用粗线标出的就是现在学院路和五福弄。地图上的“老学前街”，就是现在学院路的东段，中间是县东街，西面是县西街。

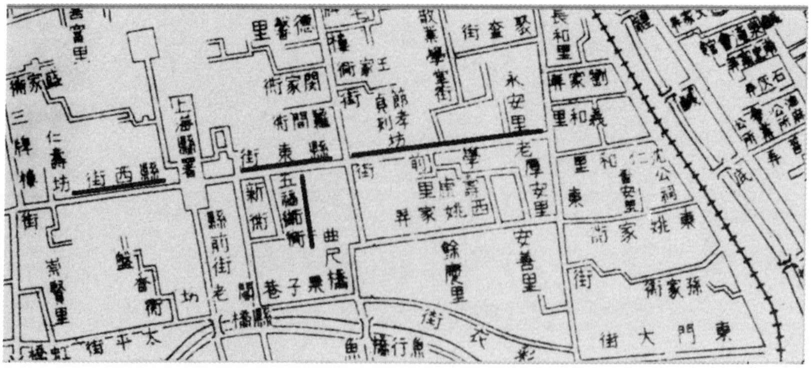

图 1　1932 年出版的老城厢地图（局部）

实际上，这个五福弄如今就是学院路上 134 弄，离四牌楼路就几步路。

在老城厢故地寻踪中，笔者遇到一些年纪比较大老人，总欢喜问一声：“你老很早以前就住在这里吗?”就是要向他们打听一些附近的老建筑的来龙去脉。

真是无巧不成书，2013年元旦，真是“开门大吉”，遇到住在五福弄的夏老先生。他出生于1934年，问到五福弄的历史来源，老土地的他真是如数家珍：“五福弄不是五个什么福，而是五个老板一道出钞票造的这条弄堂。”五个老板的姓，他还记得清清楚楚，张、李、王、陈、秦。

图2　蛮有福气的夏老先生

原来如此，五福弄，五个老板共同有“福”的弄堂。想想也蛮有意思的事。

五福弄有“福”，就要讲到1937年11月7日，日本空军在南市上空的大轰炸了。这位夏老先生，当时不过3岁多点，就亲眼看到有颗炸弹在五福弄东南角凌空炸下，向西的新弄一带燃起熊熊大火，好端端百年以上的民居成为废墟一片。11月15日，《申报》在《南市焚烧浩劫》的报道中也记载下：周围“亦遭焚烬”。只有五福弄北段至学院路的房子，命大有福相，幸存至今。

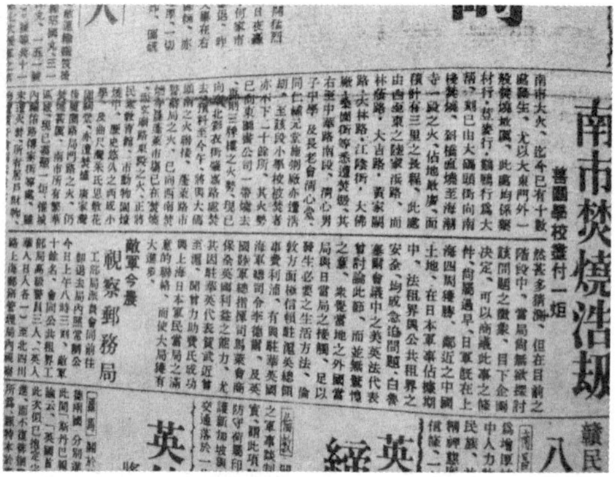

南市焚燒浩劫

普園學校盡付一炬

視察郵務局

圖3　1937年11月15日的《申报》

而出生在五福弄这位小朋友，同样命大福气大，日军的炸弹没有炸到他，在废墟中幸存，到现在已经80多岁了，身体也还健康，刻骨铭心的事情记得非常清楚。他说：过去家里非常的穷，很小的时候就从思敬小学（西姚家弄小学前身）辍学学生意，全凭1949年以后刻苦读补习班，让他有了文化，做了工厂干部。令他自豪的是，1982年《新民晚报》复刊时，他已经58岁，还被推荐到晚报帮忙，帮大名鼎鼎的“林放”先生（即赵超构先生）整理了5年资料呢！要不是他亲口说出来，真让人难以相信，在这条小弄堂的过街楼下的“简房”里，还有个很健谈的“林放”先生的老同事。

真是蛮有“福相”的五福弄，蛮有“福气”的夏老先生！

新年伊始，祝福夏老先生，健康长寿！

（原题《蛮有福相个五福弄》，载《新民晚报》2013年2月6日“上海闲话”版。原文用方言撰写，今结集用普通话改写于2018年3月）

亦谈老城厢遗存

2018年1月中旬，各大媒体纷纷报道或转载老城厢光启南路道路拓宽改造工程中，在光启南路216号处发现两根百年以上的牌坊“大石柱”的新闻，究竟是哪座牌坊的遗存还是“栅栏”石柱，专家、民间众说纷纭，一时成为热点话题。

但是对于居住在附近知情的年迈老人们来说，这二个“大石柱”并非什么“新闻”，自他们小时记事起，就一直存在着，在它周围玩耍，他们是“熟视无睹”了。2月7日上午，笔者特地去拜访了住在学院路、熟识多年的原思敬小学夏学长，年已84岁的他就是本书《五福弄有“福”》一文的主人翁。他是上海机床研究所退休的老党员，谈及上月媒体纷纷报道的光启南路“大石柱”，他说，小时候就看到了，30年代，那里还比较荒住户少（1884年老地图上标注，靠今光启南路西唐家弄路口西南角还是个大“土墩”），小时候专门去那捉蟋蟀，晚上没有手电筒不好捉，就在蟋蟀叫声处先做好记号，待第2天白天到有记号的地方翻寻蟋蟀，至今记忆犹新。随后，笔者在上海图书馆查找到1948年3月9日《新民报晚刊》有一篇《上海点滴》的文章：“阜民路一带，庙宇特多，估计约有六七座，古色古香，惟门庭冷落，不及城隍庙万一，真所谓清静‘无为’之地。”该文印证了夏学长的童时回忆与史实相符。

据1月15日《新民晚报》报道：上海地方史专家薛理勇到现场勘查后，对晚报记者陈浩说：“据我的初步推断，这是徐光启‘阁老坊’或明沈瑜‘太卿坊’的遗物。”“据说，阁老坊在建设光启路时拆除了，现在看来并非一定如此。”陈浩还在报道中写道：“据薛理勇考证，阁老坊的位置在‘县桥’的南堍[1]，离开艾家衖不远的地方。”而“黄浦区文物保护管理所负责人王女士向记者表示，根据专家的现场勘查，两根古牌坊石柱的身份，主要聚焦在3个可能性，但或多或少遇到了‘瓶颈’。其一徐光启‘阁老坊’，其历史位置或许在更南一点的地方；其二‘太卿坊’，但县志记载‘已废’；其三为‘阜民坊’，根据历史记载，应位于复兴东路北侧，已排除”。

史实真的如薛理勇研究员所说：阁老坊的位置在“县桥”的南堍吗？为安全和拓宽道而需要拆除阁老坊时会留下“大石柱”至今吗？经笔者一个多月的忙碌，以史实为依据，最终结果，却令人意外。

蛮有历史的光启南路

让我们先了解一下今日的光启南路，该路位于老城厢中部，北起复兴东路，中间经赵家宅弄、西唐家弄、乔家栅、凝和路、乔家路、俞家弄、黄家路，南至大南门中华路。光启南路长800米，宽4.0米至13.5米，车行道宽3.3米至7.0米。

光启南路蛮有历史的，它是700多年前是上海县城老城厢的中轴线，类似北京前门大街，其往北过肇嘉浜（今复兴东路）是旧制上海县衙，其往南是县城跨龙门（大南门）通陆家浜和老上海南站。

在现存最早的上海县志明《弘治上海志》（弘治十七年修，1504年）

[1] 意指复兴东路南面。

上记载的五条古老街巷有：新衙巷在县南，康衢巷在县南，县西南有新路巷，县西有薛巷，东南有梅家巷。其中，康衢巷就是光启南路最早的曾用路名。现在光启南路的南段曾名大南门大街。清代同治年间，现复兴东路（原肇家浜）光启南路口有座阜民桥（据嘉庆《松江府志》该桥下注：俗称县桥），故光启南路曾名阜民路。其中段，明清两代又曾名太卿坊街；光启南路北段又曾名县桥南街。1980年因与富民路同音且北接光启路，故改今名。在光绪十年上海城厢全图上（图1），为我们披露了1884年前的光启南路三段路当时的组成情况。从县桥向南，依次有3个路段：县桥南街止于塌水桥（今阛水桥）、太卿坊街止于广济桥（据嘉庆《松江府志》该桥下注：俗名陈箍桶桥、陈顾同桥。一般地图上标注为陈箍桶桥）、南门大街（1917年县志图上标注为大南门大街），南端止于跨龙门（今中华路大南门）。

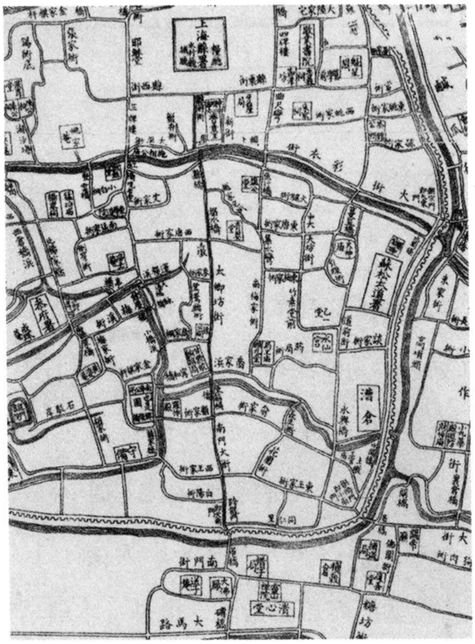

图1　光绪十年（1884）上海城厢全图上的光启南路

此外，清《同治上海县志》(同治十年，1871）也佐证了今光启南路自县桥至大南门的路段组成与上述介绍也是一致的。

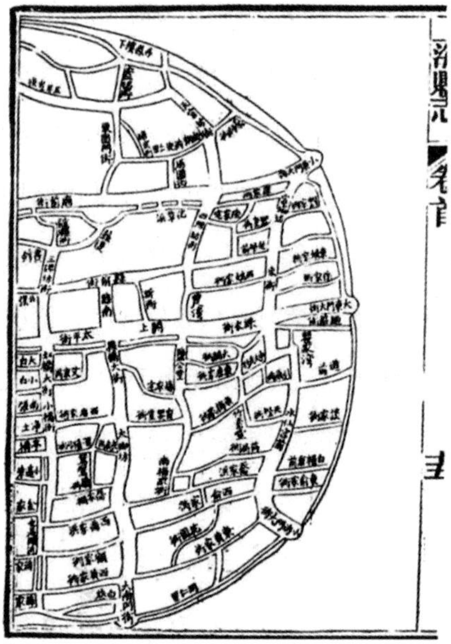

图 2 《同治上海县志》上的光启南路

“阁老坊”遗址今安在?

徐光启（1562.4.24—1633.11.8)，官至明朝文渊大学士，人称“徐阁老”。崇祯十四年（1641）为纪念徐光启，上海县的官吏士绅奉旨在县衙南的县基路（即县桥北，今光启路复兴东路口）上造了一座“阁老坊”石坊，坊名为董其昌所书，上海县志一般将“阁老坊”简单注释为“在县南”。

日本东京江汉书屋 1903 年 6 月曾在华出版发行过《苏浙小观》一书，是第一部由日本人所撰的上海旅游指南，也是日本最早在华刊行的中国城市（区域）指南之一。作者系日本运山景直、大谷藤治郎，在《苏浙小观》一书扉页，载有“上海图”，该图比过去上海县志上一些老城厢街巷图的标注要详细准确得多。如图 3 所示，“阁老坊”和“徐公祠”之位置就很清晰（注：图中椭圆粗线为笔者所加）。即“阁老坊”在县基路上与太平街大东门街（如图，又名阙上大街、彩衣街，即今复兴东路）相交的路口北。

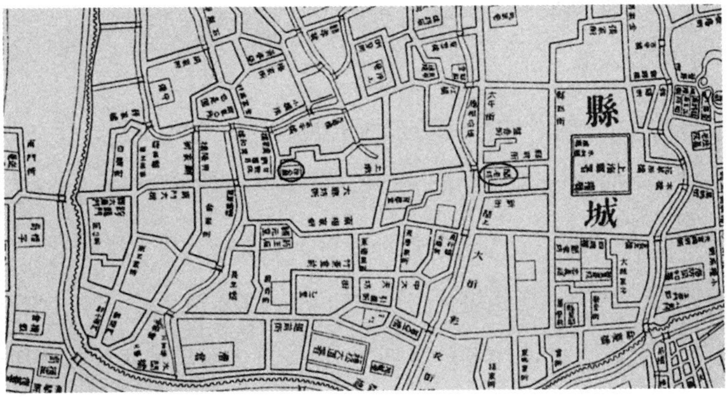

图 3　阁老坊与徐公祠的位置（1903 年）

光绪十年（1884）《上海城厢全图》上，“阁老坊”的位置标注，虽然字迹比较小，比较模糊，但将图 1 局部放大后，仍然可见“阁老坊”三字（图 4），具体位置与日人所绘的“上海图”也是一致的。

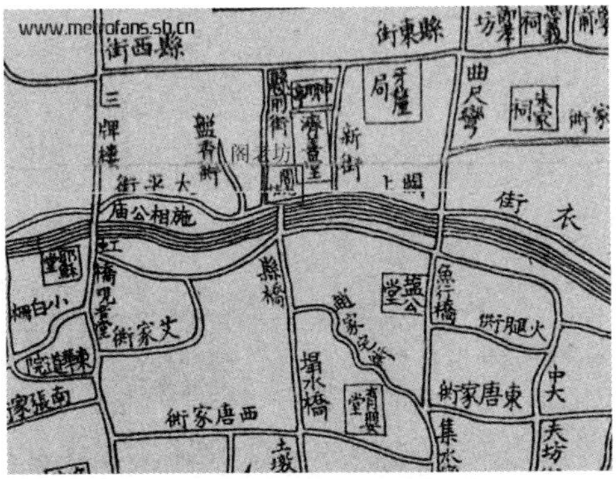

图 4　1884 年上海城厢全图上的“阁老坊”

因此，无论上海县志还是中外老上海地图都佐证了“阁老坊”遗址当在今复兴东路北侧的光启路口当无疑，即，当年的“阁老坊”在县桥北，并非在县桥南。如今光启南路道乔家栅路口附近发现的两根“大石柱”不可能是“阁老坊”的遗存，是无端的揣测，是没有史实依据的。

“阁老坊”拆毁始末

1930 年秋，“阁老坊”牌坊东西两侧的老屋相继拆除，年久失修的“阁老坊”一下子失去左辅右弼，竟呈孤悬路中的态势。“走过路过”的市民不免有点“吓丝丝”，万一坍塌那还得了？工务局接到反映后，特派专人查看评估，结论是现状堪忧。说来也巧，1928 年 9 月，国民政府内政部颁发了《名胜古迹古物保存条例》，对全国文物及名胜古迹展开调查，要求各地方详细填写文物名称、时代、地址、所有者、现状、保管、备考等情况。调查前后历时 5 年。上海据此条例作了一个调查，于 1929 年 10 月形成一个《上海特别市名胜古迹古物调查汇报》，汇报中没有这座阁老坊。工务局专家为公众安全和交通便利着想，决定拆除。市府经合议批准拆除。

徐氏合族闻之拆除阁老坊，大愤，立即呈文国府内政部和上海市府要求收回成命，又向社会呼吁，争取声援。很快有马相伯、王一亭、姚文楠、陆伯鸿等诸多名流贤达表示同情，并联名具呈，恳请尊重乡里先贤名迹，切勿轻易拆毁。孰料事与愿违，内政部答复同意上海市府的拆除原案，惟提出纪念乡贤的善后办法，是由市府在牌坊原处树立碑记，或将所在之地改为“光启路”。徐氏族人对此答复大为不满，迭次向考试院院长戴季陶、古物保管委员会委员陈去病、上海籍监察委员刘三等投函诉求，马相伯等具呈人也接连向监察院于右任等大佬上书陈情，希望能尽最后的努力挽回成命，但最终都告无效。

1931 年 3 月，在见仁见智各执一词的舆论分歧中，阁老坊被正式拆除，整个拆除过程费时一周，董其昌所书的坊匾被击落粉碎，坊前的石狮也遭毁损，最后送往徐光启墓地交付徐氏后人“保存”的，不过是一堆明朝留下来的石料而已。不过高大的牌坊一经拆除，县基路南口倒是豁然开朗了起来，视觉上颇有一种全新的气象。随后，一块写有“光启路”三字的新路牌悄然出现在靠近十字路口的墙面上。

《圣教》1931 年第 7 期，刊登了徐光启第十世孙徐荫曾撰写的《徐文定公阁考坊遭厄记》一文，文中详述了后裔们目睹阁老坊被拆毁惨况：“工务局竟于 3 月 31 日派数十工人，强制执行。四五日中，‘阁老坊’铲荡无存，夷为平地矣！呜呼痛哉！尤可惜者，高与楼齐，大可二人合抱之四石柱，任工人逐段支解，而勒石冠者乡先达董文敏公其昌所书阁老坊三大字，石板击落粉碎，石狮八座，复毁其半；完整之石坊，都化为零星碎石，此尤我徐氏子孙见而伤心惨目者也。”

1931 年，徐光启第十世孙徐荫曾目睹了“阁老坊”被彻底拆毁的惨况，这一珍贵的史实佐证了“阁老坊”早已“化为零星碎石”！80 余年后，怎么会有“阁老坊”的完整“石柱”在距“阁老坊”数百米之外的光启南路乔家栅路口“异地再现”？笔者也多次通过电子邮件向黄浦区文物保护管理所询问专家对“大石柱”考证情况，但是，没有收到任何答复。

为便利读者查考全文，现将徐光启第十世孙徐荫曾发表的《徐文定公阁考坊遭厄记》原刊截屏附于下面（图 5—图 7），也作为本文的有力考据。

此外，在阁老坊拆毁前的 1931 年 1 月 9 日，市工务局局长朱炎就

一千九百三十一年國曆七月

徐文定公閣考坊遭厄記 四百十

徐文定公閣考坊遭厄記

嗚呼！先文定公之閣老坊，不毀於君主時代，軍閥時代，而偏毀於今三民主義，青天白日旗下之共和時代。爲子孫者，聲嘶力竭，呼籲無靈，得不痛哭流涕也哉？不惟我輩子孫痛哭流涕，即邑中士紳，以上海惟一名臣古跡，一朝毀滅，亦噓不欷歔太息也哉！謹考閣老坊之奉旨敕建也，始於明末，成於清初，載入省郡縣各志，由我徐氏坊裔經管完糧；三百年來，歷蒙地方官保護，相安無事。不謂上年八月，上海市工務局，以跨街石坊，有礙路面，竟稱該坊危險堪虞，無可修理；遂密呈市政府批准拆除。我族人俱未之知也；幸族姪孫夢華，（公

图 5 “徐文定公阁考坊遭厄记”（一）

聖教雜誌第二十年第七期

徐文定公閣考坊遭厄記 四百十一

十二世孫）供職該局丈繪科，聞信歸告其父，乃輾轉相告族人，羣謀對付。先由族長梅卿叔父，（公九世孫）等，公呈市政府工務局內政部，請求保存古跡，收回成

命。繼由上海紳耆馬相伯良王一亭震姚子讓文枬陸伯鴻諸先生等，聯名公呈部府，請其尊重鄉先賢達古蹟，免予拆除，如有損壞，可督同徐氏子孫修理等語。此九十月中事也。詎十一月杪，馬相老與我族，忽奉內政部布告，內開准滬市府咨覆，轉據工務土地兩局會同核議呈覆，仍主張拆除，酌給坊基地價銀陸百柒拾元，收歸市有，將來拆坊後，或在該處另樹碑記，或改縣基路名爲光啟路，以留紀念等情，辦法尚屬妥善，仰即遵照等因。族人奉此布告，一聲霹靂，惶駭莫名。於是馬相老陸伯鴻姚流塤明輝三先生，不忍我先人古蹟，刼數難逃，出而呼籲，或迭次函電今監察院于院長右任，或走謁市秘書長，或函請今監察院劉委員三，暨古物保管會江蘇支會陳委員去病，俱懇其代爲請命，片言九鼎，設法轉圜。而劉公陳公及考試院戴

图 6 “徐文定公阁考坊遭厄记”（二）

一千九百三十一年國曆七月

徐文定公閣考坊遭厄記 四百十二

院長傳賢處，吾族復分途呈請援助，諸先生與諸大老之熱心救護，函電交馳，我徐氏子孫，靡不感激涕零者也。詎知工務局執此坊倒傷人之偏見，壹意孤行，市政府又以該局先入之言，力排衆請；故于劉兩公函方馳至，而工務局竟於三月三十一日，派數十工人，強制執行。四五日中，先人閣老坊，剷蕩無存，夷爲平地矣！嗚呼痛哉！尤可惜者，高與樓齊，大可二人合抱之四石柱，任工人逐段支解，而勒石冠首，鄉先達董文敏公其昌所書閣老坊三大字，石版擊落粉碎，石獅八座，復毀其中完整之石坊，都化爲零星碎石，此尤我徐氏子孫，見而傷心慘目者也。總之我徐氏子孫能力薄弱，庸懦畏葸，致未能保全先人古蹟；他日有何面目見先文定在天之靈耶。嗚呼痛哉！嗚呼痛哉！至先文定之文章經濟，相猷學術，有功文化民族，爲中國歐化之導師，日用科學之譯祖，中外鴻儒耆舊，類能道之，故不復贅云。

中華民國二十年四月閣老坊坊裔十世孫蔭曾恭記

图 7 “徐文定公阁考坊遭厄记”（三）

“拆除阁老坊收地给价案”致函财政局，因阁老坊坊基地六厘七毫权属徐光启后裔，为筑路，需财政局拨款六百七十元，用作支付征用阁老坊坊基用地。函件中还明确了，拆解后阁老坊柱石等归徐光启后裔。该公函从另

一方面佐证，阁老坊坊基用地被征用后，不可能在坊基原址还保留阁老坊东西二大石柱而影响道路拓宽。

有位生于1932年的龙门村老居民、原南市区文化局副局长和文化馆馆长顾延培先生，长期研究上海老城厢的历史、民俗。早在1956年，就开始从事老城厢古迹遗留的调查和保护工作，有关徐光启在老城厢的遗物，他相继在1956年9月4日和1999年4月26日的《新民晚报》上发表过专门文章《明代科学家徐光启墓祠文物》《“老气横秋”话牌楼》。前文中，他对遗存的乔家路故居、光启南路上的徐公祠和徐家汇的墓地情况都作了介绍，该文并没有提及“阁老坊”至今还有“石柱”遗存。后文中，他说：“当时最著名的牌楼称‘阁老坊’，竖于今光启路县左街南。”还指出：“这座‘阁老坊’竖立300多年，直至30年代初因改建光启路而被除。”应该说，顾先生的介绍还是符合史实的，是可信的。

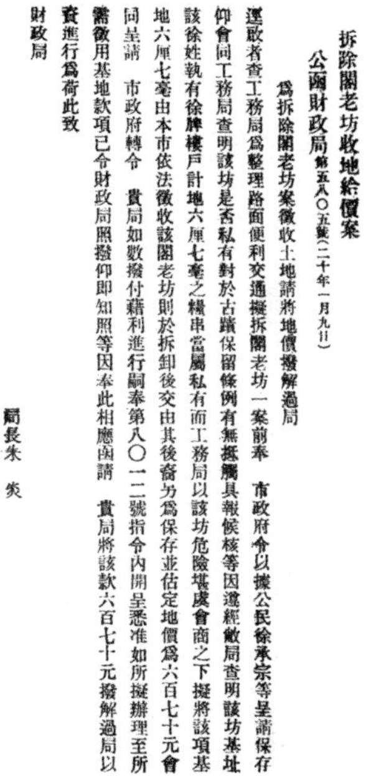
拆除閣老坊收地給價案
公函財政局第五八〇五號(二十年一月九日)
爲拆除閣老坊案徵收土地請將地價撥解過局
逕啟者查工務局爲整理路面便利交通擬拆閣老坊一案前奉　市政府令以據公民徐承宗等呈請保存仰會同工務局查明該坊是否私有對於古蹟保留條例有無抵觸具報候核等因遵經敝局查明該坊基址該徐姓執有徐牌樓戶計地六厘七毫之糧串當屬私有而工務局以該坊危險堪虞會商之下擬將該項基地六厘七毫由本市依法徵收該閣老坊則於拆卸後交由其後裔另爲保存並估定地價爲六百七十元會同呈請　市政府轉令　貴局如數撥付藉利進行嗣奉第八〇一二號指令內開呈悉准如所擬辦理至所需徵用基地款項已令財政局照撥仰即知照等因奉此相應函請　貴局將該款六百七十元撥解過局以資進行爲荷此致
財政局
局長朱炎

图8 《土地局年刊》(1931年。截屏)

顾延培先生的老领导对他在老城厢文物保护中的评价，更使我们肃然起敬！曾任中共上海南市区宣传部副部长、统战部部长，上海市南市区区长李伦新（生于1934年）闻讯顾延培先生逝世后，特地在《静安报》（2017年1月17日）撰文纪念老同事：

“你这位出生于崇明的上海人，一直生活、工作在上海老城厢，从担任南市区文化馆馆长到区文化局副局长，你毕生都在为中华文化的传承和上海老城厢文物保护尽心竭力，做了许多有益的实事，为文庙的修复开放、上海古城墙大境阁的抢修、丽水路、文庙路口牌楼的建造……操心劳神、奔忙呼吁，实实的功德无量、功不可没啊！

记得当年在你主持下，开展了上海老城厢文物古迹的普查，确定了上海古城墙、徐光启故居、商船会馆……三十六处，为重点文物古迹保护单位。”

“我为有顾延培同志你这样一位老友而深感幸运！我为你的不幸去世而无限惋惜！我们要为让文化使者的在天之灵能安安静静，尽力尽责地保护和运用好上海的文化遗存！”

综上所述，“阁老坊”是被拆毁了，石柱已“逐段支解”，应该不会在其遗址数百米之外的光启南路“再现”。当然，我们也期待上海历史的专家学者和文物保护部门来解“大石柱”之谜。

徐文定公祠

为了纪念徐光启，明崇祯年间（1628—1644），徐光启第五个孙子尔路，在离乔家路九间楼不远的光启南路建了一座“徐文定公祠”，简称“徐公祠”（徐光启祠堂），遗存老房范围如图9所示。2017年7月，上海市文物局公布的文物保护单位目录中“区级文物保护单位”徐光启祠堂在“光启南路232弄1号”；也有说“徐公祠”在乔家栅路口西北角以及鸳鸯厅弄内。其实这些都与当今实际情况不符，笔者所见的是，“区级文物保护单位”铭牌是挂在光启南路250弄内徐光启祠堂门口墙上（详见图10，今无门牌号，有居民说是弄内5号），如今，60年代的232弄1号门早已“此路不通”。

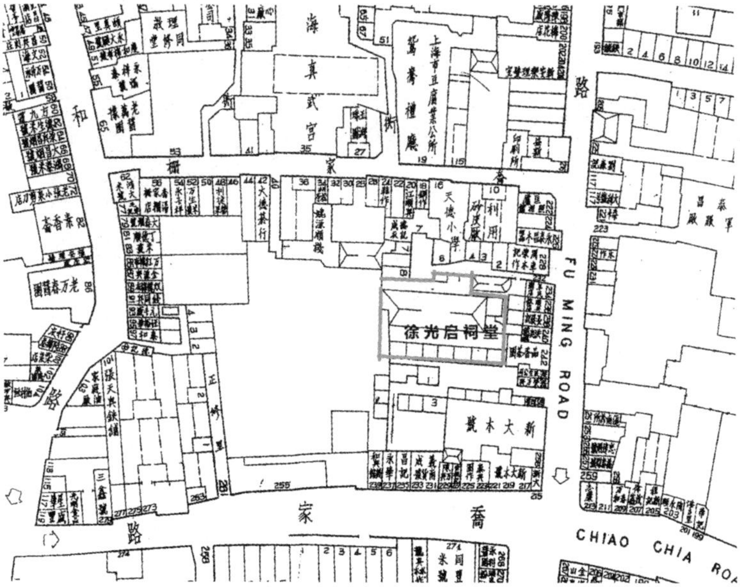

图9 徐光启祠堂位置（底图系1948年《老上海百业指南》）

清光绪四年（1878），徐光启后裔在该祠西面又扩建三间，三间旧祠改为徐氏宗祠，放了列祖列宗的牌位，而在新祠内置徐光启塑像等。“文革”中，徐光启塑像及徐氏列祖列宗的牌位等俱毁，今徐光启祠堂建筑仅保留着明代时的横梁和斗拱。

2月7日，笔者在光启南路乔家栅附近向多位老人询问，有一位八旬老人知晓“徐光启祠堂”所在的小弄堂。好不容易找到了挂有黄浦区区级文物保护单位铭牌的“徐光启祠堂”，虽然房屋修缮保护了，但周围环境堪忧，居民乱搭乱建的简陋住房，仅限一人可行的狭窄弯曲“死弄堂”，若没有知情人指认，外人根本找不到祠堂的踪影，若万一发生火情，后果不堪设想。老西门街道将仅剩一间的明代“徐光启祠堂”出租给外来人口居住和作缝纫工场，上级主管部门岂能放任不管？

图 10　挂有文保铭牌的“徐光启祠堂”（2018 年 2 月 7 日）

在寻觅阁老坊史料中，笔者在《圣教》1931 年第 7 期上发现了“徐公祠”和徐光启塑像、纪功碑等资料照片（塑像、纪功碑原物毁于“文革”），再现了“徐公祠”原貌，堪称珍贵，趁此机会截屏转载于下（图 11、图 12），供读者参考。

图 11　“徐公祠”之一

图 12 “徐公祠”之二

图 13 “徐公祠”之三

图 14 “徐公祠”之四　图 15 “徐公祠”之五

“太卿坊”和“阜民坊”

据《同治上海县志》“卷二·建置·坊表”：“太卿坊，并为沈瑜立，太卿坊在大南门内，今尚沿其名。坊废。”太卿坊是明朝的牌坊，比“阁老坊”的历史更为悠久。据《上海徐氏宗谱》中记载，徐光启于明嘉靖四十一年（1562）四月二十四日出生在“太卿坊祖宅”。乔家路填浜筑路前是河浜，目前乔家路234—244号原是“九间楼”临河的后门，2013年左右，居住在“九间楼”的年迈老居民，对笔者称，过去临河有竹篱笆的。

徐光启祖宅，原有十三进，房屋一百余间之多，有“后乐堂”“尊训楼”等，相传他和利玛窦等人译西洋科学的书籍，一度在这里工作。清顺治二年，即1645年秋，清军南下时，住宅遭到兵火，今天保留部分仅是当年徐宅最后一进“后乐堂”的一部分。该部分，原来因上下两层各9间，故又被称为“九间楼”。抗战中，九间楼又被毁去两间，因此现在仅存留两层砖木结构楼房7间，建筑面积缩小至685平方米。

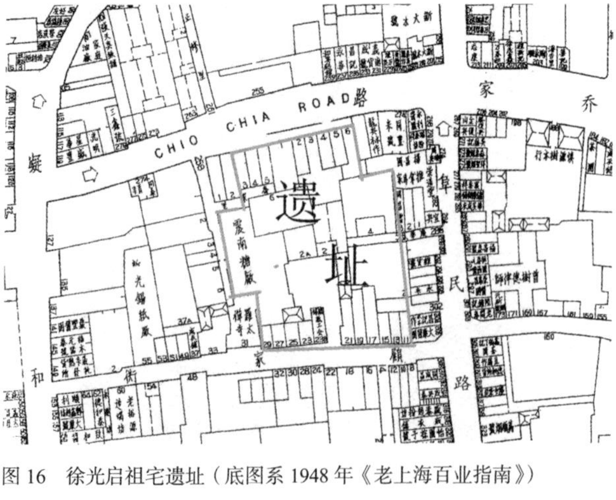

图16　徐光启祖宅遗址（底图系1948年《老上海百业指南》）

所以，乔家浜填浜筑路前，徐光启祖宅大院的正大门，该在今乔家路南边的顾家弄 21—23 号（遗址大约范围如图 16 所示）。徐光启出生于“太卿坊祖宅”，而原“太卿坊街”南起靠近乔家浜南面的广济桥（参图 1），北至塌水桥（今阘水桥），因此，“大南门内”的“太卿坊”坊基似在徐光启祖宅的大门的东南面的光启南路顾家弄口附近（原“太卿坊街”广济桥北堍）。此外，《同治上海县志》等县志上，已明确“太卿坊”“坊废”，今“太卿坊”遗址，又距离乔家栅路口有近百米，今乔家栅路口遗存的大石柱应与“太卿坊”无关。

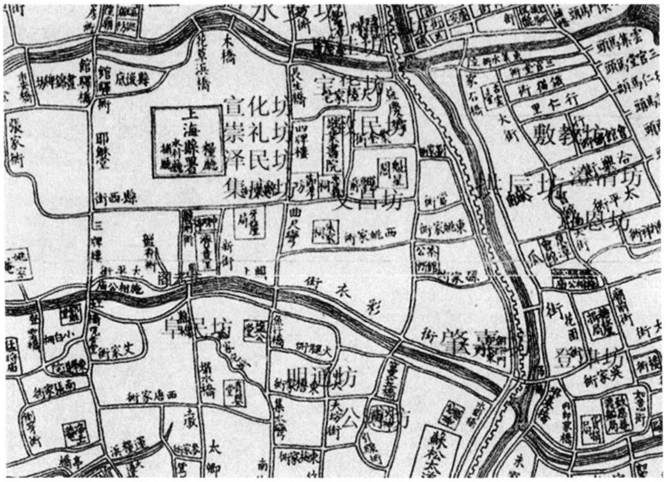

图 17　明代老城厢部分牌坊

关于“阜民坊”，《新民晚报》2014 年 12 月 21 日“夜光杯”版《清代上海善堂》一文中有介绍：阜民桥的北堍是原来的县衙门，县衙门口有--牌楼叫“阜民坊”，阜民桥与阜民坊相邻的路就是阜民路，汉字“阜”与“富”可通用，读音也相同，1980 年因“阜民路”与“富民路”同音而改为“光启南路”。

“阜民坊”牌楼真的在县衙门口新衙巷县基路口（今学院路光启路）

吗？此说并没有提供任何考据，难以令人置信。

光绪九年（1883）《松江府续志》记载：“《顾志》阜民（坊）、迎恩（坊）在县南，洪武八年（1375）知县康伯愚立，明通（坊）、公溥（坊）在县治前，成化十九年（1483）知县刘琬立。”（注：引文中括注为笔者所加。）

如何准确理解“在县南”的具体地段呢？嘉庆《松江府志》（嘉庆二十二年刊本，1817年）的记载给了我们答复。府志“康衢巷”下注：“旧邑志云在县南，今按其地应是县至南门大街”；“新街巷”（即原“新衙巷”）下注：“今按其地应是东西大街。”

《同治上海县志》（同治十一年刊本，1872年）“新街巷”下注：“《郑志》在县南，《颜志》衙作街，前志云今县东西大街。”“康衢巷”下注：“前志云应是县南大街延及城外犹。”

由此可知，县志中所谓“在县南”只是泛指县衙之南，而县志中所谓“在县治前”才是明确的所在地“位置”。据此，“阜民坊”似应在“县桥南大街”“阛水桥”附近（即今光启南路北段），并不在县衙门口。

《文汇报》记者顾一琼在《老城厢古石柱面世后72小时：到底是牌坊、桥墩，还是名人老宅遗物？》的采访报道为我们提供了有益的史实线索（详见《文汇报》2018年01月19日）。光启南路老居民魏金珠回忆说：原来马路两边紧挨着石柱的房子都是孔家私宅，至今至少有200年历史，“他们孔家爷爷造了这个房子，是孔家的祖业，我爸爸说以前确实有一个横梁，就摆在孔家大厅里”。老人还说：从她的父辈起，他们家就租下了孔家的房子，历经世事变迁，却从来没有离开。

在魏金珠老人的帮助下，记者找到了孔家第四代，今年68岁的孔祥妹老人。她证实了魏金珠的说法。“确实是牌坊，我小时候家里就摆着牌坊上的这根横梁，像摆设一样的，听我爷爷说，横梁有 4 米多长，上面还有字。‘文革’期间，横梁就上交了，现在在哪里就不知道了。”

当然，也有老居民认为魏、孔二位老太的说法并不属实。如，住在乔家栅西北角的年已花甲的张先生，2 月 7 日下午对笔者说：“房子并非孔家的，她家只是租户。牌坊横梁并没有放在孔家，是放在光启南路乔家栅西北角路口的房檐下，根本不是上交。”长达 4 米的花岗岩的牌坊横梁，并不属于孔家私物而放在并不宽敞的平民百姓的老平房里，似乎也不合情理。如属贞节牌坊的横梁放在家中，似乎也与世俗不合。

张先生还披露了一个鲜为人知的“秘密”，前些年“大石柱”周围在挖下水道时，还刨出来一块花岗岩石块，完工填埋时，他将花岗岩石块又埋下去了，尺寸约 300 × 300 × 1000 毫米（宽 × 高 × 长），表面凿刻有英文字样，上排：KPP，下排：O.O，他也不懂什么意思，上面的这几个字母记忆犹新。他说，他对其他来访的专家、记者等都没有说过，因与我交流比较投机，认为我说话有道理，所以说给我听听。英文缩写出现在明

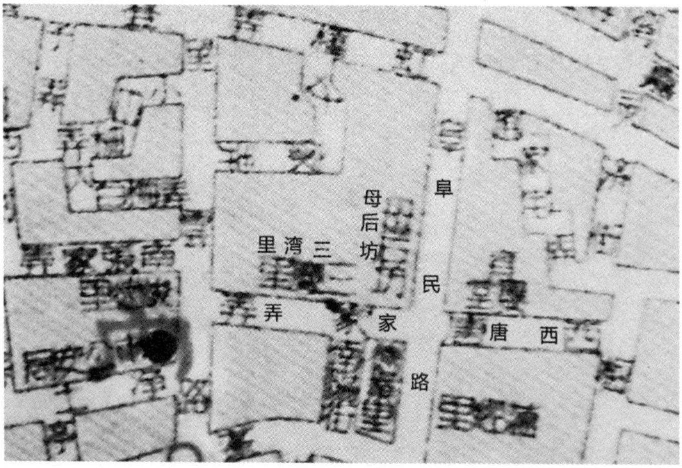

图 18　阜民路母后坊

代牌坊上花岗岩石块上，似乎不可思议？是不是与牌坊不相干的水泥路沿呢？这给我们又留下了又一个谜团。

据《南市区志》，光绪三十二年（1906年）老城厢开始填浜、筑路，阜民坊牌坊也随之被拆除，从时间和目前遗存的石柱位置来看，遗存的石柱似是阜民坊的遗物可能性比较大。遗憾的是，“失踪”的横梁已难以查询，而毕生都在为中华文化的传承和上海老城厢文物保护尽心竭力的原南市区文化馆馆长、区文化局副局长顾延培先生在相关老城厢牌楼文章中也没有提及此事，估计他对“横梁上交”并不知情。

另据《上海地名志》，光启南路102弄原为“母后坊”，光启南路原286弄原为“庆华坊”，在20世纪初上海地图上也有标注，究竟是“牌坊”还是“弄堂”名，就难以查考了。

1953：南市太平村火灾散记

六十多年前，南市小东门街道曾经发生过一场特大火灾。当今，早已鲜为人知。但作为这场特大火灾的目睹者、受害者，至今刻骨铭心！

六十年前，时任人保上海分公司防灾理赔科副科长陈希贤先生，是这场特大火灾的理赔工作负责人。20多年前，《上海保险》1995年第1期刊载了他的《震惊全沪的三场大火》理赔工作回忆，该文提到的首场大火，就是外咸瓜街老太平弄的特大火灾。遗憾的是，这场大火的具体情况，文中并没有详细介绍。

2010年11月上海静安大火后，笔者就曾在新民网写下如下二则微博：

“申城大火创历史新记录，以史为鉴，老城城厢的老人们不会忘却另一起悲惨的历史记录，约1953年初春，因某居民家不慎引发大火，西起中华路东止新天平弄南起盐码头街北止老太平弄的数万平方米的棚户房从上午一直燃烧到傍晚，成为大废墟。尽管出动了全市大多消防车，因缺水等因，久攻不下。”

“后来，火灾废墟与外咸瓜街为界，居民自筹资金建起了2层楼的东村和西村，当时，12平方的前楼造价仅500元，60多年过去了，还有多少人知晓这段历史呢？又能接受那些历史教训呢？”

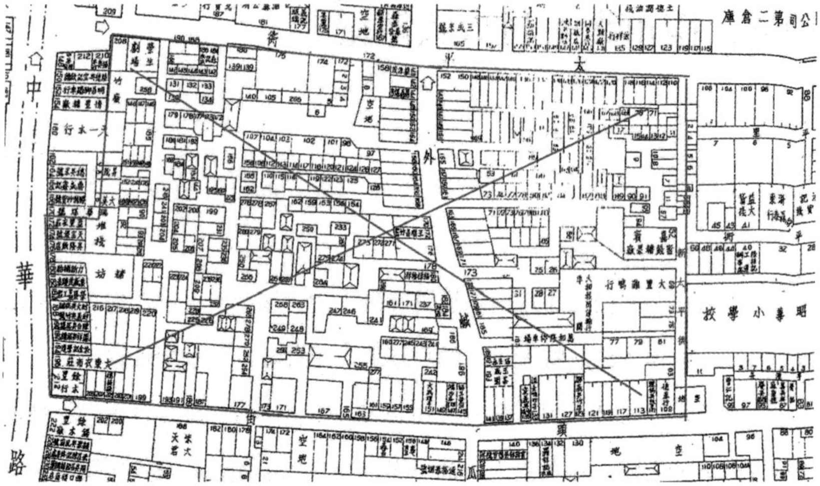

图 1　太平村火灾废墟区域（灾前地图）

作为这场特大火灾的直接受害者，多年来，一直在寻觅当时对火灾现场的报道，看看当时的图片资料，但收获甚少。

前些年，也有老年网友在博客上介绍南市外咸瓜街前世今生时，回忆起他儿时在数里之外的董家渡一带看到过这里滚滚浓烟的这场大火。毕竟还是少童，具体哪一年发生的火灾，他就记不清了，也未见到过相关资料。

2012 年，笔者总算在史料搜集、寻访中，有了颇丰的收获。先是找到陈希贤先生的文章，后又查到了发生火灾的确切日期 。第一次比较全面地了解了当年的灾情和救助工作。也有些遗憾，不知道什么原因，当年报纸对这场大火情况的具体报道不是太详细，而且也没有一张现场照片。

灾后的第 2 天，即 1953 年 4 月 25 日，《新民报晚刊》以《紧急救济太平村灾民》为题，重点报道了灾后救济工作。今报纸电子文本截屏如图 2 所示。

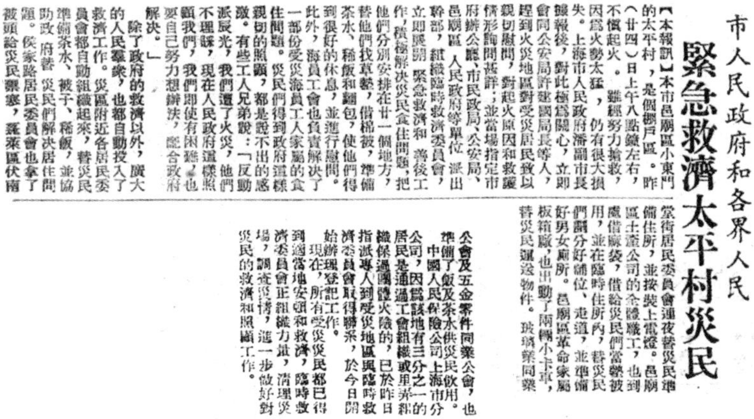
市人民政府和各界人民

緊急救濟太平村災民

【本報訊】本市邑廟區小東門的太平村，是個棚戶區。昨（廿四）日上午八點鐘左右，不慎起火。雖經努力搶救，因為火勢太猛，仍有很大損失。上海市人民政府潘副市長據報後，對此極為關心，立即會同公安局許建國局長等人，趕到火災地區對受災居民致以親切慰問，對起火原因和救護情形詢問甚詳；並當場指定市府辦公廳、市民政局、公安局、邑廟區人民政府等單位派出幹部，組織臨時救濟委員會，立即展開緊急救濟和善後工作，積極解決災民食住問題，把他們分別安排在廿一個地方，替他們找草墊，借棉被，準備茶水、稀飯和麵包，使他們得到很好的休息，並進行慰問。此外，海員工會也負責解決了一部份受災海員工人家屬的食住問題。災民們得到政府這樣親切的照顧，都是說不出的感激。有些工人兄弟說：「反動派辰光，我們遭了火災，他們不理睬，現在人民政府這樣照顧我們，我們即使有困難，也要自己努力想辦法，配合政府解決。」

除了政府的救濟以外，廣大的人民群衆，也都自動投入了救濟工作。災區附近各居民委員會都自動組織起來，替災民準備茶水、被子、稀飯，並協助政府替災民們解決居住問題。侯家路居民委員會也拿了被頭給災民禦寒，蓬萊區伏南堂街居民委員會連夜替災民準備住所，並按裝上電燈。邑廟區土產公司的全體職工，也到處借麻袋，借給災民們當舖被用，並在臨時住所內，替災民們劃分好舖位、走道，並準備好男女廁所。邑廟區革命家屬板箱廠，也出動了兩輛小卡車，替災民運送物件。玻璃業同業公會及五金零件同業公會，也準備了飯及茶水供災民飲用。

中國人民保險公司上海市分公司，因為該地有三分之一的居民是通過工會組織或里弄組織保過團體火險的，已於昨日指派專人到受災地區與臨時救濟委員會取得聯系，於今日開始辦理登記工作。

現在，所有受災災民都已得到適當地安頓和救濟，臨時救濟委員會正組織力量，清理災場，調查災情，進一步做好對災民的救濟和照顧工作。

图 2 《紧急救济太平村灾民》

目前，上海市地方志办公室主办的上海通网站上，还有着如下记载：“1953 年 4 月 24 日，上午 8 时许，小东门中华路 188 号不慎起火，因风大，草顶棚屋易燃，火势迅速蔓延太平村一带成灾，6 个小时后被扑灭。共烧毁民屋 19 幢、棚户 640 间，受灾 1448 户、5061 人，烧死小孩 2 人，重伤 8 人，轻伤 30 余人。”时任上海市“副市长潘汉年以及邑庙区党政领导等到现场指挥救护，并成立太平村灾场临时救济工作委员会，开展收容救济工作，至 1953 年底基本结束”。

在上海档案馆，也保存有这场大火的“上海市邑庙区人民政府关于太平村火灾善后工作的情况报告”。灾后半年，《新民报晚刊》又以《居住问题完全解决》为题，报道了灾后重建的进程和计划。

当年，笔者还是一个家住外咸瓜街，刚转学到里咸瓜街 18 号（后曾为小东门派出所）一所学校一年级上学。教室约在外咸瓜街 94 弄的一个“小坡”上的豆腐作坊旁边的无门无墙的芦席棚下，从现在史料看，这里正是 1937 年日军飞机在南市大轰炸后的泉漳会馆附近的废墟遗迹。

当天，刚上课一会，教室的正南面烟雾滚滚，火光冲天，救火车的警

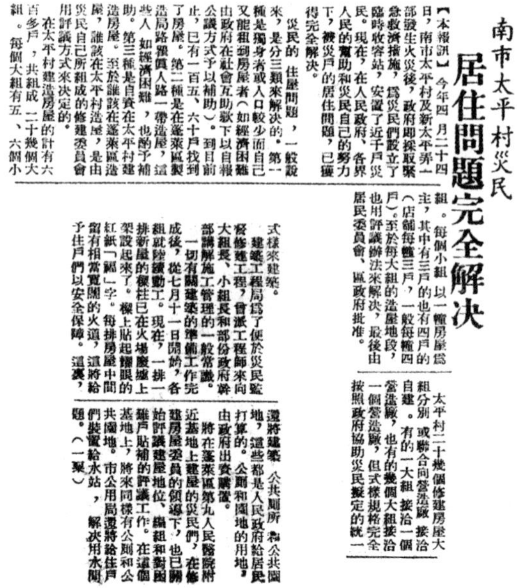
南市太平村災民

居住問題完全解決

【本報訊】今年四月二十四日，南市太平村及新太平弄一部發生火災後，政府即採取緊急救濟措施，爲災民們設立了臨時收容站，安置了近千戶災民。現在，在人民政府、各界人民的幫助和災民自己的努力下，被災戶的居住問題，已獲得完全解決。

災民的住屋問題，一般說來，是分三類來解決的。第一種是獨身者或人口較少而自己又能租到房屋者（如經濟困難由政府在社會互助款下以自報公議方式予以補助）。到目前止，已有一百五、六十戶找到了房屋。第二種是在蓬萊區製造局路瞿真人路一帶造屋，這些人如經濟困難，也酌予補助。第三種是自資在太平村建造房屋。至於誰該在蓬萊區造屋，誰該在太平村造屋，是由災民自己所組成的修建委員會用評議方式來決定的。

在太平村建造房屋的計有六百多戶，共組成二十幾個大組。每個大組有五、六個小組。每個小組以一幢房屋爲主，其中有三戶的也有四戶的（店舖每幢三戶，一般每幢四戶）。至於每大組的造屋地段，也用評議辦法來解決，最後由居民委員會、區政府批准。

太平村二十幾個修建房屋大組分別或聯合向營造廠接洽自建。有的一大組接洽一個營造廠，也有的幾個大組接洽一個營造廠，但式樣規格完全按照政府協助災民擬定的統一式樣來建築。

建築工程局爲了便於災民監督修建工程，曾派工程師來向大組長、小組長和部份政府幹部講解施工管理的一般常識。

一切有關建築的準備工作完成後，從七月十一日開始，各組就陸續動工。現在，一排一排新屋的樑柱已在火場廢墟上架設起來了。樑上貼起耀眼的紅紙「福」字。每排房屋中間留有相當寬闊的火道，這將給予住戶們以安全保障。這裏，還將建築公共廁所和公共園地，這些都是人民政府給居民打算的。公廁和園地的用地，由政府出資購置。

將在蓬萊區第九人民醫院附近基地上建屋的災民們，在修建房屋委員的領導下，也已開始評議建屋地位、編組和對困難戶貼補的評議工作。在這個基地上，將來同樣有公廁和公共園地。市公用局還將給住戶們裝置給水站，解決用水問題。（一聚）

图 3 《居住问题完全解决》

铃声，响彻天空。才都是 7 岁左右的孩童，还从来没有见过这样令人胆战心惊的大火，大家惊呆了！课上不下去了，同学都站在“小坡”上，望着那一刻不停的浓烟，嘈杂的呼叫声，幼小的心一直揪着，浓烟中的家怎么样了？

中午了，火还没有被扑灭，我们不知所措，既饿又怕地一直默默站在那。后来才知道，火区正中就是我家，离我们教室最多也就 100 米左右。一直到下午 2 点以后，滚滚烟雾才渐渐减弱。一直到三四点钟，二伯父才匆匆赶来小弄堂找到我，才知道，他家和我家统统被烧光了。他带我到靠近中山南路盐码头街上的弹硌路上，全是一户户席地而坐的受灾居民，二伯母和才 1 岁多的弟弟也在其中。除抢出了简单的被褥外，其他一无所有。

等到远在杨树浦上班的父亲回来找到我们时，天已经全黑了。我们忍着饥饿、耐着初春的夜冷，乘上 8 路有轨电车，叮叮当当慢慢腾腾地“逃难”到宁武路 2 号的父亲单位，原中纺公司储运科，在汽车库旁边的空荡荡的小仓库安顿下来。父亲叫附近小饭店的伙计送来了简单的外卖，才使空腹一天的小肚得到补充。没有脸盆，满脸烟尘只得用毛巾在自来水上凑合对付。没有脚盆，满脚的黑灰，只得搞点热水在痰盂中马马虎虎洗一下。

总之，4 月 24 日是刻骨铭心的一天，也是非常狼狈的一夜。

将近半年以后，父亲分到一间控江新村的新房子，我们才离开宁武路 2 号，总算结束了这段难忘的“逃难”生活。

二年之后，父亲将控江新村的新房子交给房管部门，我们又回迁到老地方——外咸瓜街西村，灾后自筹资金造的简易砖木结构 2 层楼房。

灾后重建的外咸瓜街上的西村，当时自来水管还不可能接到各楼各栋，公用厨房里家家户户得备个大水缸。所以配套建了一个全市最大的大型公用给水站。水泥水柜宽 5 米高 3 米左右，有五六个水龙头可供使用。为方便居民淘米洗菜汰衣裳，给水站前，还铺有 50 平方米左右的水泥地。

但是，上述晚报中提到的“将建筑公共厕所和公共园地”后来并没有完全落实。“公共厕所”始终没有建成，“公共园地”建了 3 块，但寿命相当短，2、3 年之后，东、西村的 2 块最大的绿地被区体育场拿去改建成灯光篮球场，刚有生机的大小树木统统被毁。数年后西村的灯光篮球场被房管部门拿去造了 2 幢 6 层居民楼，东村的篮球场则被搭成大棚，成为里弄加工组制作产品木质包装箱的工场。最后一块绿地是紧邻中华路与里咸瓜街之间，北邻未曾受灾的 2 层木板房的“洪氏”煤炭店，南接未曾受灾的几间中华路门面房，被供电局建新变电所占去一大半。

大块的绿化被蚕食了，即使屋前房后的小绿化与树木到了 20 世纪 60

太平村火警中一件感人事例

助產士沈玉珍冒火接生

搶救出產婦和新生嬰兒

图 4 《助产士沈玉珍冒火接生，抢救出产妇和新生婴儿》

年代末，更是不见了踪影。全被违章搭建的形形色色小棚棚所取代。杂七杂八的小棚棚不但毁了绿，还占据了村中的条条通行道路。本来，卡车都能开进来的道路，最后，连推自行车行走路都有困难。又成了名副其实的庞大的“棚户区”。90年代初，离开这里到外地工作已有30余年，从外地回来探亲，面目全非的“棚户区”，竟然使我差点找不到进“老宅”的门。

在这次火灾资料寻找中，在1953年4月25日晚刊的同一版上，还惊人发现有篇很感人的《助产士沈玉珍冒火接生，抢救出产妇和新生婴儿》报道（图3）。60多年后，他们母子今安在？他们的恩人今安在？

续记：

20世纪末、21世纪初，在1953年火灾后，废墟上自筹资金建起的东、西村，在地图上已经彻底消失了。豪宅“浦江公馆”在西村遗址拔地而起。东起复兴东路西止外咸瓜街的东村遗址则是“金外滩花园”豪宅。这里的房价每平方米都达到8万以上，让普通市民早已望洋兴叹。

西村所建的全市最大的大型居民公用给水站图片，记忆中曾经上过报纸，但没查到。也咨询过上水公司，他们也无相关资料。在图6的1979年东、西村航拍图上，笔者特地标出了“供水站”。在1962年之前，笔者拿着竹质水筹，用铅桶去拎水，倒在公用厨房里的自家水缸里备用。

笔者近日悉知，目睹、经历这场火灾，尚健在的家住私立昭华小学

（新太平弄小学）的 87 岁的吴飞霞老师，他们的家与火灾现场仅隔街相望，当时处境已相当危险，她任教的私立思敬小学（西姚家弄小学）学生臧汉勋不顾自己家在火灾中心被烧，12 岁的他，却勇敢地率领一帮小伙伴赶到现场，帮助老师抢救家中财产。为此，60 年来，他们师生间情谊很深，至今还一直保持着联系。臧汉勋先生今年已 72 岁，是灾后重建家园后我的邻居，2013 年 12 月 9 日，在断了联系 50 余年后，我们重又见上面。想不到汉勋先生还曾担任过原上海市市长汪道涵的私人秘书，晚年成了社会活动家。不幸于 2014 年因病去世，遗憾的是，也留下了诸多不解之谜。

图 5　1948 年航拍图

图 6　上海最大的给水站（1979 年航拍图）

图 7　60 年后的巨变（2016 航拍）

附：小东门有过灯光篮球场

20 世纪 50 年代中叶，小东门地区曾经有过二所中等规模的工人篮球场，其中一所还是灯光篮球场，也是小东门地区有史以来唯一的一所室外灯光篮球场。这二所篮球场建成后，红红火火使用只有短短数年，就被“消逝”了。若非当年居住在附近的老上海，这 2 所篮球场早已被众多市民遗忘，鲜为人知了。

这二所篮球场位于外咸瓜街中段的东村和西村，这里在 1953 年 4 月发生了一场特大火灾，南起盐码头街北至老太平弄，东起新太平弄西至中华路成为废墟。灾后由灾民自筹资金，按统一图纸建起了有街心花园的普通住宅群。以外咸瓜街为界分为东村和西村。但是街心小花园问世不久，为落实 1954 年 3 月中央人民政府政务院发出的开展工间操和其他体育活动的通知，原邑庙区总工会所辖的区工人体育场，看中了当时南市还少有的东、西村街心花园、绿地，在周围居民不知情的情况下，突然铲除东、西村街心花园的刚有生机的大小树木，圈起了竹篱笆，建起了东村篮球场和西村室外灯光篮球场。西村室外灯光篮球场有 2、3 个标准篮球场组成，东村普通篮球场稍微小一些。当时，在全市各区市民住宅区建造公共室外灯光篮球场并不多。篮球场建成后，篮球场成为邑庙区（1960年初，与蓬莱区合并为南市区）各企业职工篮球队的活动和区级篮球联赛场地。当有篮球比赛的夜晚，我们无票进入灯光球场，就常在自家或邻居家楼上观看比赛，阵阵“好球”的欢叫，裁判吹响的哨声成了这里的一道风景线。

值得一提的是，邑庙区工人体育场将在火灾边缘地带幸存下，与西村相邻的老太平弄181号的油麻公所（始建于清末，专事中国传统的桐油出口贸易）老建筑同时修缮一新，改建成一所“举重房”。记忆中，老建筑受到保护和修缮一新还曾经被报纸报道过。

令人遗憾的是无论篮球场还是举重房也都是风光短暂，难逃厄运。在城区人口开始膨胀的年代，老城厢更是寸土如金，难觅住宅用地和生产用地！50年代末60年代初，南市区有关部门就将西村的室外灯光篮球场改建成2幢6层楼的居民楼，东村的篮球场则盖起了油毛毡大棚，成为里弄生产组加工产品包装木箱的工场，“举重房”则成为里弄幼儿园。最后一

图8　昔日灯光篮球场，今日浦江公馆（2013年）

块紧邻中华路与里咸瓜街之间的西村绿地（北邻未曾受灾的2层木板房的“洪氏”煤球店，南接未曾受灾的几间中华路门面房），此时也被供电局建新变电所占去一大半（今日是国家电网的变电所）。

20世纪末21世纪初，好不容易修缮一新的有百余年历史的油麻公所老建筑消失了，里咸瓜街158号的参业公所老建筑和颇有历史的“共和园”老虎灶也没有了，取而代之的是“十六铺粮油食品交易市场”大楼（2—6层系居民住宅）。在1953年火灾后，在废墟上自筹资金建起的东、西村在地图上已经彻底消失了。豪宅“浦江公馆”在西村遗址拔地而起。东起复兴东路西止外咸瓜街的东村遗址则是“金外滩花园”豪宅。这里的房价每平方米已达到8万以上，让普通市民早已望洋兴叹。

（本文部分章节发表于《上海滩》2013年第8期。修改于2016年）

古庙遗址义井亭，银杏依旧庇今人

“义井亭”古庙今昔

已到深秋季节。漫步在小区附近的万镇路上，欣赏着周围依然郁郁葱葱的行道树。在上海西大门的曹安路万镇路口，笔者驻足观望良久，南侧中心绿岛上的参天的古银杏，从容而安详。她似乎已经捕捉到了秋天的气息，悄然为其翠绿的叶面镶上了金色的饰边。随着秋意渐浓，那道窄窄的金边渐渐扩展开来，最终染黄了整张叶子，每当微风吹过，那犹如一把把小扇子的银杏叶便飘落树下，为大地铺上一层金黄，并绽放出炫目的光彩。她向人们展示着枝干及树叶的形态美和秋天树叶的迷人色彩。在金黄

图 1　第 0094 号古树名木

叶和沪宁高速公路的衬托下，景致别有风味，我勃然心动地拿出数码相机，拍摄下她的一张张照片。

早已知道，傲立在万镇路上的古银杏是一棵列入上海古树名录的有400年树龄的古银杏，1998年左右，开辟万镇路时，为保护古银杏，主管部门立即请万镇路让道，在路口中间建起高出路面不少的中心绿岛，并加了里外二道护栏。

早在南宋嘉定年间（1208—1224），这里就呈现出“南北十里，舟楫往来，昼夜不绝”的胜景。傲立在万镇路上的古银杏，见证了这里的沧桑岁月。20年前，这里还是一个阡陌纵横的蔬菜之乡，此后，这里一个接一个居民小区拔地而起，全无了乡下感觉！唯独这棵历经沧桑岁月的古银杏，还默默地守望在这里，见证这里的一切历史巨变，似乎她有很多故事要向人们述说。但，我们却所知甚少。

数月前，笔者就踏上了寻踪之路。

多次去过紧邻古树附近的祥和家园小区，希望能遇到一些这里的“老土地”，能了解一下这棵古树的前世今生！尽管也偶尔碰到几位八九十岁高龄的上海老人，但他们都不是土生土长的本地人，只知道过去有个庙，连庙名也讲不清楚。也有年迈的老人说：“古树的那边原有座庙，叫‘衣锦亭’庙，很早以前就没了。”

“衣锦亭”庙？网上没有任何线索！

不甘心的我，又赶往普陀区长征镇道路绿化管理科了解情况，但他们对古树历史也一无所知。他们手中仅有一份还是10年前的“古树名木每木调查表”的简单记载，上有编号0094号，档案树龄400年，实测树高14.0米、胸围3.28米、根围3.68米，冠幅东西17.6米、南北17.3米。

去过上海档案馆，结果是零收获。

再去上海图书馆碰碰运气。查到了罕见的文字记载："天地庙，镇西（引注：即真如镇西），又名义井亭庙，初建年代不详，民国时改办严家衖小学。"（注：衖，"弄"的异体字。）原来"衣锦亭"三个字全用的是同音词啊！不过，整个半天，也就查到这27个字而已。似乎寻踪之路到此只能结束了。

不得不继续努力改变查找途径，不厌其烦地翻阅一幅幅源自上海图书馆的古寺庙图片，终于，意想不到的惊喜出现了："真如名胜之一——义井亭庙"。百余年前拍摄的老照片上，银杏树、义井、凉亭、庙宇赫然在目！可惜没有其他更多的文字介绍。

图2　昔日古银杏、义井亭、庙（选自《真如里志》）

那是令人难忘的日子，终于巧遇一位正宗的土生土长的本地人——金先生。当时，在祥和社区卫生服务中心外的人行道上，三位相熟的花甲老人正在聊天，其中一位操着一口浓浓的本地口音，我停下脚步，问道："不好意思，打断一下，这位老先生是本地人伐？晓得万镇路上那棵古银杏伐？"爽快的老先生立即回答："阿拉是这里土生土长的老土地了。万镇路上那棵古银杏阿拉从小就晓得个。"年已70的金先生，向我确认了我已经掌握的信息，还谈了我所不知道的事情。

图 3　老大学生笑谈古银杏的昨天和今天

1953 年，金先生开始上小学一年级，就在义井亭庙庙舍办的严家弄小学读书。2 年后，严家弄小学的学生全部转入距义井亭庙东南侧一二百米处的由灵庵庙庙舍改办的灵庵头小学读书（今梅川路 1500 弄祥和家园内），当时，这 2 座庙宇已无信众朝拜的佛像。

据传，古树在历史上曾遭过两次大难，一次是在明末，起义军砍下了古树上的大量树枝当柴烧；另一次是在 1932 年，著名的“一·二八”淞沪抗战时期，该地区也曾经是中国军队抗击侵华日军进犯上海的激烈战场之一。主干被日本兵拦腰截断。从古树目前的外形可以清晰地看出，古树的主干的确被砍断过。图 4“倾诉在冬日”，是笔者在 2013 年 1 月 27 日拍摄的，失去树冠的古树似乎在向世人倾诉自己不寻常的沧桑岁月，似乎在向世人展示自己顽强的生命力。

当问起老照片上古银杏西侧似乎是一片树林时，金先生讲：“古银杏西边原来有一片好大的竹林，村上人家的竹器都用这竹林的竹头。”金先生还确认：“紧邻古银杏旁是井和亭子，古银杏的东边是义井亭庙。”所有这些都与百余年前的老照片不谋而合。

图 4　倾诉在冬日

一切豁然开朗，古银杏“护卫”着的是：义井、义井亭、义井亭庙。顾名思义，这是由众多信众捐资兴建的乡间公用的义井、义井亭、义井亭庙。

如今，义井、义井亭、义井亭庙早已不复存在，惟古银杏依旧庇今人。2012 年初秋，在闲置 10 余年的义井亭庙遗址的空地上，曹杨小学和新武宁小学合并重组的曹杨实验小学新校舍拔地而起投入使用，她与古银杏近在咫尺，隔路相望。似乎在说：老相识，阿拉又回来了陪伴侬了！

国泰民安的今日，何不在中心绿岛古银杏旁，重建义井、义井亭也来与古银杏作个老来伴呢？使后人永远不忘这段历史！

千年“灵庵头”遗址

秋日总是那么天高气爽，晴空万里。秋日阳光，总像缕缕金线射出万道霞光！银杏树叶像蒙上一层金晕，金灿灿的，在风中闪着磷光，在深秋里演绎得淋漓尽致、风风光光。

图 5　秋日下的古银杏

秋日的阳光，总是那样迷人，紧邻普陀区梅川路步行街的祥和家园的那些花甲、杖国、耄耋之年的老翁老妇们，喜欢聚在这有些历史的古银杏周围动动身骨，聊聊家常，笑谈天南海北。

祥和家园内这株古银杏是上海市一级保护古树名木之一。从树牌上可知，她的编号是 488，已有 400 年树龄。听老人们说，过去这里有古庙的。2000 年左右，建造祥和家园时，为保护古树，特地为古银杏留出空间，设置了休闲园地，加设了护树栏杆。

图 6　古树名木第 488 号保护牌

古树名木调查表上记载，这株古银杏树高 9.6 米、胸围 2.72 米、冠幅东西 9.6 米、南北 8.6 米。

风物沧桑，世事移易，始建于千余年前的灵庵早已废弃，唯有古树成为岁月的守望者。

在《真如里志》中也只有如此简单的述说：“灵庵，镇西（引注：即真如镇西），五代（907—960）建，20世纪40年代曾设灵庵小学。”上海档案馆一些文件资料也能证实，民国初，灵庵废后，庵舍改为“灵庵头小学”，系“市立国民学校”之一。1951年11月灵庵头小学又“征用国有土地三亩七分”，增建了大操场等设施。

大家一定注意到了，一字之差的2个校名，“灵庵小学”、“灵庵头小学”？老翁也一阵纳闷，莫不是本地俚语？果然从钱乃荣先生主编的《上海话大词典》里得到解释：词缀与名素、动素、形素等构成名词，如石头、风头、吃头、丫头、对头、囡囡头、阿三头等。原来如此，“灵庵”后要加个“头”。“灵庵头小学”才是正宗的本来校名。

若在百度地图中搜索“灵庵头”，还真能在地图上显示出这株古银杏所在的地方——今梅川路步行街祥和家园内的“灵庵头”遗址。

虽然灵庵的知名度大大不及真如地区的真如寺，然而，鲜为人知的是，灵庵的建庵时间却要比真如寺建寺时间还要早360多年（真如寺建于元延祐七年，即1320年）。昔日真如镇，镇以寺得名，并有庙包镇之称，在真如寺四周先后兴建庙宇、殿堂近40处，形成规模颇大的寺庙群，香客蜂拥而来，香火旺盛，市集繁荣。

就灵庵而言，近在咫尺的就曾有多座寺庙。往东北200米左右是建于清代的仙水庙（遗址，曾为真光大队供销店，今真光路中环百联），往西北100米左右是天地庙，又名义井亭庙（遗址，今曹安路万镇路口），往西约1000米则是始建于元代的秦公庙，庙宇早已废（遗址，今曹安路轻纺市场后）。近年，由浙江私企老板出资，已在祁连山南路金鼎路南侧高压输电线下的绿化带，重建秦公庙。

图 7　秦公庙（选自《真如里志》）

秦公庙前，旧时也曾有古银杏，清朝张承先先生还为其赋诗一首。这里，不妨借用一下：

奇树凌烟种，参天百尺强。
风霜经五代，雨露亿三唐。
鸭脚浓荫合，虬髯老干张。
可怜桃李世，尔色独苍苍。

2013 年 1 月 27 日，冬日的阳光下，笔者再次来到祥和家园，凝视着满目沧桑的古银杏，感慨万分！使我想起 2012 年 12 月 5 日在祥和家园古树下，巧遇范老先生的情景。这位土生土长的七旬老翁说：1937 年日军进攻上海时，在激烈的炮火下，树冠被炸除，上部主树干、支树干也大都被毁。即使经过 77 年的风风雨雨，满目沧桑的伤痕依然清晰可见！

图 8　满目沧桑谁人晓（0488 号古树名木）

现今，除真如寺等少数著名寺庙外，因种种原因，上述寺庙大都已被历史长河所湮没。唯有少数寺庙遗址前那些历经坎坷而幸存下来的古银杏等古树，它们见证了各个朝代的兴盛衰亡，百姓的喜怒哀乐。它们曾遭遇过日本侵略者的铁蹄践踏，经历了解放战争的炮火洗礼。如今，古树逢盛世，名木迎春天。古树既不能“克隆”，又无法再生，是自然界和先辈们留给我们的无价之宝！保护古名木，无论老少，我们都应责无旁贷。银杏也是我国保存下来的古稀珍贵树种，为世界上最古老的植物之一，所以被誉为植物的“活化石”。银杏是最长寿的树种之一，有“寿星树”之称，银杏树体高大雄伟，最能衬托大雄宝殿的壮观。其叶片洁净素雅，有不受凡尘干扰的宗教意境，因此，有外国人称银杏为“中国的菩提树”，而

图 9　范老伯如数家珍话古树

且它们大多是一雌一雄种植在寺庙的主殿前。后来道家也视银杏为祥瑞之树，在道观中也有种植。

有兴趣的市民不妨去欣赏欣赏这株千年灵庵遗址上的 400 年树龄的古银杏。

（本文由两篇短文组成，第一篇原名《古庙遗址义井亭，银杏依旧庇今人》。两短文作于 2012 年 9 月，分获 2012 年“上海市古树名木征文摄影比赛”征文原创组三等奖、鼓励奖）

1946：民国“海军军官学校”在沪创办始末

70余年前，被誉为民国海军“黄埔军校”——“海军军官学校”在上海高昌庙诞生。今日，江南造船厂旧址上被重点修缮保留的7幢历史建筑中，就有3幢历史建筑曾是这所军校的校舍。而这所民国海军官校在“江南厂”的始末和逸事却鲜为人知。

2010年前后，国内主流媒体纷纷报道过江南造船厂驻扎黄浦江畔一个多世纪后，为了上海世博会，整体迁往长兴岛，厂内七处有历史意义的老建筑成为市级或区级“文物保护单位”及“不可移动文物”。

正如，《文汇报》2008年6月3日，记者张晓鸣在《百年船厂变身博物馆　成沪上规模最大行业博物馆》为题的报道中所述：

> 根据国家文物局、上海文管会专家和“世博局”专家的鉴定论证，百年江南老厂内留下的一系列优秀历史保护建筑，其中包括最早的1868年设立的“翻译馆”，以及有代表性的“二号船坞”、“海军司令部”、“飞机库”、“将军楼”、“总办公厅”、“黄楼”这7个建筑，将全部保留。

笔者退休已十年，不懈努力在被遗忘的城市记忆史料中“拾荒”，在网络、图书馆、档案馆、老城厢寻踪。不经意间，对百年江南老建筑的前世今生逐步有了新的鲜为人知的了解。尽管笔者在《上海滩》2014年第7

期上刊登的拙文《上海大公职校二十年》中简略介绍过百年江南的历史建筑之一的“红楼”——“将军楼”，但近几个月来又有新的发现，阅读到了当年考入汪伪“中央海军学校”、民国“海军军官学校”亲历者的回忆，在海峡两岸都找到了新的鲜为人知的史料，再一次佐证了百年江南的历史建筑还有一些鲜为人知的历史沿革和逸事。特别是抗日战争胜利后，民国海军的“黄埔军校”——民国中央“海军军官学校”在百年江南这块“中国舰船摇篮”福地上的诞生，无论逸事和旧址沿革却少有人问津，少有人去认真考据这尘封的历史。作为一名退休的船舶工程界的老人，城市记忆拾遗者试对百年江南老建筑作一另类的考据和解读。

创办海军“黄埔军校”的原委

最早公开披露中央海军军官学校在上海诞生消息的，可能当数 1946 年初《新海军》月刊创刊号上的报道：“我海军当局最近正筹备设立一中央海军军官学校，筹备处在南市龙华路前伪中央海军学校。”（图 1）

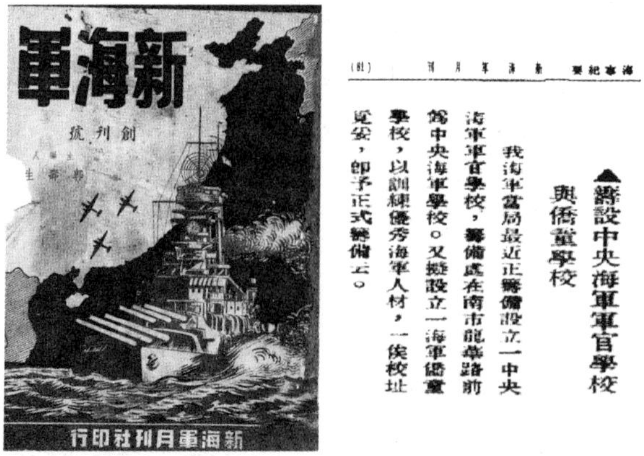

（1946年1月出版）

图 1 《新海军》月刊创刊号

据上海市地方志办公室主办的上海通网披露："中央海军军官学校民国35年3月设于高昌庙龙华路（今龙华东路）[1]，校长蒋介石兼，教育长杨元忠。8月招生，9月开学，第一期学员100余人，次年迁青岛。"

今日位于台湾高雄市左营区的"海军军官学校"（R.O.C. Naval Academy），简称"海军官校"，海军将领们喜欢把它称为海军的"黄埔军校"，70年前，这所军校在上海高昌庙诞生。

抗日战争胜利后，蒋介石决计为培植自己的嫡系海军部以重建海军、统一海军为名，以"培育第一等人才，建设第一等海军"为宗旨创办专门培育海军军官的军校——"海军军官学校"，并亲自兼首任校长。1946年2月25日，他派杨元忠至上海高昌庙接收汪精卫政权建立的"中央海军学校"，同时在全国按各省人口比例，招考上海"海军军官学校"第一届学生（校方以毕业年份称民国三十九年班）海军官校学生，蒋介石同时下令将在重庆的福州马尾海军学校并入"海军官校"，于1946年6月正式开学。但是，该校在上海的时间很短暂，1947年4月，就奉命迁青岛，与1945年冬才成立的中央海军训练团合并，仍沿用"海军军官学校"校名。1949年4月，国民党政府在内战中失败，又令"海军官校"自青岛南迁至厦门。9月，再度南迁至台湾左营至今，仍沿用在上海诞生的校名——"海军军官学校"。

有张20世纪40年代的建筑老照片（图2），门上悬挂民国海军军徽，下方还有通常民国军校才会有的"亲爱精诚"匾额。今天位于台湾左营的"海军军官学校"校史馆的视频文字介绍的是："在上海成立海军军官学校"。照片上的建筑，似曾相识，这就是江南厂整体迁往长兴岛后被修缮

[1] 校址在今龙华东路局门路口，局门路655号。

保留的历史建筑江南厂原机装车间办公楼。

图 2 “海军军官学校”上海校舍之一

“亲爱精诚”是黄埔军校的校训，由黄埔军校首任校长蒋介石亲亲自拟选“亲爱精诚”为校训，呈交孙中山先生核定后使用。其目的乃在发扬黄埔精神造就“顶天立地”和“继往开来”的堂堂正正革命军人。孙中山先生核定“亲爱精诚”为黄埔军校校训，正是孙中山先生衷心希望借黄埔军校培训中国革命军事人才和通过黄埔军校师生为纽带，团结国共两党共同革命的写照。因此，台湾海军将领也以毕业于海军的“黄埔军校”——“海军官校”而引以为豪。

此外，在上海档案馆还保存着一份 1946 年初“海军军官学校筹备处”给上海工务局请求全面维修附近鲁班路路基“以便校中人员及中外各界人士往来”的公函（校筹备字第一一二号），这份罕见的手写公函（图 3），是“海军军官学校筹备处”主任杨元忠在普通信笺上签发的，显然，在海军官校筹备之初，因抗日战争刚刚结束，各方面条件有限，一切工作都因陋就简，显而易见。

筹备处主任杨元忠，在 1942 年出任中华民国驻美国大使馆中校海军副武官，抗日战争结束后回国，1946 年 6 月正式建校开学时，晋升为海军官校上校教育长。

该公函还披露这样一段史实，即 1946 年时，龙华路之北的鲁班路是简陋的土路，龙华路之南至黄浦江边还未能形成马路，是不通车的小路，有旧照佐证，校门设在龙华路局门路路口的“红楼”旁边（今龙华东路局门路）。

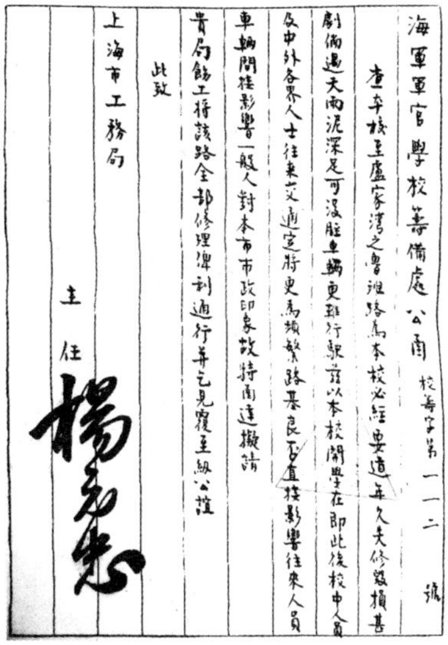
海軍軍官學校籌備處公函 校籌字第一一二號
查本校至盧家灣之魯班路為本校必經要道年久失修毀損甚
劇倘遇天雨泥深足可沒脛車輛更難行駛茲以本校開學在即此後校中人員
及中外各界人士往來交通定將更為頻繁路基良否直接影響往來人員
車輛間接影響一般人對本市市政印象故特函達擬請
貴局飭工將該路全部修理俾利通行并乞見復至紉公誼
此致
上海市工務局
主任 楊元忠

图 3 海军官校筹备处主任杨元忠签发的公函

这里，不得不说一下，上海世博前后，诸多主流媒体广泛报道或转载上述机装车间办公楼在 20 世纪 40 年代末曾为“民国海军司令部”一说，虽经“国家文物局、上海文管会专家和‘世博局’专家的鉴定论证”，笔者实不敢苟同，这有违史实，有“误读”历史建筑之嫌疑。其实，日军强占之前，这里是“海军上海医院”院舍，趁此机会应将历史真相还原，详细考据将另有专文。

校舍四处

民国“海军军官学校”校舍是接受了地处高昌庙原汪伪“中央海军学校”的校舍开办的，这里将新发现几则史料先介绍一下。

据《申报周刊》1940 年第 3 期“国内大事记”专栏报道，汪伪“中央海军学校”于 1940 年 5 月 11 日在高昌庙正式开学。报道中的所谓“该校大礼堂”，即被日军占据的江南制造所飞机机库。

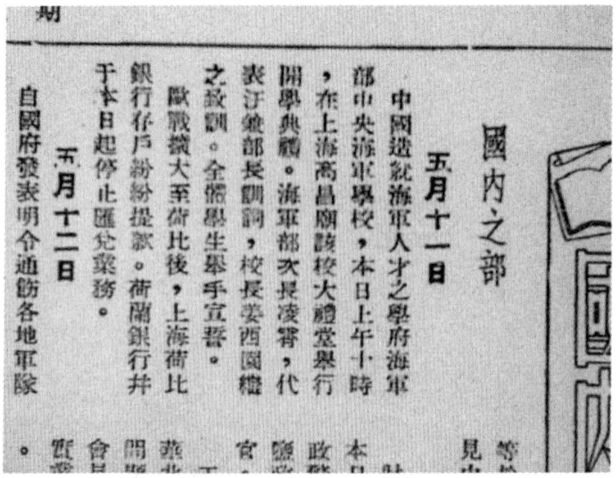

國內之部

五月十一日

中國造就海軍人才之學府海軍部中央海軍學校，本日上午十時，在上海高昌廟該校大禮堂舉行開學典禮。海軍部次長淩霄，代表汪兼部長訓詞，校長姜西園繼之致訓。全體學生舉手宣誓。

歐戰擴大至荷比後，上海荷比銀行存戶紛紛提款。荷蘭銀行并于本日起停止匯兌業務。

五月十二日

自國府發表明令通飭各地軍隊

图 4 《申报周刊》1940 年第 3 期

据 1940 年 2 月考入汪伪“中央海军学校”第二期生张绍甫先生在《宁波文史资料第二十二辑：汪伪中央海军学校亲历记》中回忆：

1939 年冬，我在汉口考入上海“水巡学校训练所”，为第三期练习生。四个月后，“水巡学校”改名为“中央海军学校”和“中央海军学校训练所”。1940 年 2 月，“中央海军学校”招考第二期学生，并在部分练习生中，经过日文、数学等测验录取了 7 名，我也被录取。

“中央海军学校”在上海黄浦江边新龙华，在江南造船厂旁边，占地相当大，“训练所”在高昌庙。自 1940 年 2 月开办到抗战胜利，共办了 6 期，有学员 400 人左右，其中五、六期未毕业。抗战胜利后，极大部分学生分配在国民党军舰上当军官。

1950 年国民党长治军舰封锁上海时，在吴淞口外起义，起义中被士兵击毙在舰的副舰长孔祥梁（一期）、枪炮长王英章（二期）及许多其他军官，都是“中央海军学校”毕业生。

图 5　伪中央海军学校（《鄂报》1941 年第 7 期）

此外，《鄂报》1941 年第 7 期也对伪中央海军学校作过图文报道。如图 5 所示，图左上照片为飞机库内的大教室（兼大礼堂），图下中照片为校舍（即原海军上海医院），图右下为学员在飞机库北侧操练，图左下为学员在飞机库南侧操炮训练。据该文报道，“该校舍分为四处”，除上述大礼堂、原海军上海医院外，还有原大公职业学校校舍“红楼”。但张绍甫先生提到另一处校舍“训练所”遗址在何处，笔者还没有找到确切佐证资料。据上海图书馆所保存的 1933 年资料“江南造船所总图”布置，估计应为邻近“飞机库”的水上“飞机厂”建筑。因原图字迹比较模糊，笔者故以图注形式，另以红字加注说明。即：校舍①海军上海医院、②飞机机库、③飞机厂、⑧大公职业学校。（见图 6）上海市私立大公职业学校校舍是在 1934 年筹资建成的，并且也不在当时江南造船所厂区内，故 1933 年时“江南造船所总图”上没有标注，笔者在图中特以虚线标注。

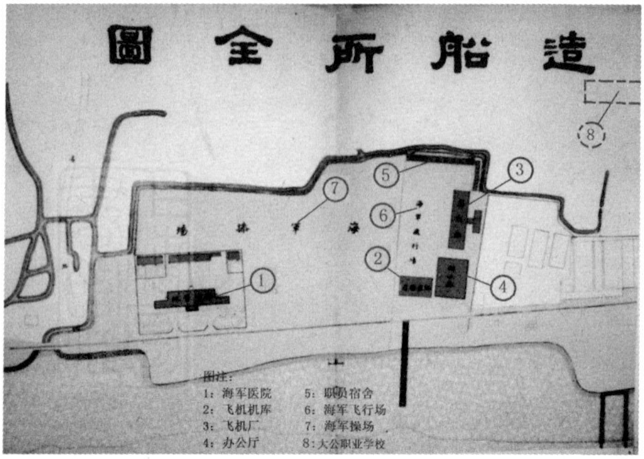

图 6　1933 年“江南造船所全图”上的四处校舍

货真价实的海军“黄埔军校”

上述史实还被 1949 年撤退去台的一些民国海军将领的回忆录所证实。

如今，校址在左营的第十五任中央“海军军官学校”校长李恒彰中将，曾先后任海军后勤司令、海军总部人事署长、巡防第一舰队舰队长、海军官校教育长兼支队指挥官、汉阳舰舰长、文山舰舰长、巡防舰队参谋长、官校学生总队长等职。他是 1946 年首批考入民国政府的海军部的中央“海军军官学校”的新生。他在《海校学生口述历史》(九州出版社 2013 年版）一书中为我们提供了新的佐证。

李恒彰中将在书中回忆：“民国三十四年八月抗战胜利，我正念高二，高中毕业后，那时我对国军崇拜得不得了，希望国家强盛，急切地想报国。”“中央海军军官学校成立于民国三十五年，招考高中毕业生，接受四年制仿美式教育。海军总司令部中央海军军官学校招考第一届航轮兼修四年制军官。”“我们是新制海军的第一届（三十九年班），隶属海军总司令部。”

“那时国防部参谋总长陈诚先生来对我们讲话，他说：本来你们要到武汉，和笕桥的空军、成都的陆军三所官校合并的四年制国防军官学校受训，都是美式教育，念美国学校教材，吃美国学校伙食，穿美国学校的制服，但武汉那边来不及兴筑新校，你们现在先在上海找栋房子，暂且忍耐一下，一个学期或两个学期后，送你们到美国安那波利斯，去和美国海军官校学生一起受训。过去海军四分五裂，现在你们是中央的海军，是黄埔的子弟兵。”“我们入校时由蒋中正兼任校长，教育长最初是杨元忠上校，等于是执行官。”

“我们穿上了白军服，从南京坐火车到上海海军官校报到。”“到上海下车后，美制的雪佛兰卡车来接我们到南市江南造船所旁，原汪伪海军官校校址。”“原这是一栋大红楼，为汪伪海校的房舍，容纳我们两个中队的同学就没别的空间。”“在上海海军官校时，校本部就是校本部，没别的房子，教职员宿舍在教室大楼后面，我们则住在中国公学校的宿舍。”

该书还提供了一张上海中央“海军军官学校”校本部旧照，校门左

图 7　上海“海军军官学校”校门及红楼（1946）

侧的校舍，无疑也有力地佐证了这里就是原大公职业学校的校舍。笔者在左营中央“海军军官学校”校史馆的视频资料中也发现有此相同的旧照（图 7）。

据 1935 年《教育与职业》杂志总第 163 期报道，该学年大公职业学校“学生增至四百余”人，这与张绍甫先生所述“中央海军学校”“有学员 400 人左右”和李恒彰先生所述“汪伪海校的房舍，容纳我们两个中队的同学就没别的空间”，都相互印证了“红楼”的规模在 400 名学生左右。

前面提到的海军军官学校校舍之一的原“海军上海医院”建于 1931 年，兼作江南造船所试航时的指挥通讯楼。日占时期，成为伪“中央海军学校”学员宿舍，1946 年成为上海海军军官学校校舍、1947 年成为海军机械学校校舍之一。1949 年以后，原“海军上海医院”一度成为接舰海军宿舍、职工夜班宿舍、计量所和造船事业部机装车间办公楼等。

图 8　被修缮保留的原海军上海医院

值得一提的是，海军机械学校曾是民国时期“红楼”最后的主人。据海军机械学校校史：“本校于民国三十六年（即 1947 年）筹备时，原由江南造船厂[1]厂长马德骥先生（1948.9 授予少将军衔）兼任教育长，后因事忙辞职，同年十二月一日，海军总部派青岛造船所副所长王先登中校专任校长。”

令人意外的是，著名的中国科学院院士（学部委员）、造船专家、教育家和社会活动家，中国电子计算机辅助设计、船舶技术经济论证及船舶运输系统分析等船舶设计新学科的开拓者和中国船史研究学科的奠基者，为中国现代船舶工业的发展和人才培养作出了重要贡献的上海交通大学杨槱教授，当年也曾在江南造船厂和“红楼”留下足迹。1946 年 1 月，有海军上尉军衔的杨槱教授在结束美国“协助监造”美国航母“普林斯顿”号后回国，任海军江南造船所工程师、海军青岛造船所工务课长，1947 年秋，任上海海军机械学校教务组长。

2014 年春，江苏句容籍的杨槱教授在接受《京江晚报》记者采访时也说：“上海解放时，我在国民党海军机械学校当教务组长。该校新中国成立前曾迁到福建马尾[2]，我被迫随校前去。当时，我说我要回上海照顾一下妻儿，大家都清楚我这一走就不会再回来，几乎全校的师生都到码头给我送行。”“我兼过几年的镇江船舶学院副院长[3]，对镇江还是有些了解，现在变化更大、更好了。”

据左营“海军官校”校史，该校迁台后，历任校长几乎都曾是“海军官校”的学员。如，第十一任校长郑本基中将（海军官校三十六年班）[4]、

[1] 应为江南造船所所长，1953 年所名才改称江南造船厂。

[2] 1949 年 7 月迁台，今已并入国防大学理工学院。

[3] 1980 年 5 月由第六机械工业部正式任命。该校即为 1970 年奉军令迁镇江的原上海船舶工业学校，今江苏科技大学。

[4] 原“海军学校”学生，并入新组建的上海“海军军官学校”的，因入学早于 1946 年，故有“海军官校三十六年班”等称谓。

第十二任校长罗锜中将（海军官校三十六年班）、第十三任校长陈连生中将（海军官校三十八年班）、第十四任校长欧阳位中将（海军官校三十九年班）、第十五任校长李恒彰中将（海军官校四十年班）等。

“海军官校”三十八年班的李振强先生在1996年左右撰写过《我们这一班》的回忆文章：

> 我们这一班——“卅八”年班是“海军军官学校”迁台以来，也是改采“航轮兼习”后的首届毕业生。欣逢母校五十大庆，而我们这群游子也已在外面闯荡了四十多年了，回顾从前，曷胜感慨！
>
> 抗战期间（民卅二年初）我们投笔从戎考进了“海军官校”（时随政府西迁贵州，当时系采英国学制——修业八年、航轮分习），越两年而日寇投降，学校暂迁重庆，并于卅五年奉令复员。时当局鉴于战后建军需才孔亟，修业八年实缓不济急，决改采美制，招收高中毕业生，修业四年，航轮兼习，并开始在上海招生。
>
> 民国卅六年，“海军军官学校”在青岛正式成立，并定四月一日为校庆。将来自重庆及上海之学生纳编，并按程度分班，因当时我们已修完新制第一学年之课程，预定卅八年毕业，故编为“卅八年班”，上海同学则为“卅九年班”。
>
> ……
>
> 战时的“海校”有几项特点：一是没有寒暑假，全年仅有五十二个星期天及三、五个“国定假日”可以自由活动，每天从凌晨五点半起床到晚上十点就寝，中间除洗盥、用膳及餐后稍作

休息外，每日早晚自习及堂课超过十一小时，换言之在“海校”四年的学习时间，可抵外面六、七年，加上良师与严教，素质之高，外界颇难想象。二是当时课本除国文、公民、本国史地外，全用英文原版书（连外国史地也是英文，我们还念过英译的“三民主义”哩！），考题及解答自然都是英文了。三是校方要求甚严，三科不及格便被开除，离乡背井千万里的我们，那还敢不勤奋向学，故学风甚为优良，四是很重视游泳训练，不及格一样要退学，成绩好的也有奖励，例如陈连生当年曾创万余码之佳绩而获记大功乙次。

……

下面一些小统计，容或可供时人后世之笑谈，也让我们自己去回味：

一、入校时，我们总共有“七十二贤人”，毕业的却只剩下“卅九条好汉”，多严酷的淘汰！

二、卅九人中，有十三位当了将官（上将一、中将五、少将七），恰巧是三分之一，余大多为上校。

三、除了少数较早退役者外，几全受过术科班、参院等进修教育，三军大学毕业的几及一半，至于赴美受训者，一次的只有少数，两次的最多，三、四次的大有人在。

……

我们班上出过一位总司令、三位副总司令，担任过的重要军职，包括副总长、次长、联训部副主任、金防部副司令官、海总政治部主任、正副参谋长、战计会主委、督察长、办公室主任、军区司令、三军大学校长、官校校长、中科院院长、指参学院院长、中正理工学院院长、兵器学校校长、航海学校校长、舰令部司令、舰训部指挥官、两栖中心指挥官、舰队长、以及驻外武官等。

早在1933年，由蒋介石亲自兼任校长的电雷学校在镇江创办时，负责实际校务的教育长欧阳格中将在开学典礼上就对学生说过："我们是海军的黄埔学校"。所以1946年在上海诞生的海军军官学校被称为民国海军"黄埔军校"，更可谓货真价实。

笔者认为，百年江南"红楼"等历史保留建筑，曾作为旧海军军官学校校本部长达十年之久，在这里工作或从这里走出去的如前文介绍的李恒彰海军中将、马德骥少将、杨櫄海军上尉等知名将官一定不少，这才是江南红楼被称为"将军楼"的最早的起因。只是，这段少有人问津的旧海军军官学校在沪的历史逸事被尘封了太久而已。

人们常说百年江南是中国海军舰艇的摇篮，从一定程度上来说，如同海军"黄埔军校"一样，百年江南也是中国舰船人才成长的"福地"，特别是中国潜艇建造人才成长的"福地"。这是另外需要的专题探讨的话题，这里不作阐述。

合理利用历史建筑

民国政府海军军官学校等历史建筑如今能修缮保留在江南造船厂遗址，得益于它们见证了民国海军的重要历程，得益于它们是"红楼"——"将军楼"。2010年世博会期间，"红楼"又继续发挥余热——作为上海电力公司驻世博园区浦西电力应急抢救指挥中心。

2014年初，“红楼”被上海自由之旅度假服务有限公司（简称：FVC）以不菲的价格租得，改建为会员会所、酒店，挂牌为“大公红馆”。

2014年5月，笔者曾到试营业期的“大公红馆”一访，整幢楼竟无一位顾客。“大公红馆”能维持多久，令人生疑。

2014年10月26日下午，一位家住远郊的八旬退休的支重老江南——我的老同事，知道我在挖掘这段鲜为人知的历史，也特地来到江南厂遗址怀旧。20世纪50年代初，刚进厂的他与同事，曾在“红楼”里接受技术培训，也曾在原海军上海医院大楼里住宿过，但“大公红馆”保安却拒绝好忆旧的老人入内寻找往日的记忆。而原海军上海医院旧址大楼、飞机库等修缮保留的江南厂历史建筑也是铁将军把门无法进入，甚至连一块最简单介绍的铭牌都没有，不能不说是很遗憾的。

幸好，2014年10月27日，中共中央办公厅、国务院办公厅转发了住房城乡建设部、文化部、公安部等十个部门自2014年11月1日起施行《关于严禁在历史建筑、公园等公共资源中设立私人会所的暂行规定》，该《规定》强调：“本规定所称私人会所，是指改变历史建筑、公园等公共资源属性设立的高档餐饮、休闲、健身、美容、娱乐、住宿、接待等场所，包括实行会员制的场所、只对少数人开放的场所、违规出租经营的场所。”

显而易见，只对入会的少数人开放的场所的“大公红馆”，禁止普通市民入内是违规的。

依笔者愚见，据档案史料，今日“红楼”应恢复她本来的教育功能，联合海军院校，在上海筹建“中国海军教育史料馆”，作为青少年爱国主义教育基地、青少年舰船模型活动中心，远比开会员会所、酒店有意义得多。

附参考史料：

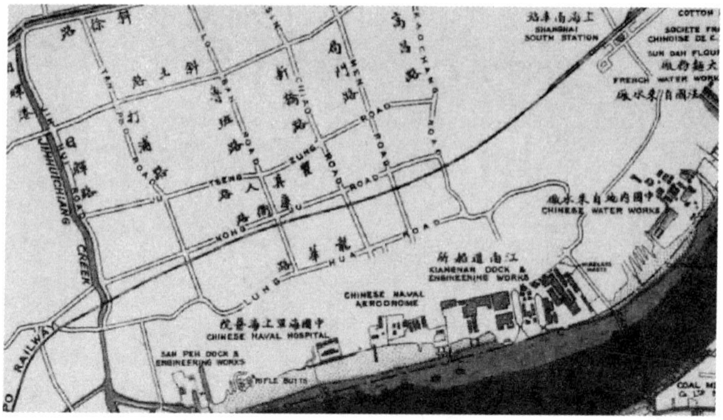

附图 1　1934 年《黄浦江总图》上的“江南造船所”“海军上海医院”“海军飞机库”

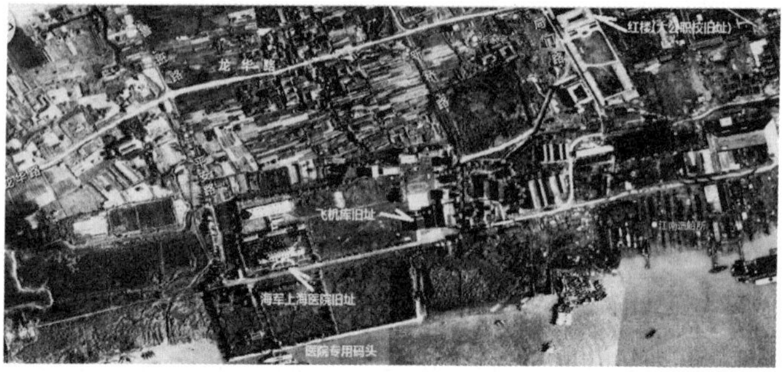

附图 2　1948 年“海军官校”附近航拍图（旧址粗字为笔者所注）

附图 3　今左营“海军军官学校”校史视频之一

附图 4　“红楼”今日挂牌“大公红馆”

附图 5　试营业中的“大公红馆”白天大堂空荡荡

郭寿生情系海军江南造船所

70 年前的 1945 年 8 月 15 日，日本战败，宣布无条件投降。随即，“三菱重工业株式会社江南造船所”生产停止，工人陷入失业中。“8 月 23 日，国民政府海军司令部指派上海办事处处长林献炘会同原江南造船所副所长陈藻藩收回江南造船所，并恢复其海军江南造船所原名。”[1] 并着手“清点资产，复员登记等工作”，但困难重重，直至 1946 年初，江南造船所才逐步恢复生产。

因此，70 年前的 1945 年，无论上层的民国海军部还是基层的江南造船所，全都无暇顾及“江南造船所”建厂 80 周年大庆之事。

但是，却有一位民国文职“老海军”，情系海军江南造船所，他没有忘记中国造船业的权威——“江南制造局”80 年沧桑之事。他情系抗战胜利后民国新海军的建设，在 1946 年 8 月，终于发出了他的心声——以个人力所能及的方式撰写纪念江南厂建厂 80 周年专文，并“预祝江南制造所的远大将来”，“迎头赶上先进的盟邦！”这也很可能是当时唯一的一篇江南厂建厂 80 周年纪念专文，可能也是 150 年来，最早纪念建厂“大庆”的专文。

在纪念江南造船厂建厂 150 周年的日子里，笔者在搜集、阅览江南厂史料时，得知这位曾为江南造船厂作过贡献的奉命潜伏在民国海军部工作而情系新海军建设、情系江南造船厂的中共地下党员——郭寿生先生。

[1] 江南造船厂志编纂委员会：《江南造船厂志：1865—1995》，上海人民出版社 1999 年版，第 14 页。

创办“新海军社”

郭寿生（1901.4—1967.3.31），又名郭景华，福建闽侯县鼓山乡（今属福州市晋安区）后屿村人。1916 年夏，考入烟台海军学校，1921 年加入社会主义青年团，在烟台海校创建党在海军中的外围组织“新海军社”。1923 年加入中国共产党，成为烟台最早的共产党员和中共地方组织创始人。曾任北方区军委委员、国民党烟台市党部执行委员兼宣传部长，后在上海主编《灯塔》月刊。1927 年参与领导上海工人起义。“四·一二”反革命政变后奉命潜伏，任职海军总司令部，担任《海军杂志》编译达 21 年之久，期间与党失去联系。1946 年以后，在上海创办《新海军》月刊，任《新海军》月刊社长兼总编辑，海总政工处上校专员。1948 年重新与组织取得联系，并奉周恩来命成功策反昔日“新海军社”成员林遵及国民党海军第二舰队起义。郭寿生因在渡江战役和保护江南造船厂的斗争中立功，1949 年 9 月，应邀由上海到南京担任华东军区海军司令部研究委员会副主任。不久赴京列席全国政协第一次会议，参加开国大典。1955 年 1 月，郭寿生被授予三级解放勋章。

图 1　郭寿生

烟台《新海军》和上海《新海军》

1923 年，共产党员郭寿生在烟台海军学校求学期间，他发起主编创刊了非正式刊物《新海军》杂志，不久，就停刊。抗日战争胜利以后，1946 年郭寿生在上海又以《新海军》月刊之名作为第一卷创刊号正式出版。

看似杂志名称一样：《新海军》，一字不多一字不少，又是同一个主编：郭寿生，同一出版人：新海军月刊社，如今，若有幸能同时阅读到这 2 份创刊号杂志的话，可能会令人迷惑不解。这究竟是什么原因呢？

2007 年 7 月 1 日《烟台晚报》上，景文先生介绍的烟台《新海军》月刊的文章为我们做了解答，我们只要细细阅读王景文先生的文章，再对比一下这二份同名杂志的创刊号目录和创刊词就可以知道，它们是时隔二十三年的“同胞”又同名的异地“出生”的有红色革命基因的亲兄弟。

1923 年，共产党员郭寿生在烟台海军学校求学期间，他发起主编创刊了非正式刊物《新海军》杂志，虽称月刊，实际上是不定期。郭寿生在烟台组稿后，寄上海党中央，由党的早期发行机构——上海书店印刷发行。郭寿生创办此刊的目的，是以此为阵地，讨论海军之兴革，批判封建腐败的旧海军教育制度，推进新海军运动的发展。并以“新海军社”为掩护，在海校学生中发展党的组织。《新海军》月刊后被当时的海军部及烟台海校查禁，被迫停刊。由于并非是向社会发行的正式刊物，发行时间短暂量又很少，所以，目前存世的《新海军》月刊已罕见。据烟台王景文先生撰文介绍，国内仅国家图书馆特藏部有一册创刊号原刊。事实也是这样，笔者在“大成故纸堆”数据库、上图的近代文献资料库中，均没有查找到烟台《新海军》月刊的任何线索。

而至《新海军》杂志创刊 20 余年后的 1946 年，《新海军》月刊又复活出版，这是郭寿生在上海主编的比较正规的《新海军》月刊，这是郭寿生的聪明，既表明是二十三年后《新海军》杂志劫后复刊，并在杂志内页用“新海军月刊”作页眉，而在杂志尾的版权页，也明明白白标示编辑发行全在上海。

“新海军社”成员王荣瑸

1949年春，“上海的局势越来越紧张，国民党海军当局在江南造船所加紧人员疏散和物资搬运的同时，桂永清又下达了炸厂命令。为了做好策反和护厂工作，周恩来委派吴克坚到上海，会同在‘同盟’工作的中共党员林亨元、进步人士张汝砺，指示他们立即寻找在国民党海军工作的曾于1927年在江南造船所组织过‘新海军社’的郭寿生，要他在国民党海军中进行策反，组织起义，并设法保护重要的军事工厂”[1]。

郭寿生接到指示后，立即“介绍林惠平、王荣瑸、林南琛和林亨元等接触。林惠平、王荣瑸接受了护厂的光荣任务。后来，第三野战军又派孙克骥、杨进找林惠平、王荣瑸、林南琛，在中共上海市委领导下，负责具体工作，直接联系”。

王荣瑸（1903—1989），又名英宾，与郭寿生同乡，也是福州人。毕业于马尾海军飞潜学校。王荣瑸早在1926年就认识郭寿生，加入郭寿生创办党在江南厂海军人员中的外围组织“新海军社”，并参与组织海军江南造船所职工会。因此，他对老乡郭寿生还是非常信任的，对共产党也甚有感情，当即同意参加这一斗争。1927年“四·一二”反革命政变中，王荣瑸险遭逮捕。

1929年，王荣瑸赴英国曼彻斯特大学，专攻内燃机设计和制造技术。

[1] 上海江南造船厂工人运动史编写组：《上海江南造船厂工人运动史》，中共党史出版社1995年版，第287页。

1932 年回国，任江南造船所轮机厂造机员、工务主任。“八·一三”抗战时，自告奋勇设计结构简单、杀伤力强的水雷，布防近郊河道后，对阻滞日军进攻颇有作用。旋被派往德国监造潜艇，苦心钻研，搜集并带回大量资料。1944 年，参加中国海军人员赴美造船服务团。抗战胜利后，回江南造船所，主管轮机厂工务。

王荣瑸接受地下党组织之托后，凭借工作之便，一方面动员工程技术人员不去台湾，另一方面与各工场主管秘密商议，以需要修理军舰为名，拖延拆迁重要设备时间，而且以坏充好，装运台湾。同时，千方百计与桂永清在江南厂的亲信柳鹤图和驻厂军官巧妙周旋，费尽周折，冒险调换，最终将江南造船所自 1905 年至 1949 年的主要舰船图纸共 2.6 万余张装箱封好转移到租界保存下来，还保存了全套造船年鉴。同时，许多工程技术人员经他动员后也毅然留在大陆，决心为新中国服务。王荣瑸的出色工作，为建国后江南造船厂的迅速恢复生产打下了基础。

1950 年，王荣瑸被评为上海市一等劳动模范。次年，加入共产党。任江南造船厂总工程师，主持中国第一代潜艇、第一艘自行设计的东风号万吨轮与第一台万吨水压机等多项国家重点项目的研制工作。1964 年 1 月，任上海船舶工艺研究所首任所长。为第二至第五届市人大代表，第三届全国人大代表。

郭寿生话江南厂“八十年沧桑”

1946 年，郭寿生创办《新海军》月刊，《新海军》设有时事述评、论著、特载、科学介绍、海事常识、现代史料、海事纪要等栏目。郭寿生先生亲自为杂志撰写和选编了大量国内外海军的文章和资料。

《新海军》创刊后，仅出版了4期，后因诸多原因而停刊。虽然《新海军》出版很短暂，还是刊登了多篇有关江南船厂的新闻。如1946年第1期，报道在江南厂“筹设中央海军军官学校与侨董学校”，第2期有《江南造船厂新计划》报道。更难能可贵的是，为纪念江南造船所建厂80周年，郭寿生特地在《新海军》第3期上以编辑部名义，刊登了有十一个专题的长文——《中国造船业权威——江南造船所全貌》，有八十年的沧桑、战前的情况、沦陷中情形、今后的计划、迎头赶上盟邦等专题。据笔者所查公开出版的旧期刊资料，在六十九年前，郭寿生为纪念江南造船所建厂80周年所编辑的专文，很可能是唯一的。因此具有比较大的历史意义和史料价值。

在纪念江南造船厂建厂150周年的日子里，重温郭寿生先生对江南造船厂的历史奉献，重温江南厂的有功之臣的郭寿生先生为纪念江南造船所建厂80周年撰写的专文，还是非常有意义的。特将此文的影印件附后，供有兴趣了解这段历史的读者、研究者参考。

附：

1. 清《同治上海县志》（1871年）中的江南制造局初期布置图

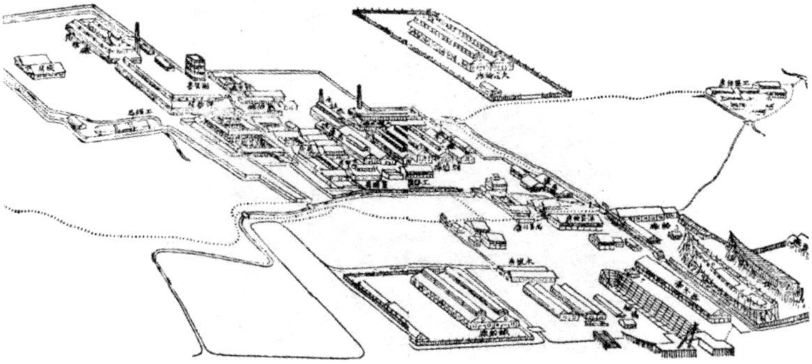

2. 晚清时期的高昌庙江南制造局（来源：William R. Kahler，*Rambles Round Shanghai*，1905。资料提供：上海师范大学周育民教授）

Kao Chang Miao Arsenal.

3.《新海军》月刊 1946 年第 3 期封面及载文

在戰後交通蔽塞的此刻，我們便不期然地將眼光投射到高昌廟去。高昌廟與名震遐邇的海軍江南造船所是血肉相聯的。這個獨步國內的造船工業，經過敵人的劫奪與轟炸的破壞，今日仍在工業界首屈的地位下艱苦維持着。兵燹之後，還該是她民生業發的日子。我們豈能不深切關懷呢？

本刊專訪 中國造船業權威——江南造船所全貌

八十年的滄桑

江南造船所已經歷了八十年的滄桑。

遠在太平天國革命之後，當時名公新靜，才知道輪船爲用之宏。同治六年，兩江總督曾國藩奏准設江南製造局二十萬兩，於上海高昌廟設立修船塢，專事修理船艦。迨光緒三十一年，始劃出高昌廟製造局地基寬闊一區爲江南船塢，以副將吳爭科爲總辦，專責修船塢的構件及工人分配遷入，自購兵船，兼修外艦。「操江」輪，就是她底第一個寧馨兒。直到民國元年，方易名爲海軍江南造船所。當時一切設備，僅略具規模。且國中造船人才甚少，不得不借重外人，總工程師就是英人摩根。其他各部工程人員，如造船部、造機部、設計部以及輪機等冷作間等，率皆英人。

記得第一次大戰時，美國曾向該所定造一萬噸運輸艦四艘，此爲最大的業務。工程完畢，成績很好，由是在國外樹立了信譽。所獲盈利，盡用以擴充經費，增建廠房，充實器材。惟組織上及技術上總不能追隨時代，歸於英籍。且英籍總工程師摩根自翊有毀校之功，總攬大權，目空一切，人有喧賓奪主之概。此時陳紹寬將軍來長該所，銳意改革，以收回權限與紀綱爲己任。此時，適有英國長江艦六艘，在該所建造，陳氏提請海軍部派海軍學校造船科及造機科學生二十餘人，來所見習，以爲將來興替建築部人才。無奈全功未竟，陳氏即行引退，輿論深爲惋惜。

不久，馬德驥將軍調任所長。馬將軍爲中國造船工程界的耆宿。對於造船所的廢興興革事項，俱能意見與前任陳氏相同，所不同的是陳氏未得實現者，在馬將軍任內俱一一見諸實施。所中各部職務，均派有深資專員參加工作，又派學員若干名赴英留學。訓練海軍學校畢業生數人來所應用。管理力求合於科學，組織力求臻於嚴密，如輪機廠工務處之設立，翻砂廠打鐵廠之廢除，包工制度計制度之改革，外人勢力的削弱，發工課之採用工時針，成本計算制度之創立，是此時重要的成就。

民國十九年，海軍部長陳紹寬兼長該所，陳副所長羅權參贊一切，更從恢宏建設，力求擴充，裁成兵工廠基址，修造三號船塢，並採供海軍發展製造廠，業務極一時之盛。

民國二十一年，馬德驥將軍重臨主政，一切更求新穎。數年之間，計完成軍艦與船兒百數十艘，像海軍中聞名的「平海」、「逸仙」軍艦，都是在那時誕生，其他如民生公司的「民元」、「民本」，海關的巡弋艦「殘星」、「聯星」等也差在那時建造的。那時候，國家統一大業，將次第告成，政府高唱復興計劃，該所曾擬具擴充造船所方案，俟獲當局，惟八一三事變突起，上海淪陷，造船所器材損失殆盡，人員星散四方，所立計劃，悉歸泡影。

馬前所長德驥

戰前的情況

抗戰以前，該所擁有資財，值一千萬元。職工計二千人。每年營業約達四五百萬元。修造船隻年達數百艘。在中國造船界裡稱巨擘。

爲了解說是她在戰前的情況：

先談設備：戰前生產設備，計有船塢三座，第一號長五百呎，第二號長五四五呎，第三號長六二五呎。各可容納萬噸以下船隻。船台[illegible]，同時可建造大小船隻十餘艘。船廠則有木模、翻砂、打鐵、打銅、冷作、木作、油漆、鍋爐、電氣等廠，此外又有[illegible]及試驗檢查設備。對於任何工程，均能應付裕如。

次談員工：戰前該所員工共二千八百餘人，總工程師十四人，技術人員八十餘人，普通人員一百人，技工[illegible]、冷作、木作、油漆、鍋爐等部門屬於包工性質，無以精考其人數，全部職工人數共計二千七百人，此外又有警衛士兵一百三十人，雜役六七十人。

末談組織：戰前該所設正副所長各一人，下設總務工務兩處，統轄各課廠及警防隊等，共二十單位，組織尚稱完密，工作效率亦以可觀。

淪陷中情形

八一三後敵軍侵入，該所成爲敵人轟炸的目標。在戰事爆發之初，馬所長派職工若干人，冒彈火，[illegible]，搶出重要圖樣及器材一小部份，在滬租界租屋暫事安頓，租賃車床，以資保管，是爲造船所之後身。其間曾製造水雷，謀炸敵人出雲艦，因事洩出意外，敵人全力緝拿，[illegible]。該所會計處長[illegible]，因有物資，託寄私人住宅，由陳副所長暗中監視。該處無形撤銷，是爲造船所一息尚存之時期。迨珍珠港事變後，租界淪敵人掌握，屆時僅存之物資，終於不能保有，慘遭劫奪，造船所亦在此時結束她的命運了。其間有一小部份機器，運往內地，在重慶[illegible]設立工廠，規模很小，然對於後方民運及軍用船舶，貢獻頗多。其時候，馬將軍不甘爲國內首屈一指的造船所淪於消滅，由港間道入蜀，襄助中央政府，

[illegible]

淪僞時期，該所被佔，改爲「三菱重工業會社江南造船所」。重新計劃新址，東起自來水廠，西至西砲台、北讓兵工廠，全部佔地凡五百餘畝。傾力擴充，期爲久遠之業，孰知天厭僞寇，美日戰起，敵人一敗塗地，終於三十四年九月向我投降。當時馬德驥將軍尚在美國督率海軍造船人員駐美服務，在美海軍各造船所服務，兼更以全力籌計取得該所復興計劃必需之各項物資，不得回國。海軍總司令部派陳所長爲全權負責接收。於是敵人所樹立之基礎，終歸我有。惟戰爭中曾因轟炸，毀損一部，很爲可惜。同年十月，馬將軍奉召返國，主持所政。今年二月，造船團人員亦相繼回國，來所供職。馬將軍一本素志，重新改善該所，加緊組織，更聘請美國工程師十餘人，爲採用最新技術之準備。

八十年有如此的成就，本屬應該的，可是配合着八十年中國的歷史來看，造船所屢經變亂，歷盡滄桑，從主持人到所內員工，無不披荊斬棘，在艱難中前進，才有今日的呵！

組織系統表

- 所長
  - 副所長
    - 監修課
    - 公工課
    - 設計處
      - 造船課
      - 造機課
      - 估計課
    - 生產處
      - 機器、冷作、木模、翻砂、打銅、打鐵、氧氣、銲接、無線電研究室、木工、油漆、帆纜、電氣十三廠
      - 工程師室
      - 船塢室
      - 考工課
    - 總務處
      - 文書課
      - 會計課
      - 採辦課
      - 醫務課
      - 材料庫
      - 警防大隊
    - 人事室

設備表

類別	數量	備註
船塢	三座	長六二五呎；五四五呎；五〇〇呎；各一座
船台	七座	長五〇〇呎至八〇〇呎
機器廠	一所	配有各種車床鑽床銑床計百餘部
冷作廠	二所	配有各種冷作機器三十餘部
木模廠	一所	配有新式萬能木心機一部及其他機器暨特種工作工具
翻砂廠	一所	配有十三噸鎔鐵爐二只及其他有關機具
打銅廠	一所	配有各種工作機械
打鐵廠	一所	配有二噸半及三噸汽錘各一座
氧氣廠	二所	配有製氧機器各一部
銲接廠	一所	配有電銲機風割刀
無線電研究室	一所	配有無線電檢驗儀器
放樣間	一所	長二百呎
木工廠	三所	
油漆廠	一所	
帆纜廠	一所	
電氣廠	一所	

造船能力表

工程種類	每年造船能力	備註
遠洋輪船	一萬噸輪船三艘	同時施工能力尚足應付沿海及內河新船工程當酌量情形減少
沿海輪船	二千噸至五千噸輪船十艘	同時施工能力僅足應付遠洋輪船新建數量當較本表所列爲少
內河輪船	一百噸至一千噸輪船三十艘	可同時兼顧其他工程惟遠洋沿海兩種輪船新建數量當較本表所列爲少
拖輪	一百噸以下拖輪三十艘	
駁船	在所不計	
修船	同上	
其他機件工程	同上	

一年來修理船隻概況表

類別	艘數：新造	艘數：合攏	艘數：修理	備註
本國海軍船隻			七〇	自三十四年十月至三十五年七月計修理定安普安永翔利通同安長治永績威寧永綏寶天民權楚觀中興安東法寶江元等共七十艘
外國海軍船隻			五〇	第119 655 860 366 99 96 991 1455 504號及Admiral Barge I II, Are-25 Capelrice 等計五十艘
本國商船			四六	招商局民生公司三北公司強華公司大通公司等輪船共四十六艘
外國商船			三	Onward, Colton General 及 Presi dent Pierce 等三艘
軍運船隻			一	軍政部差船建中同心等二艘
江海關船隻			七	海星瑞光聯星等七艘
在修船隻			五〇	中國海軍船二十艘商船三十艘
承造船隻	四			民生公司強華公司等十兵工廠等共四艘
木駁		五二		救濟署木駁五十二艘
鐵駁		二		救濟署起重駁船二艘

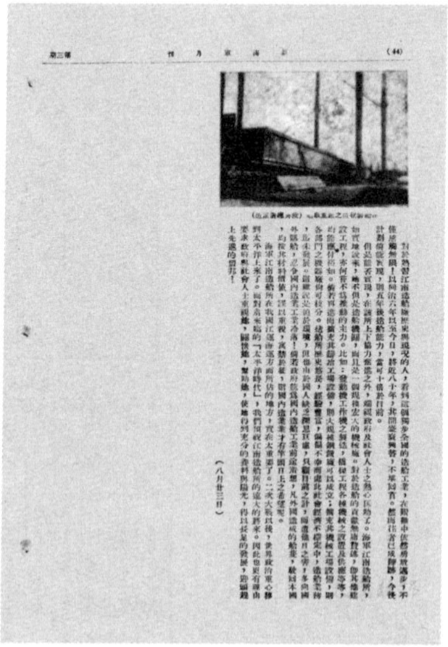

（2015年4月10日）

参考资料：

［1］江南造船厂志编纂委员会：《江南造船厂志：1865—1995》，上海人民出版社1999年版。

［2］上海江南造船厂工人运动史编写组：《上海江南造船厂工人运动史》，中共党史出版社1995年版。

［3］郑则善：《郭寿生与“新海军社”》，《福建史志》1997年第2期。

［4］《中央、区委联席会议记录（1927年2月23日）》《特委会议记录（1927年2月24日晚9时）》《中共上海区委主席团记录（1926年11月6日上午9时）》，均见上海市档案馆编：《上海工人三次武装起义》（上海档案史料丛编），上海人民出版社1983年版。

民国“海军上海医院”始末

黄浦江畔的江南造船厂旧址西南端，紧邻卢浦大桥的鲁班路局门路交汇处有幢占地面积 871.27 平方米，建筑面积 2032.59 平方米，南立面为仿希腊多立克柱式三角山花门廊以及半圆拱形凹入窗套的典雅的二层楼的老建筑，它就是 2010 年上海世博会前被江南厂重点修缮保留的四大经典建筑之一的民国“海军上海医院”院舍。“海军上海医院”竣工于 1932 年底，至今已有八十余年。

图 1 修缮保留的民国“海军上海医院”历史建筑

早在 1994 年 2 月，上海市人民政府公布的《上海市第二批优秀历史建筑名单》（沪府［1994］8 号文）中，“江南制造局”（江南造船厂，高雄路2号）的“总办公楼、2号船坞、指挥楼、飞机车间”就被列入市级优秀历史建筑。

2017年6月29日，上海市文广影视局、市文物局在官网上公布了“上海市不可移动文物名录”，在共计3435处不可移动文物中，“江南制造总局旧址”的“红楼”“职工医院”“2号船坞”“指挥楼”“飞机制造车间”“西公务厅”6处历史建筑列入“不可移动文物名录”。

上述“指挥楼”，就是本文要作讨论的优秀历史建筑：“海军上海医院”的前世今生的史实真相。

初址在张华浜

据上海市地方志办公室主编的《上海军事志》第一编“驻军”第一章“军事机构”第四节“中华民国时期驻沪军事机构”：

> 驻沪海军机关：海军医院，民国2年设立于吴淞，民国21年迁入高昌庙试炮台新建房屋。[1]

上述记载，被1934年5月浚浦总局测绘出版的“黄浦江总图”（吴淞至龙华）所佐证（图2）。总图在吴淞张华浜处标有“海军医院”（如图3，遗址在张华浜车站、浚浦局张华浜工场，今东海船厂附近），在江南造船所西南侧的黄浦江畔已明显标注有新建的“中国海军上海医院”（图4），并且与今日被修缮保留的老建筑位置相符。

[1] 即“试炮场”。

图 2 “黄浦江总图”版权页

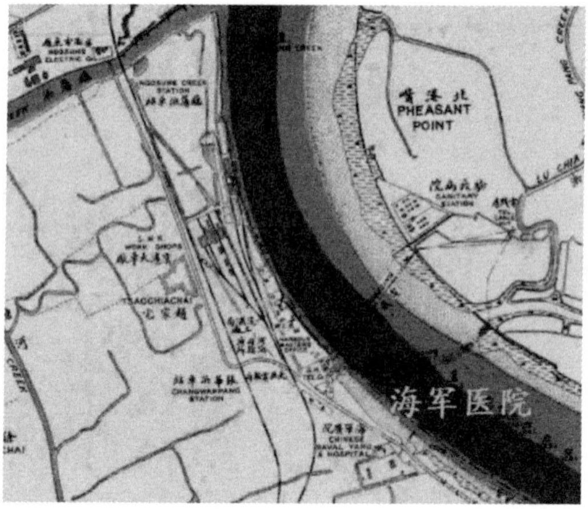

图 3 张华浜“海军医院”遗址

图 4 “江南造船所”与“海军上海医院”（1934 年）

此外，据清末的“江南制造总局平面图”，“江南制造总局”西南侧标有“试炮场北首本局空地”“南局戍卫所”等图注（如图5，深色线标、字为笔者所加注，字是抄录原字）。也就是说，“高昌庙试炮场”东邻“江南制造总局”，南邻黄浦江畔。邻江岸边的西端则是试炮炮靶，牵引试炮炮车的轨道则从与总局装配车间沿岸边延伸至“试炮场”。此位置也恰与前述1934年“黄浦江总图”上“中国海军上海医院”位置相合。显而易见，《上海军事志》记载的海军上海医院于“民国21年迁入高昌庙试炮台新建房屋”得到相互佐证。

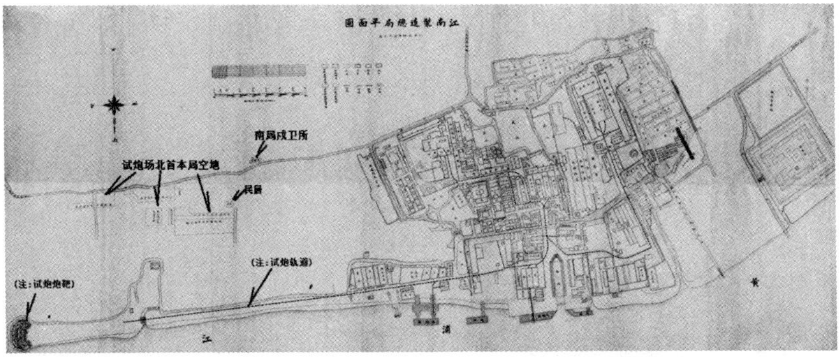

图5　清末“江南制造总局平面图”

另据时任海军部上将部长陈绍宽（时兼江南造船所代所长）负责的“中华民国二十一年海军江南造船所报告书”中所附的“江南造船所全图”，图中已明显标有“海军医院”“飞机厂”“飞机机库”“海军操场”（图6）。

在图6“江南造船所全图”上的数字图注1—8，系按原图中的说明标注，将字体放大，唯附注8系笔者新加。因局门路龙华东路路口的江南厂“红楼”（即上海市私立大公职业学校校舍）是在1934年初开工，秋季竣工的，且当时并不属江南造船所有，后来相继被日军侵占，被汪伪海军、

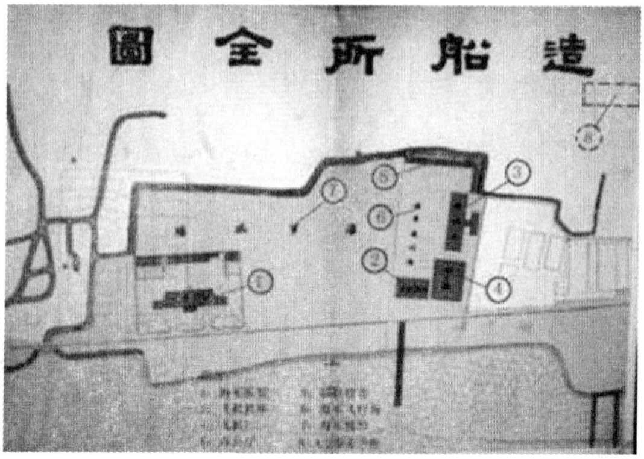

图 6　1932 年“江南造船所全图”(局部)

民国海军、江南造船所使用则是 1938 年以后事情。故在 1932 年的江南造船所全图上尚未标注“大公职业学校”，故用虚线标出。

海军新医院碑记

图 7 《建设海军上海医院记》碑文

2009 年，江南造船厂在修缮海军上海医院老建筑时，工人们原打算把南立面的两扇窗卸下来进行修缮，竟意外发现了“宝贝”：两块高约 2 米的石碑，静静地立在窗后，由时任江南造船所代所长的陈绍宽提笔立碑的碑文清晰地表明，1932 年底海军上海医院在这里竣工。尘封了近 60 年的石碑终于重见天日，也为一段原本模糊不清的历史，提供了回溯的证据。

趁此机会，也感谢江南造船厂党

群工作部逄秀莉副部长在筹备 2015 年江南厂建厂 150 周年庆典系列活动的忙碌中，亲自给笔者发来了上述《建设海军上海医院记》碑文真迹照片（图 7）。

此外，“海军公报”文献（图 8）还为我们披露了 20 世纪 30 年代中期，江南造船所与海军上海医院的关系，也是很特殊的，并非一般的同属海军部的“邻居”。有时，在行政事务、医院建设、医疗设备采购、资金划拨、结算等方面，海军部给海军上海医院的公函、指令，直接下达给江南造船所所长马德骥来执行，而不是发给海军上海医院陈泰鳌院长。

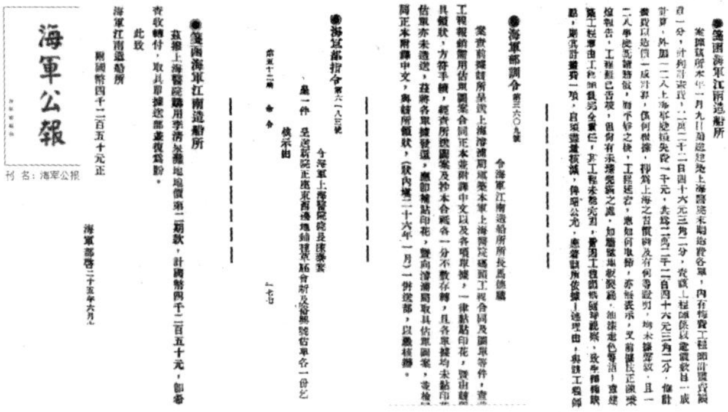
●海軍部訓令第三六〇九號

令海軍江南造船所所長馬德驥

●海軍部指令第六一八三號

令海軍上海醫院院長陳泰鏊

呈一件 呈送新院正座東西邊地鋪種草坯合新及裕興號估單各一份乞核示由

●箋函海軍江南造船所

茲撥上海醫院購用李清泉灘地地價第二期款，計國幣四千二百五十元，即希查收轉付，取具單據送部查覆爲盼。

此致

海軍江南造船所

附國幣四千二百五十元正

海軍部啓二十五年六月九

海軍公報

刊名：海军公报

图 8 “海军公报”摘录（均为截图）

如 1935 年 3 月的海军部“笺函海军江南造船所”“建筑上海医院末期造费”，1933 年 9 月“海军部指令”第六一八三号“令海军上海医院院长陈泰鳌”“呈送海军上海医院正座东西二边空地铺种草坯会新及裕兴号估单”，1937 年“海军部训令”第三六〇九号“令海军江南造船所所长马德骥”为“本军上海医院码头工程合同”的指示和海军部 1936 年 6 月“笺函海军江南造船所”“拨上海医院购用李清泉滩地地价第二期款”等，都为我们披露了历史真相。

同时，这些真凭实据证实了，在建造海军上海医院之前，该地块是私人滩地，是“试炮场”，无任何建筑应是确凿无疑。

院舍沿革

海军上海医院自1932年底由吴淞张华浜迁入高昌庙试炮台新院舍后，实际上使用很短暂，不足5年时间，1937年8月，悲壮的中日淞沪会战爆发，打破了这里的平静，海军医院涌入大量的被日军炸伤的参战军人，医院全体人员夜以继日地抢救伤员。短短三个多月，上海沦陷，1937年底，海军上海医院奉命西撤湖南辰溪。

1938年1月，江南造船所、海军上海医院及邻近的私立大公职业学校（红楼）等都被日本陆军侵占，随后又被移交给日本海军管理，并改名“朝日工作部江南工作场”。1938年3月24日，日本海军又委托三菱重工业株式会社经营，更名为“三菱重工业株式会江南造船所”。

1940年，日军控制的汪伪政权，占用海军上海医院、大公职业学校（即红楼）、飞机库等四处作校舍，开办伪“中央海军学校”（如图9），由汪精卫兼任校长。

图9 “海军上海医院”被汪伪“中央海军学校”占用（1940—1945）

抗战胜利后，这些校舍被民国海军接受。1946年初，《新海军》月刊创刊号上就有披露，“海军军官学校”筹备处已开始在这里办公。1946年6月民国海军“黄埔军校”——中央“海军军官学校”在这里正式诞生，并由蒋介石兼任校长。1947年4月，“海军军官学校”北迁青岛，这些校舍又成为新成立的海军机械学校校舍。海军机械学校筹备时，原由江南造船所所长马德骥兼任教育长，后因事忙而辞职。令人意外的是，著名的中国科学院院士（学部委员）、造船专家，上海交通大学杨槱教授，曾任海军机械学校教务组长。1946年1月，有海军上尉军衔的杨槱先生在结束美国“协助监造”美国航母“普林斯顿”号后回国，任海军江南造船所工程师。

1949年5月上海解放，中国人民解放军上海市军事管制委员会的第一号令，就是由海军接管江南造船所，原民国海军军校的等四处校舍同时归海军江南造船所使用。此后，原“海军上海医院”建筑相继成为海军官兵宿舍、职工夜班宿舍、计量所和造船事业部机装车间办公楼等。

令人欣慰的是，2009年百年江南老厂在迁移长兴岛前，有七幢优秀历史保护建筑被修缮保留，其中有三幢曾为民国海军学校所用，即海军上海医院、飞机库和红楼（也称将军楼）。

优秀历史建筑被误读

早在2006年，《中国国家地理》2006年第6期有一篇题为《江南造船厂——中国人从这里踏上追赶西方之路上》的文章（作者王国慧），其中介绍一幢江南造船厂的历史保护建筑，在附图中说：“图中的砖木结构建筑建于20世纪30年代，曾作为试航时的指挥通讯楼，40年代末曾作为国民党海军司令部。它占地面积 871.27 平方米，建筑面积 2032.59 平方米，现为公司造船事业部机装车间办公楼。”（图 10）

图中的砖木结构建筑建于20世纪30年代，曾作为试航时的指挥通讯楼，40年代末曾作为国民党海军司令部。它占地面积871.27平方米，建筑面积2032.59平方米，现为公司造船事业部机装车间办公楼。

图 10　江南造船厂旧址上的优秀历史建筑之一（图文引自《中国国家地理》2006 年第 6 期）

2010 年上海世界博览会前后，以上海主流媒体为主的众多媒体纷纷对为办世博，江南造船厂整体搬迁至长兴岛。原址保留、修缮江南机器制造总局（简称江南制造局）总办公楼、飞机库、海军司令部、翻译馆、红楼等历史建筑作过许多采访报道，达到宣传的高潮。

2008 年 6 月 3 日，《文汇报》记者张晓鸣在题为《百年船厂变身博物馆将成沪上规模最大的行业博物馆》报道中写道：“根据国家文物局、上海文管会专家和‘世博局’专家的鉴定论证，百年江南老厂内留下的一系列优秀历史保护建筑，其中包括最早的 1868 年设立的‘翻译馆’，以及有代表性的‘二号船坞’、‘海军司令部’、‘飞机库’、‘将军楼’、‘总办公厅’、‘黄楼’这 7 个建筑，将全部保留。”

2009 年 6 月 10 日《东方早报》，记者李继成在文中也提到：“国民党海军司令部旧址”，“这幢南立面仿希腊多立克柱式三角山花门廊以及半圆拱形凹入窗套的典雅的二层楼房”。“江南造船厂海军司令部建筑是四大经典老建筑保护的重点。1927年，江南造船厂改隶国民政府海军系统，并设立海军司令部指挥所。该建筑建于20世纪30年代，40年代末曾作为国民政府海军司令部，建国后作为江南造船厂海军宿舍使用。”

2010年4月，上海教育出版社出版的“EXPO世博丛书”之一《孕育世博的热土》（作者姚霏、陈克涛）专著中，也专门列了一个“原国民党海军司令部”章节的图文介绍。时至今日，读者若在百度等中以“江南造船厂　海军司令部”搜索，仍能找到不少相关的网页。可见其传播之广泛，影响之深远。但是，无论这些主流媒体的报道还是史学专家的专著中，并没有见到他们所依据的任何佐证史料。心有存疑的笔者实在不敢苟同，所以，经认真考据，引用前述真凭实据，认为这些报道有违史实，有误读历史建筑、以讹传讹之嫌。鉴于20世纪40年代末的“国民党海军司令部”一说传播影响相当广泛，至今在各大网站上还有大量的转载网页（详见附录）。如今，抗日战争胜利已70多年，江南造船建厂也已过150多年，有必要将民国“海军上海医院”的前世今生向广大读者披露，以还历史真相。

写完上文后，2017年10月30日，作者致信黄浦区文保所：

江南造船厂旧址二幢“优秀历史建筑”“名不副实”！

（1）“指挥楼”之称不实，还被众多媒体“以讹传讹”为四十年代末的国民党“海军司令部”，至今未被纠正。应表述为民国“海军上海医院”。

（2）“飞机车间”或“飞机制造车间”之称不实，应表述为“飞机机库”（即：水上飞机机库）。

请主管部门尊重历史史实，恢复“优秀历史建筑”初始名称！

11月1日，黄浦区文保所简单复如下：“您可向市历保中心反映。由于其市级文物保护单位的身份，我们也会把您的情况向市文物局反映。”

11月2日，作者致信上海市文化广播影视管理局、市文物局领导信箱，要求将上述江南造船厂旧址二幢“优秀历史建筑”恢复初始名称！但，无回复。

附录：

一、本文所述的“民国‘海军上海医院’始末”与今日四川北路上的海军411医院并无任何传承关系。上海市地方志办公室主编的《上海军事志》《中华民国时期驻沪军事机构》中介绍：上海海军第一医院，1945年由海军总司令部接收日本海军医院改组而成，当时名为海军上海医院。院址北四川路2181号。1946年1月开始工作，后因海军总司令部撤销，4月起直属军政部海军处。国防部成立后直属国防部海军总司令部，1947年5月1日，改名海军第一医院。该院设病床100张，在编官兵160人。院长郑铄。

二、民国海军上海医院老建筑被“误读”的部分典型报道：

1. 郑莹莹：《原国民党海军司令部老楼将被重点保护修缮》，中国新闻网，2009年6月11日

2. 李继成：《原海军司令部将“修缮如旧”》，《东方早报》2009年6月10日

3. 陈盈娱：《听清水砖铁栏杆细语》，《解放日报》2010年1月28日

4. 张晓明:《尽一切可能保护历史建筑》,《文汇报》2006 年 10 月 26 日

5. 汪志星:《上海世博园与江南造船厂》,《中国档案报》2010 年 10 月 10 日

6. 王国慧:《江南造船厂 中国人从这里踏上追赶西方之路》,《中国国家地理》2006 年第 6 期

7. 张晓鸣:《百年船厂变身博物馆 将成沪上规模最大的行业博物馆》,《文汇报》2008 年 6 月 3 日

8. 何榍:《世博园区 4 大保护老建筑亮相》,《青年报》2009 年 6 月 10 日

9. 张炯强:《将“工业建筑”化为“展览建筑”》,《新民晚报》2010 年 5 月 1 日

10. 姚菲、陈克涛:《孕育世博的热土》第四节“历史建筑名片之一:工业建筑”之“三、原国民党海军司令部”,上海教育出版社 2010 年版,第 42—43 页

“大公职校”逸闻轶事

1962年秋，第一次知道了上海滩上曾经有所“大公”——上海市私立大公职业学校。那时，我刚从光明中学考入国防工业重点中等专业学校——上海船舶工业学校，至今还记得教我们语文的陈农华先生就是来自“大公”的教师。后来又得知，我们基础科主任吴新柏先生、船体专业科主任冯敬义先生也是来自“大公”的教师。近年才知道教授电工学专业基础课的倪秀仁先生不但是毕业于交通大学的“大公”的教师，而且在交大就入了党，参加共产党的地下革命活动。遗憾的是，近年想向他们了解当年“大公”的往事时，一切已晚——他们都已相继作古多年。

笔者真真关注、寻觅、探索、了解早已消逝的“大公”还是在2002年以后的事情，至今已寻觅到不少鲜为人知的“大公”逸闻轶事，有些轶事，连健在的老“大公”们也未必听说过那些久远的被尘封的事情。

“大公”校董个个不简单

1918年至1936年是上海私立职业学校的兴起阶段，1918年中华职业教育社在上海创办中华职业学校后，至1936年期间，上海新办一批以私立为主的职业学校，但一直坚持到上海解放后的学校只有19所（已向市教育局立案、备案）。其中，中华职业教育社与以“培植中等技能促进生产教育并注重严格训练”为宗旨的上海市私立大公职业学校都是当时颇有声誉的职业学校。从创办之初的学校董事会董事名单就可以知道，“大公”的“后台背景”相当不简单。据重庆市档案馆馆藏民国档案全宗第0134号《重庆市私立大公职业学校》全案（1937年至1949年）之“重庆大公职业学校一览”记载：私立大公职业学校系“民国二十二年春（1933年），上海吴铁城、吴开先及屈映光、张效良、吴蕴初、杜月笙、诸文绮、应俭甫、林美衍诸先生创办，推林美衍先生为校长，是年秋赁屋于小南门乔家路几栋民房暂行招生上课，分机械、土木、商业及应用化学四科。”

“大公”创办之初，首届学校董事会董事长是上海的一把手——吴铁城，其时任上海市长兼淞沪警备司令，执行对日妥协政策。解放战争中是被通缉的第十四号战犯。首届校董会副董事长吴开先，长期把持上海国民党党务，有“党皇帝”之称，时任国民党上海市党部执委常委、组织部长、执委会常务主席。首届校董吴醒亚，时任上海党部执委会常务委员、上海市社会局长。1930年，蒋介石南昌“剿共”行营任随从秘书。1935年，当选为国民党第五届中央执行委员，其间大肆搜捕共产党人，残酷镇压革命。首届校董林美衍，1932年杜月笙的门徒创立“恒社”时的主要成员，时任国民党上海市党部执委委员。他们可谓上海的党政要员。

而被“拉进”校董中的实业家个个也不简单，如建筑巨商久记营造厂厂主张效良，承造的代表性建筑有沪杭铁路站房、中汇大楼、东方饭店（今工人文化宫）、大中华饭店（今华东供销合作总社）、内地自来水厂、裕丰纱厂、统益纱厂和华成烟草公司新、老两厂的厂房和前日商日清轮船公司码头仓库等大工程。

如化工专家，著名的化工实业家吴蕴初，天厨味精厂厂长兼经理，我国氯碱工业的创始人。在我国创办了第一个味精厂、氯碱厂、耐酸陶器厂和生产合成氨与硝酸的工厂。1928 年创办中华化学研究所，任董事长，后被举为中华化学工业会副会长。

如兴办多家染织企业的实业家诸文绮，和亲友集资在上海闵行创办浦海银行，任董事长。抗日战争期间，他又联合同业集资创办中国染织银行，任常务董事兼总经理。

如大名鼎鼎的杜月笙，是近代上海青帮中最著名的人物之一。被称为“中国黑帮老大”和“中国第一帮主”，不但出入黑白两道，游刃于商界、军界与政界，而且将触角伸向金融、工业、新闻报业、教育等多领域，所谓前无古人，后无来者。

但是，校董中的那些著名的实业家不过是校长林美衍借他们的社会名声做个陪衬罢了。实际上，“大公职业学校”董事会成员的“钦定”，都是校长林美衍一手策划的结果，就连校名都来自他的“大公机械厂”厂名。林美衍，字行之，上海法学院经济系毕业，是大公机械厂总经理、昌明电气制钟公司董事，国民党上海市区党部执委、CC 系中坚分子。

“大公”与 CC 系骨干

“大公”校董会不但由上海市的党政要员掌控，他们还是国民党 CC 系重要的骨干成员。如 CC 系“中坚分子”吴开先，抗日战争胜利后，任上海市社会局长，并接任“上海大公”校董事会董事长，因局门路龙华路原校址被国民政府海军接受后占用，不愿归还，在他的斡旋下，海军将接收的峨眉路 400 号“日本海军俱乐部”(即日本海军下士官兵集会所)，暂借给“上海大公”作复校校舍。

著名的实业家、中国第一家生产灯泡的工厂——中国亚浦耳电器厂创办人，胡西园先生（曾任上海市杨浦区第三届政协委员和民建市委委员）1964年退休后，曾在回忆录里一言中的：“据传说CC系又认为我是一个可用之才，要设法拉拢我。上海大公职业学校当时也迁到重庆，校长林美衍曾对我无意中谈起，陈立夫、潘公展两位有意要我加入他们的组织，但方式方法还未肯定。后我又碰到CC系中坚分子吴开先，他对我说：‘大家说你组织力很强，上海许多国货工业团体是你帮助组成，抗战后重庆几个主要工业团体你都参加发起筹备到成立，所以立夫先生说你是一个人才，我们应该多多合作。’”

潘公展是CC系骨干，蒋介石的亲信。历任国民党上海市党部常务委员，上海市农工商局长、社会局长、教育局长。抗日战争期间，历任国民党中央宣传部副部长、新闻检查处长、中央图书杂志审查委员会主任委员等职。积极宣传反共和攘外安内政策。

上海档案馆有一份约写于1949年8月的“大公职校学校简史”材料（档案号B105-5-43-3）也为我们作了佐证：

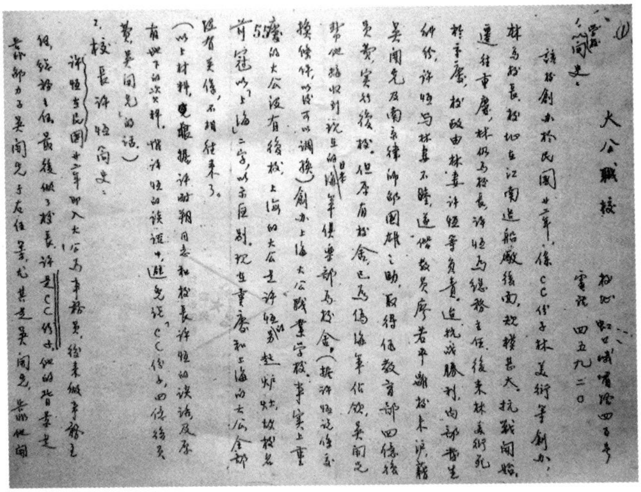

图1 “大公职校学校简史”手迹（1949）

该校创办于民国廿二年，系CC派分子林美衍等创办，林为校长。校址在江南造船厂后面，规模甚大。抗战开始，迁往重庆。林仍为校长。许恒为总务主任。后来林美衍死于重庆，校务由林妻[1]、许恒等负责。迨抗战胜利，内部发生纠纷，许恒与林妻不睦，遂偕教员廖若平离校来沪，藉吴开先及南京律师邵国雄之助，取得伪教育部四亿复员费，实行复校。但原有校舍已为伪海军占领，吴开先帮他接收到现在的日本海军俱乐部为校舍创办上海大公职业学校。事实上重庆的大公没有复校，上海的大公是许恒的另起炉灶，故校名前冠以‘上海’二字，以示区别。现在重庆和上海的大公全部没有关系，不相往来了。

……

许恒在民国廿二年即入大公为事务员，后来做事务主任，总务主任，最后做了校长。许是CC分子，他的背景是靠邵力子、吴开先、于右任等，尤其是吴开先，靠他开了上海大公。

据韩德良老人2007年在天涯论坛上披露的个人上访材料称：他父亲韩祖兴是原童涵春药店职工，1928年就加入共产党，“1929年至1932年任中共上海药业党支部书记，1932年做专职党务工作，后曾因领导职工殴打国民党黄色工会指导员林美衍（此人是当时国民党上海市党部要员吴开先的外甥）被国民党登申、新二报通缉，称父亲是药工互助的中坚分子，父亲被迫改业”。

有记录表明，以林美衍为首的CC系“中坚分子”校领导在办校

[1] 林美衍病逝于1944年，林妻，似为刘慎之。

之初，就开始对追求进步的“大公”青年学生参加社会活动大开“杀戒”——从学校开除。如光明日报官网就曾在对上海文化战线的老领导杨西光先生的生平介绍中提到，杨西光是考入大公的第一届新生，入学半年左右（1934年春）就受到他们的开除处分。辍学后，杨西光不得不离开上海，于1935年到北京大学学习，参加“一二·九”爱国学生运动，1936年8月加入中国共产党，从事革命工作。

据上海地方志材料，1946年，吴开先接任“上海大公”校董会董事长、吴铁城为上海大公校董。许恒时任国民党上海区党部执委委员。

上述材料佐证了，1946年8月，“大公”虽说在上海“复校”，但“大公”的主体并没有迁回上海，“大公”的教学、生产设备仍全部在重庆，直至50年代初，在全国教育界院系“大调整”中，重庆“大公”和上海“大公”均被解体撤并。

近年来，不乏有识之士对60余年前的全国院系“大调整”进行剖析反思，从当年的“大公”有如此复杂的幕后背景也可以看出端倪，上海一解放，“大公”就被接管、改造，1949年8月，新政权就派来了新校长、新教导主任，不久就被撤并“大调整”。

所以，国民党CC系骨干不但插手实业，还插足教育。“大公”则是他们在教育界所完全掌控的职业学校之一。

“将军楼”身世不简单

十多年前，笔者还在外地工作，就得知昔日“大公”最初的旧址校舍还在，也一直有个愿望，去寻觅一下“大公”的最初校舍旧址。2013年7月17日，虽然烈日炎炎，但我实现了这个愿望，而且是以一个“主角”

身份出现在局门路龙华东路“大公”旧址——参加“大公”校史的拍摄。其实，早在1967年秋，我从渤海船厂到江南厂实习一年，在一线从事潜艇建造，老师傅告诉我们潜艇接舰队就住在放样间东面的“红房子”。当时保密观念很强的，又是“军事重地”，在那时的社会大环境下，听过算数，没有在意，更没有人知道“红房子”曾是“大公”的旧址。真正了解当年的“大公”一些逸闻，还是最近几年的事情。

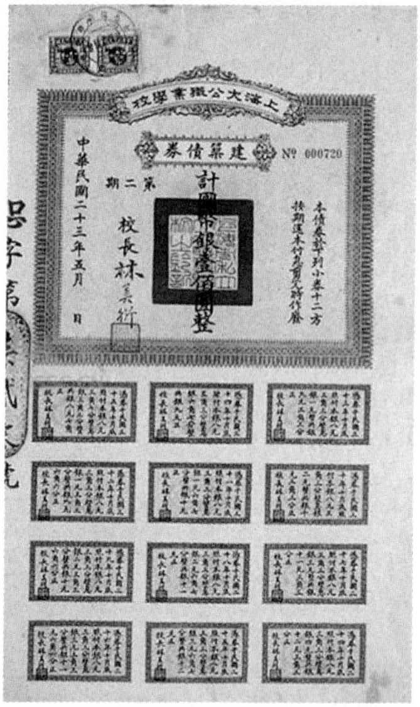

图2　1934年上海市私立大公职业学校建筑债券

今年已80大寿的“大公”校舍，前世今生都有些不寻常的往事。

1934年春，在“大公”校董们的支持下，董事长吴铁成亲自出面多方筹措、发行建筑债券，于南市局门路龙华路兴建新校舍及实习工厂。1934年秋开学时，学生增至四百余人。上海档案馆归档的“Q410-1-10-44大公职业学校董事长吴铁成关于学校认债券款事致上南交通公司的函件”也佐证了这一史实。

竣工于1934年秋的“大公”校舍占地面积7581平方米，建筑面积8322平方米。砖木结构，假三层，含半架空地下室。整个建筑从空中俯瞰呈现凸字形，是一幢仿希腊古典主义风格的建筑。正门处两旁，还有4根东欧风情的立柱做装饰，入口处门厅水磨石地坪上的“大公”校徽至今依然清晰可见。

1937年“八·一三”事变前，“大公”一部分迁入租界汉口路，另一部分迁重庆小龙坎。同年11月上海沦陷，江南造船所、上海兵工厂（原

图 3　上海大公职校校舍（1934 年）

制造局的另一部分）被日本陆军侵占，并强行圈占邻近的“大公”校舍和民地，使江南造船所全所面积增达 34.3 万平方米。还把南市的 3 家民营小船厂的机器设备，全部拆并入所内，使江南造船所的场地和设备都有较大扩展。1938 年 1 月，移交日本海军管理，改名“朝日工作部江南工场”，同年 3 月，又由日本海军委托日商三菱重工业株式会社接办，改名“三菱重工株式会社江南造船所”。抗日战争胜利后，江南造船所和“大公”校舍由国民政府海军作

图 4　今日门厅地坪上的“大公”校徽

为敌产接管。

鲜为人知的是“大公”旧址，曾为海军学校所用，达10年之久。这是上海市地方志办公室主办的上海通网上披露的史料：

“1940年春，汪伪海军部在高昌庙筹办海军学校。学制3年，开设航海、轮机等专业，日语为必修课，学员毕业后分配汪伪海军部门和军舰任初级军官，该校共招收6届学员。”

“1946年6月，国民政府接收高昌庙汪伪海军学校，开办中央海军军官学校，由海军总司令部第五署训练处负责招生。”

“中央海军军官学校设于高昌庙龙华路（今龙华东路），校长蒋介石兼，教育长杨元忠。8月招生，9月开学，第一期学员100余人，教官均为美国安拿波立斯海军研究院毕业生，并有美国顾问团留校教授，民国36年奉命迁往青岛与中央海军训练团合并。”

上述史实也可能是当年从重庆回沪办校的许恒，尽管有社会局长吴开先等作后台，却无法要回大公校舍的真正原因。

中央海军军官学校奉命迁往青岛后，原大公校舍又成为“海军机械学校”。“民国36年，为培植海军技术人才，海军机械学校在上海高昌庙龙华路原海军军官学校内创办。同年8月开始筹备，并与海军军官学校同时招生。民国37年1月5日开始入伍训练，5月开课，修业4年。设造船、造机、工厂管理三个系。第三期学生100人，9月5日入校，6日开始入伍训练，10月又招收大学毕业的机械学员60人。至此，该校共有官兵约500人。1949年4月，该校迁至福建马尾，7月迁至台湾左营。”（注：今台湾海军工程学院。）

1949年上海解放后，江南造船所与“大公”校舍同时被解放军接管。此后，“大公”校舍就长期作为海军驻厂军代表室和海军潜艇接舰部队驻地，经常会有海军的将领前来督造视察，老“江南”们亲切地把它称为“将军楼”。因外墙墙砖通体橘红色，是江南造船厂当年灰色钢筋水泥丛林中的另类，老“江南”们又称它为“红楼”“红房子”。

其实，笔者认为，昔日“大公”校舍成为近10年之久的旧海军军官学校校舍，从这里走出去的海军将官一定不少，这才是被称为“将军楼”的真正的原委。只是，这段少有人问津的历史被尘封了太久而已。

昔日“大公”校舍等历史建筑如今能在江南造船厂遗址被保留，得益于它们见证了国民政府海军的重要历程，得益于它们是“将军楼”，它们都被列为上海世博会园区范围内重点保护修缮的历史建筑。2010年世博会期间，“红楼”又继续发挥余热——曾是上海电力公司驻世博园区浦西电力应急抢救指挥中心。

图5　大厂屋梁修缮前

图 6　大厅屋梁修缮后

图 7　今日“红楼”近景

孙嘉良：出彩的“大公”校友

孙嘉良（1917—1998），在校生为抗日，积极投效海军，赴美学习，接舰回国。为中国造船业勤勤恳恳奉献了毕生力量。

图 8　退休后的孙嘉良（孙嘉良女婿提供）

据 1938 年上海市私立大公职业学校在校师生名单中记载：孙嘉良，时年 21 岁，浙江定海（今舟山）人，就读于高级部机械科三年级（于 1936 年 9 月入学）。

孙老，高级工程师。1947 年毕业于交通大学造船工程系。曾任上海救济总署渔轮修理厂、江南造船厂复兴岛分厂技术员。建国后，历任中苏造船公司、大连造船厂车间主任、部建造师，渤海造船厂副总工程师、总工程师、高级工程师，大连船舶工业公司副董事长，中国造船工程学会第三届理事。参与主持 4500 吨油轮、5000 吨货轮、浅吃水万吨货轮及炮艇的建造工作。

认识为人和善的孙先生始于 1967 年，当时，笔者从上海到渤海造船厂报到，是我参加工作的第一个单位，渤海造船厂是当年中国第一船厂，当年它与“长春一汽”“洛阳一拖”等中国第“一”大厂齐名。报到后不久，就听说总工程师孙总曾奉军令赴美受训接收最后一批舰艇回国。

近日，从交通大学网站上“抗战中交大学生投效海军始末”一文中得到佐证。时值 1944 年年秋，日军大举进攻桂黔，抗战形势恶化。10 月 10 日，国民政府军委会提出了“一寸山河一寸血，十万青年十万军”的口号，发动知识青年参军。“1944 年 9 月美国确认向中国出租 8 艘（军舰），中国则选派近千名官兵赴美受训。”“11 月底，广西桂林、柳州沦陷，贵州独山被敌占领，一时间重庆震动。莘莘学子怀着对日寇入侵大后方的无比愤慨，认为鬼子打来了，横竖书读不成了，不如干脆弃学从军杀敌。在看到招考‘赴美接舰参战海军学兵’的布告后，当时交通大学航海、轮机、造船的毕业班学生几乎全班报名，低年级的同学和土木系、机械系、财管系、运输系的同学也不甘示弱，至 12 月中旬共有 86 人入选‘赴美接舰参战学兵总队’。”其中，孙嘉良先生也被入选“赴美接舰参战学兵总队”。

从 1945 年 1 月下旬起，赴美接舰的士兵队从重庆和成都分批启程，5 月初，士兵队正式进入迈阿密海军训练中心受训。

由于日本在 1945 年 8 月 15 日正式宣布投降，赴美接舰的学兵们未能实现杀敌报国的理想。1946 年 4 月 8 日，中国驻美海军副武官林遵中校率领“八舰”离开关塔那摩海军基地启程回国，途径巴拿马城、圣地亚哥、珍珠港、东京等地，于 7 月 19 日驶抵吴淞口，24 日在南京下关举行归国典礼。绝大多数学兵不愿参加内战，此后以各种方式离开了海军。

孙老回到交大继续学业，1947 年毕业时，因有赴美接舰经历，到联合国上海救济总署渔轮修理厂做技术员。善后救济总署所属复兴岛船厂建于 1945 年，1950 年划归江南造船所，为江南造船所复兴岛分厂，1953 年 1 月并入海军上海修造船厂（即 4805 厂、今称申佳船厂）。

1946年："大公职校"主体没有回沪

20世纪40年代末，国内有二所同时存在的"私立大公职业学校"，二校分别注册于重庆和上海。一所是始办于1933年，抗战时期由上海搬迁至重庆的重庆市私立大公职业学校，笔者称它为"老大公"，另一所是1946年在上海另起"炉灶"办学的上海市私立大公职业学校，笔者称它为"新大公"。这二所职校虽都称学校是首任校长林美衍于1933年在上海创办，但二校之间却互不往来，根本谈不上有实质上的继承关系，却鲜为人知！

这究竟是怎么一回事呢?

这不得不说近一二十年来，不少人常把这二所大公职业学校混淆一谈，"以讹传讹"。江苏科技大学（原上海船舶工业学校1970年奉命整体迁至江苏镇江）2003版校史主要撰稿者甚至将1946年许恒在上海另起炉灶的新大公称为"战后从重庆迁回上海'复校'"，只字不提大公整体仍存在于重庆，也不提第二任校长刘慎之（似为林美衍之妻）。并称："1944年因首任校长林美衍逝世，由总务主任许恒接任了大公职校校长。"经考据，实乃有违史实。

笔者认为有必要将这十余年来所搜集的相关档案资料略作整理向广大关心江苏科大校史的师生和历届校友作一介绍。

上海市档案馆馆藏的一份教育界知情人士写于约1949年8月的"大公职校学校简史"汇报材料，已见本文"'大公'与CC系骨干"一节，其中还有一段材料披露：

事实上重庆的大公没有复校，上海的大公是许恒的另起炉灶，故校名前冠以“上海”二字，以示区别。现在重庆和上海的大公，全部没有关系，不相往来了。

目前上海档案馆馆藏档案中有关大公职业学校的卷宗基本上都是抗日战争胜利之后形成的材料，也就是1946年的“上海大公”开办后至1951年被撤并、更名期间的材料，罕见建校时1933年至1946年的学校资料，更无大公在重庆期间的档案资料。上海档案馆馆藏档案佐证了另起炉灶的“上海大公”史实。所以，1946年大公由重庆回沪“复校”，与史实不符。

真可谓：沪渝二所“大公”，鸡犬之声相闻，老死不相往来。

重庆档案佐证：战后老“大公”没有迁回上海！

正如前文知情人士所披露：“上海的大公是许恒的另起炉灶”，“重庆和上海的大公，全部没有关系，不相往来了。”

我们可以从重庆档案馆大量馆藏档案和公开出版的不少史料文献来佐证战后重庆“大公”没有迁回上海的史实。

据重庆市档案馆馆藏民国档案全宗一览表，大公职业学校在1937年至1949年期间形成的“重庆市私立大公职业学校”卷宗达到230卷之多（注：包含战时从上海带去的“大公”资料），远比上海档案馆馆藏的1946年之后的上海新“大公”仅仅18件卷宗多得多。

最近，笔者在重庆官方出版的史料中也进一步佐证了这方面的史实。如重庆市教育委员会主编的《重庆教育志》（重庆出版社2002年版）“大事记”中就有以下记载：“民国 27 年（1938 年）”，“4 月，上海大公职业学校迁重庆办学。”“5 月 16 日，上海复旦大学迁川，在北碚夏坝觅定校址。1946 年迁回上海。”

二校同时由上海迁川，但是在复旦大学下，明显加注了“1946 年迁回上海”的字样，而大公职业学校却没有加注“迁沪”信息。

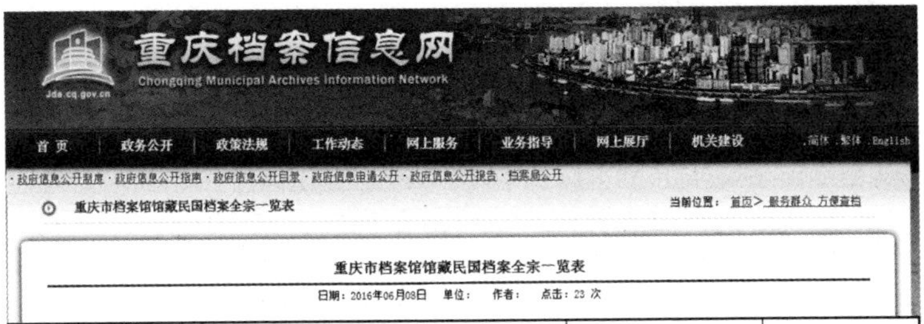

全宗号	全宗名称	起止时间	卷数
0134	重庆市私立大公职业学校	1937—1949	230

图 9　重庆档案馆里的“大公职校”卷宗

《重庆教育志》中还披露了 1950 年，重庆市人民政府扶持改造、接管了 24 所公私立职业学校，并调整为中等专业学校，而“大公”等 14 所职业学校却相继被停办的情况。当时，“大公”设置有土木、机械、商科等

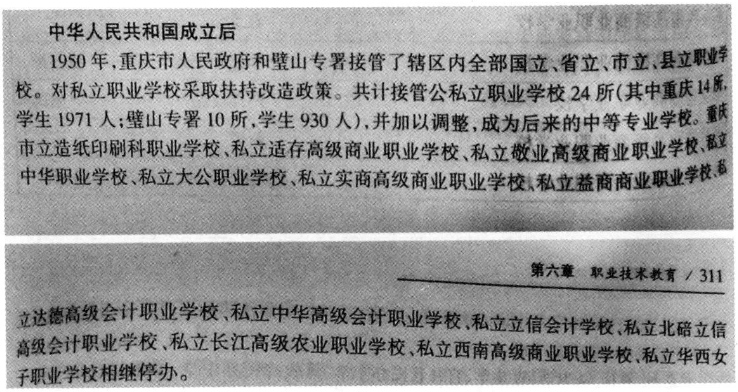
中华人民共和国成立后

1950 年，重庆市人民政府和璧山专署接管了辖区内全部国立、省立、市立、县立职业学校。对私立职业学校采取扶持改造政策。共计接管公私立职业学校 24 所(其中重庆 14 所，学生 1971 人；璧山专署 10 所，学生 930 人)，并加以调整，成为后来的中等专业学校。重庆市立造纸印刷科职业学校、私立适存高级商业职业学校、私立敬业高级商业职业学校、私立中华职业学校、私立大公职业学校、私立实商高级商业职业学校、私立益商商业职业学校、私

第六章　职业技术教育 / 311

立达德高级会计职业学校、私立中华高级会计职业学校、私立立信会计学校、私立北碚立信高级会计职业学校、私立长江高级农业职业学校、私立西南高级商业职业学校、私立华西女子职业学校相继停办。

图 10　1950 年，重庆“大公”等职校被停办（《重庆教育志》）

新社会急需的专业，却在停办之列，停办大公等职业学校之举，早于全国院系大调整，1950年，重庆市私立大公职业学校被新政权主管部门列为首批被停办的职业学校之一。应该说，这与大公职业学校的复杂的政治背景不无关系，与当时重庆地区严峻的镇压反革命的形势不无关系，我们只能期待档案的真正开放。

另外，从《重庆教育志》和《重庆大轰炸档案文献财产损失（文教卫生部分）》一书（唐润明著，重庆出版社2012年版），我们还得到佐证：林美衍逝世后，接手“大公”校长的是刘慎之，即1944年至1950年重庆大公校长是刘慎之，而非许恒。抗日战争胜利之后，1947年8月6日重庆大公向政府部门申报的战争时期财产损失的责任人也是校长刘慎之，并非是上海大公许恒。但是，战后“复员费”却被CC派骨干许恒通过“吴开先”私人途径取得，这是刘慎之始料不及的遗憾。

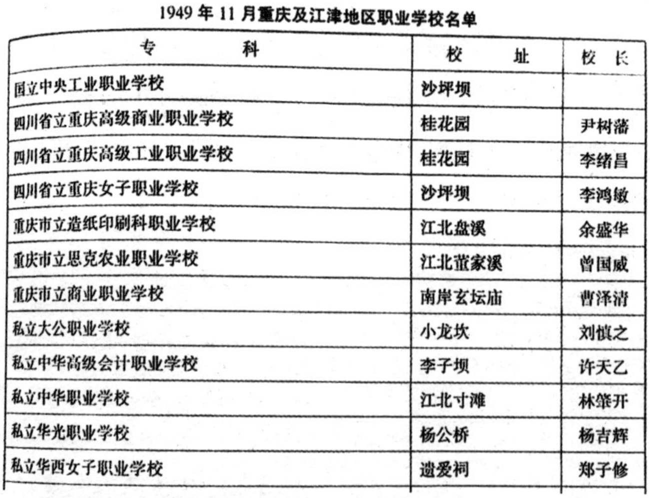

1949年11月重庆及江津地区职业学校名单

专　　科	校　　址	校　长
国立中央工业职业学校	沙坪坝	
四川省立重庆高级商业职业学校	桂花园	尹树藩
四川省立重庆高级工业职业学校	桂花园	李绪昌
四川省立重庆女子职业学校	沙坪坝	李鸿敏
重庆市立造纸印刷科职业学校	江北盘溪	余盛华
重庆市立思克农业职业学校	江北董家溪	曾国威
重庆市立商业职业学校	南岸玄坛庙	曹泽清
私立大公职业学校	小龙坎	刘慎之
私立中华高级会计职业学校	李子坝	许天乙
私立中华职业学校	江北寸滩	林肇开
私立华光职业学校	杨公桥	杨吉辉
私立华西女子职业学校	遗爱祠	郑子修

图11　重庆大公职校校长：刘慎之（《重庆教育志》）

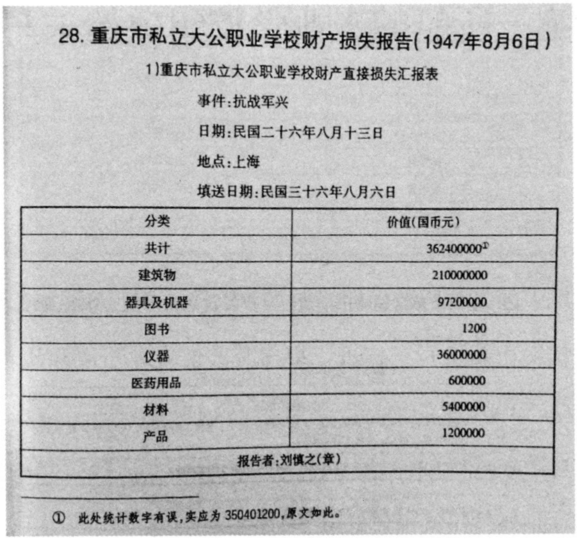

28. 重庆市私立大公职业学校财产损失报告(1947年8月6日)

1)重庆市私立大公职业学校财产直接损失汇报表

事件:抗战军兴

日期:民国二十六年八月十三日

地点:上海

填送日期:民国三十六年八月六日

分类	价值(国币元)
共计	362400000①
建筑物	210000000
器具及机器	97200000
图书	1200
仪器	36000000
医药用品	600000
材料	5400000
产品	1200000
报告者:刘慎之(章)	

① 此处统计数字有误,实应为350401200,原文如此。

图 12　重庆大公职校战时的损失

上述史料考据，还否定了林美衍逝世后，“校董会公推许恒接任‘大公’校长”之说。这一“谬误”，纯系“校史”撰稿者未经考证的“揣测”，以致“以讹传讹”至今。

1946年8月，“大公”虽说在上海“复校”，但仅是许恒廖若平二人的个人行为，老“大公”并没有迁回上海，“大公”的教学、生产设备仍全部在重庆，重庆教育主管部门并不认可“大公”在1946年迁回上海“复校”一说。直至50年代初，在全国教育界院系“大调整”中，重庆“大公”和上海“大公”因他们的CC派历史背景均被停办或撤并。

档案馆馆藏的原始档案，是任何人也不能更改的，历史真相终有大白天下之时。

（2016年5月）

新中国第一所船舶工业学校组建始末与发展

本文对新中国第一所综合性船舶工业学校——上海船舶工业学校组建始末，依据档案史料进行了梳理。提出其涉船专业可以溯源自1866年的福建船政学堂、1907年的德文医学堂和1912年的江苏省立水产学校。同时，否定了自2003年以来，江苏科技大学办学始于1933年的大公职业学校不实之谬。此外，还就福建船政学堂之北迁、船政学子在船校执教、传承船政文化等作了阐述。

2017：正本清源，还校史原貌

2017年1月，江苏科技大学官方网站上对学校简介和校史沿革图，进行了重大修改更新。在2017版校史简介中，作了如下介绍：

> 学校办学历史源远流长，多源合流，文化底蕴深厚。1952年一机部船舶工业局筹建新中国第一所造船中等专业学校——上海船舶工业学校。1952年11月福建高级航空机械商船职业学校（源自1866年创办的福建船政学堂）造船科、上海高级机械职业学校（源自1907年创办的德文医学堂）造船科并入上海船舶工业学校；1953年7月上海机电工业学校（源自1933年创办的上海私立大公职业学校）机械科和上海水产学院附设上海水

产学校（源自1912年创办的江苏省立水产学校）轮机科并入上海船舶工业学校；1953年8月上海船舶工业学校正式创办，开始招生。

显而易见，2017版校史简介中，彻底摒弃了自2003年以来校史中的“1933”之误！即，违背教育部有关上延校史的规定而更改学校办学历史为“源自1933年诞生于黄浦江畔的上海‘大公职业学校’”。也就是说，校内外备受争议的“2003版校史”中，江科大源自“1933年的私立大公”的校史上延20年已被纠正。2017版校史简介的公布，也间接地向社会公众宣告：江苏科技大学校史“正本清源”工作已经有了实质性的进展，将恢复尊重历史史实的1993版“华东船舶工业简史（1953—1993）”，特别是2017版“校史沿革图”中，组建初期师生来源图示与1993版“校史沿革图”完全相同，仅按档案史料并入时间，调整了一下顺序。可以预料，校庆起始年将恢复到上海船舶工业学校首次招生的1953年。

其实，早在2003年，笔者对学校源自1933年的上海市私立大公职业学校就颇有意见。该年9月初，笔者由镇江赴学校上海留守处参加62级船体焊接专业师生聚会。会后，有感而发，撰写了“难忘母校、难忘老师、难忘同窗”一文，文末特意加了一句“祝贺母校50周年校庆！”由电子邮件匿名投稿给校报，遗憾的是，发刊时，还是被校报编辑改为“70周年校庆”，这也是草根史学首次匿名向校方表达对校史上延更改的“不满”。此后，2008年4月，署名“舟史宬”，以电子邮件形式，向校办、宣传部等部门质疑2003版校史中出现的明显失实的几处重大谬误。如“1933年3月，私立大公职业学校在南市乔家浜创立，校长林美衍，校董事会主席吴开先（解放前曾任上海市市长）”[1]，实际上，“吴开先”从来没有当过上海市市长。1933年，时任上海市长的是吴铁城（兼淞沪警备司令），并且，也正是吴铁城兼任了首届大公职业学校董事会主席。令人遗憾的是，一介草民的善意的提醒，并没有引起学校各方重视，而且，也无一个部门给以回复。江苏科技大学官网2012年12月27日发布的“学校简史”及被众多传媒转载报道中，仍然重复这一重大失实谬误，长达十年之久！真是贻笑大方。在笔者的不断“吹毛求疵”下，直至2013年秋季版校史中才得到重视和纠正。

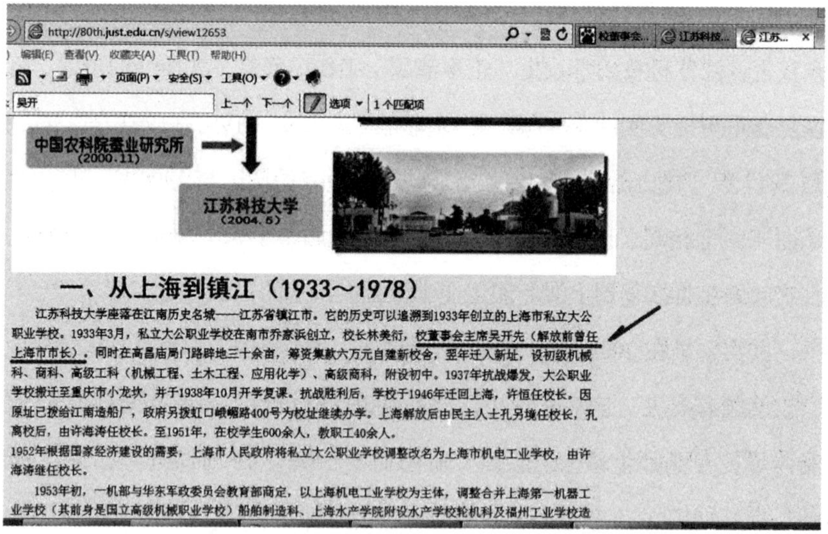

图1　江苏科技大学官网发布的校史截屏（http://80th.just.edu.cn/s/view126532003）

笔者自1962年秋考入上海船舶工业学校（以下简称“上海船校”）以来，曾先后参加过1963年秋的建校十周年、1988年秋的建校35周年庆典活动。这2次规模比较大的校庆活动，都是以1953年组建上海船校正

[1] 见江苏科技大学官网 http://80th.just.edu.cn/s/view12653，2012-12-27。2017年1月初，http://80th.just.edu.cn/ 之下的所有网页已删除。

式招生时为校庆起始年，至今记忆犹新。但是，2003年，学校突然宣布，将始办于1933年的私立大公职业学校作为学校的源头，并在众多媒体上广泛宣传，就令人大跌眼镜了。特别是2013年进行了影响更大的校庆80周年庆典活动中，对“大公”不适当的“定位”“粉饰”宣传，似乎已不可逆转。

2016年夏初，校宣传部趁筹备新校区校史馆工作之机，在几位老教师的支持下，不懈努力，从多方面开展调研，搜集到诸多档案史料、物证、人证，向学校提供了多份翔实的文献史料和分析。亟待正本清源江苏科技大学校史的汇报，终于被现任学校领导所重视、采纳，确定启动校史正本清源工作。

就笔者个人而言，早在2012年10月，就将多年的初步调查成果撰写成文。2012年秋，《刍议福建船政学堂（在上海）的传承与发展——纪念福建船政学堂创办146周年》投稿《航贸周刊》（台湾），于第201249期发表，文中论述了江科大与福建船政学堂的传承与发展。2016年，依据关键性的档案史料，在《上海地方志》（学术季刊）2016年第3期上发表了《上海船舶工业学校专业溯源和发展——纪念福建船政创办150周年》，2017年年初，该文被多个校外微信公众号转载（或改编发布），并被诸多江科大校友微信群相互转发。

2012年上海校友会上，就有老同事对我说：“侬要颠覆船校校史啊？”我回答他：“我只是要恢复历史本来面目！”近十年的自费立项考证校史之路，顶过烈日，冒过雨雪，确实可以说，一介草民“颠覆”校史之“谬”，可谓困难不少而路漫漫兮！当然，笔者的努力，还是“墙内开花墙外香”，围绕校史考证线索，已在校外报刊上公开发表了有影响的多项考证成果。需要说明的是，关于私立大公职业学校的复杂政治历史背景等史料考证分析，将另文介绍。本文仅为正本清源，以上海船校组建始末史实与福建船政文化的传承与发展为阐述重点。

福建船政学堂之北迁

1866年6月25日，闽浙总督左宗棠在福建奏设“船政学堂”。曰船政：“不重在造而重在学。”福建船政大臣沈葆桢主张：“船政根本在于学堂。”

“船政”是政府的船政领导机构，直属中央职能部门，是国家大型舰船工业与培养舰船科技人才专业学校的管理机构。

福建船政学堂是中国近代官办第一所高等实业学堂，也是第一所“前厂后校”的近代海军学校，初建时称为“求是堂艺局”，求是堂艺局首次录取考试的第一名考生就是后来成为北洋水师学堂教习的严复。1867年马尾造船厂建成后搬迁至马尾遂改名为船政学堂。在沈葆祯的苦心孤诣下，船政学堂培养出了中国的第一批近代海军军官和第一批工程技术人才，由船政毕业的学生成为了中国近代海军和近代工业的骨干中坚。

“福建船政”源于清政府创办“船政”官署时，驻地在福州市马江畔的马尾港，后一般就称马江船政或马尾船政，今广称福建船政。所以，无论马尾船政，还是今日广称的福建船政，并非掌管福建省内的“船政”，而是掌管全国的“船政”。

据《福建省船舶工业志》介绍：“福建省船舶工业教育，始于清朝同治五年（1866年）底。船政创办的福建船政学堂，是中国最早的一所培养造船、海军人才的学校，也是中国最早培养技术工人的摇篮。福建船政学堂曾培育出大量与近代工业发展相适应的造船技术人员和海军人才，并且先后选派4批计107名留学生赴英、法、德、美等国学习近代科学技术，为中国培养了最早的一批科技人员。他们不仅在军事航海方面起了重要作用，而且也推动我国造船工业的发展。船政学堂几经变迁，在民国35年（1946年）夏，改为福建省立高级航空机械商船职业学校。1952年8月，因全国高校院系调整，把该校造船科、轮机科并入省立福州工业职业学校，后又并入上海船舶制造学校[1]；航海科并入厦门私立集美高级水产航海学校[2]。”

说到福建船政学堂之“北迁”，不得不提一下1913年由原船政后学堂改为马尾海军学校（前学堂则改为海军制造学校），抗日战争时期先后迁往湖南湘潭、贵州桐梓、四川重庆等地。战后，于1946年并入在上海新组建的民国“海军军官学校”（由蒋介石兼校长），利用局门路龙华东路附近的原日军强占的汪伪海校校址：即利用“大公职业学校”（即江南厂红楼）、“海军上海医院”、原江南造船所“水上飞机库”、“飞机制作场”等作为校舍。1947年4月，“海军军官学校”迁青岛，1949年经厦门迁台湾高雄左营。“海军军官学校”迁青岛后，该处校舍由新开办的“海军机械学校”使用（注：原镇江船舶学院副院长、交通大学教授杨槱曾任海军机械学校教务组长）。

而百余年来，中国船政中心之“北迁”也是一段绕不开的历史史实，从20世纪初的清末时期开始，不但有船政学堂的高才生，还有大量的福建籍造船技术骨干、专业工匠由福建来到上海，成为昔日“江南造船所”的主要领导、中坚或蓝领，奠定了“江南舰船”百年不衰的辉煌之基。中华人民共和国成立之后，中央第一机械工业部船舶工业局在上海始建，1954年才迁往北京，相继发展为第六机械工业部、船舶工业总公司、

---

[1] 即上海船舶工业学校。

[2] 1953年，航海学校又被合并至大连海运学院，今大连海事大学。

船舶工业集团。只是这段尘封的船政全面“北迁”史鲜有学者去专门研究而已。

四十五年之后的1999年7月，由原第六机械工业部转制而来的中国船舶工业总公司分拆成中国船舶工业集团和中国船舶重工集团。而中国船舶工业集团公司注册地则回归上海，从北京迁至中国造船最大基地上海市（浦东新区浦东大道1号），2017年11月，中船集团完成了公司改制，由全民所有制企业整体改制为国有独资公司，并更名为“中国船舶工业股份有限公司”。仍在北京的中国船舶重工集团则更名为“中国船舶工业重工股份有限公司”。

上海船舶工业学校专业溯源

1952年11月19日，第一机械工业部船舶工业局程望局长领导、参与制定和盖章签发的“中央第一机械工业部船舶工业局中等技术学校计划任务书”中（注：1950—1954年，船舶工业局局驻地上海），对筹建上海船校的原因是这样表述的：“从一九五三年开始，我们的国家即将展开大

图2　2016年7月6日在纪念程望同志诞辰100周年座谈会上，程望先生之子程晓明先生接受校宣传部刘剑副部长采访

规模的经济建设，船舶工业方面也要大规模的发展，在今后数年中需要造船技术人才。除高级技术人才由大学培养外，大量地训练培养中级与初级造船技术人才尤为当务之急。因此，根据‘中央人民政府政务院关于整顿和发展中等技术教育的指示’（一九五二年三月三十一日）及教育部‘中等技术学校实施办法（草案）’，特由本局筹设中等技术学校，以满足今后国家对造船技术干部的迫切需要。”

“学校计划任务书”中还对学生来源作了具体计划，其中有：

本校成立时，下列学生可以并入。

（一）上海高级机械工程职业学校造船科

二年级　2 班

一年级　2 班

（二）福建高级航空机械商船职业学校造船科

二年级　1 班

一年级　1 班

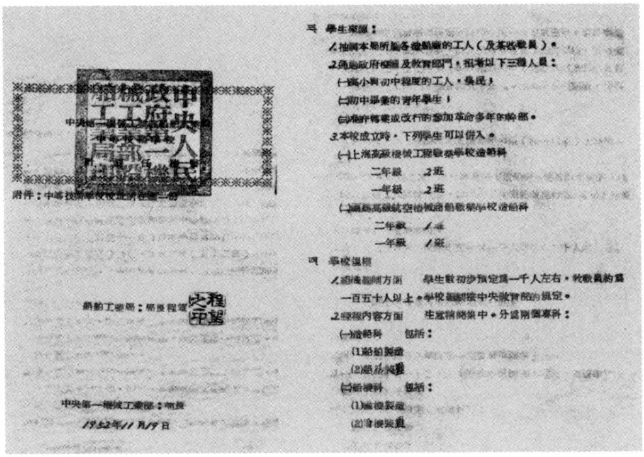
附件：中等技术学校[illegible]
船舶工業局：局長程望
中央第一機械工業部：部長
1952年11月19日

三　學生來源：
1.抽調本局所屬各造船廠的工人（及某些職員）。
2.通過政府機關及教育部門，招考以下三種人員：
(一)高小與初中程度的工人，農民；
(二)初中畢業的青年學生；
(三)准許轉業或改行的參加革命多年的幹部。
3.本校成立時，下列學生可以併入。
(一)上海高級機械工程職業學校造船科
二年級　2班
一年級　2班
(二)福建高級航空機械商船職業學校造船科
二年級　1班
一年級　1班
四　學校規模
1.組織編制方面　學生數初步預定為一千人左右，教職員約為一百五十人以上。學校編制按中央教育部的規定。
2.課程內容方面　生產精簡集中，分設兩個專科：
(一)造船科　包括：
(1)船舶製造
(2)船舶[illegible]
(二)輪機科　包括：
(1)輪機製造
(2)[illegible]

图 3　上海船舶工业学校建校“计划任务书”

学校分为二个专业科，造船科和船机科。造船科包括船舶制造和船舣装置；船机科包括轮机制造和轮机装置。这最初的专业设置方案。

1953 年，在执行上述计划任务书时，随着情况的变化，一机部最终对上述并入的学校专业、师生作了必要的调整和补充。

如《上海船舶工业志》上所作的介绍：“上海船舶工业学校——1952 年，一机部在上海决定建立上海船舶工业学校（简称上海船校），经与华东军政委员会教育部商定，将上海机电工业学校机械科、上海高级机械职业学校船舶制造科、上海水产学院附设水产学校轮机科和福州工业学校造船科、轮机科划属上海船舶工业学校。该校学制 3 年，设置船体制造、船舶机器与机械、焊接等 3 个专业。”学校于“1953 年 9 月开学”。

1953 年 7 月 31 日，《文汇报》也对新组建的上海船校涉船主专业来源作了报道：“上海船舶工业学校，以上海市机电工业学校机械科、上海高级机船舶科和福建省福州工业学校造船等科为基础。”

本市工業性質中等技術學校下月開始調整

貫徹「單一化」與「專業化」的原則並將增加班級重點發展

本市中、初等學校廣大教師

開始過輕鬆活潑的暑期生活

少數學校佈置工作過多過重妨礙教師休息

文汇报1953.7.31/3

图 4 《文汇报》报道新组建的上海船校涉船专业来源（箭头所指）

上海档案馆归档有 1970 年以前的原“上海船舶工业学校”（一度曾更名“上海船舶制造学校”）的不少卷宗，这些卷宗虽已向社会公开，但少有人去翻阅。而对上海船校的主要专业进行追溯可以发现，“上海船校”与福建“船政学堂”有着千丝万缕的联系。

依据档案和史料，对上述组建上海船校的主要专业科，依上述“学校计划任务书”和并入时间的先后，略作探究。

1. 上海高级机械职业学校船舶制造科：上海高级机械职业学校起源于 1907 年德国医生宝隆博士创办的德文医学堂，曾相继更名为同济德文医学堂、同济德文医工学堂、上海中法国立通惠工商学校、中法国立工业专门学校、中法国立工业专科学校、中法国立工学院、中法高级工业职业学校、国立上海高级机械职业学校（简称“国立高机”），1950 年 12 月 4 日更名为上海高级机械职业学校，1953 年 1 月 5 日更名为上海第一机器工业学校（现为上海理工大学）。其中船舶制造科于 1952 年 11 月 19 日被并入新组建的上海船舶工业学校（详见“学校计划任务书”）。

2. 福州工业学校造船科、轮机科：福州工业学校（原省立林森高级航空机械商船职业学校）的造船科、轮机科源自清廷批准，由船政大臣沈葆祯主持的福建船政学堂（创建于 1866 年）。船政学堂宗旨是培养高级造船、轮机制造和航海人才。1913 年，船政学堂归海军部管辖，其中前学堂改为福州制造学校，后学堂改为福州海军学校，绘事院改为船政局图算所，艺圃（由艺徒学堂、匠首学堂组成）改为福州海军艺术学校。1935 年起，海军艺术学校相继改建或名为私立勤工初级机械科职业学校、私立勤工初级工业职业学校、私立勤工工业职业学校、私立勤工高级工业职业学校、省立林森高级航空机械商船职业学校。1952 年 8 月，省立林森高级航空机械商船职业学校奉命停办，除航海科并入私立集美高级水产航海职业学校外（1953 年 11 月并入新组建大连海运学院，今大连海事大学），航空机械科等各科并入省立福州高级工业职业学校，1952 年 12 月改名福州工业学校（后多次更名，2002 年并入福建工程学院），其中船舶制造科于 1952 年 11 月 19 日被列入新组建的上海船舶工业学校（详见“学校计划任务书”）。

上海档案馆也有归档文件证实：福州工业学校“1953年造船科、轮机科师生及专用设备调归”刚成立的“上海船舶工业学校”。

3. 上海机电工业学校机械科：该校是上海市人民政府1949年8月接管的原私立大公职业学校，因原校领导有复杂的政治背景，故上海一解放，就被接收、改造，派来了新校长孔另境（著名作家、出版家、文史学家，早期曾加入中共，沈雁冰内弟）、新教导主任许海涛（原上海鄞光中学教员、中共上海地下党员）。

1949年以后，反共CC骨干、国民党区执委原校长许恒“去向”成“谜”。

1951年，全国“院系”大调整初始，“大公”首当其冲被撤并。大公职业学校的商科师生并入市立财经学校、高机科师生并入同济高级职业学校、土木科师生并入华东交通专科学校。1952年7月，“私立大公职业学校”改归公立，并更名为“上海市机电工业学校”。学校设机械科（即原初级机械科）和电机科（新增）。1953年7月，上海机电工业学校因无法解决电机专业师资等原因，陷入办学困境，入学才一年的电机科学生只得并入上海电力工业学校，而“机械科”师生则由上海船舶工业学校“接办”。

4. 上海水产学院附设水产学校轮机科：上海水产学院（现上海海洋大学）源自1912年创建的江苏省立水产学校，曾相继更名为吴淞水产专科学校、上海水产专科学校。附设的水产技术学校，设有渔捞、制造、养殖、轮机4科。1952年，上海水产专科学校升格为上海水产学院，专业师资重点均转移到“学院”，使“附设的水产技术学校”各专业教学陷入困境，为此，轮机科学生主动向市教委反映学校实情，经批准，1953年7月，轮机科学生并入上海船舶工业学校。

所以，无论《福建省船舶工业志》还是《上海船舶工业志》，都说明“福建船舶工业学校”1952年奉令“北迁”上海，将“福建船政学堂”造船科、轮机科专业并入新组建的“上海船舶工业学校”，成为上海船校的造船、轮机专业专业溯源之一。福建地方志史料也证实，福州工业学校是直接传承于福建船政学堂的学校之一，也是唯一一所两个涉船主专业——造船、轮机被船舶局和教育主管部门要求同时并入上海船校的学校。

此外，据《上海职业技术教育志》披露：“1953年，上海船舶工业学校设置船舶、机器与机械三个专业组，18名教师（引注：疑为涉船专业教师）中，有6名从工厂调进的工程师、7名是大学本科毕业生分配来的，2名是社会招聘的，3名是中专毕业留校后再培养的教师。”显然，涉船专业教师中，无一名是原私立大公职业学校教师。

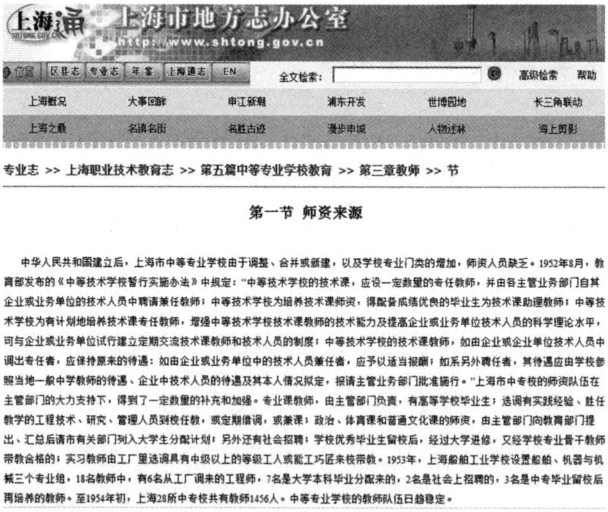

第一节 师资来源

中华人民共和国建立后，上海市中等专业学校由于调整、合并或新建，以及学校专业门类的增加，师资人员缺乏。1952年8月，教育部发布的《中等技术学校暂行实施办法》中规定：“中等技术学校的技术课，应设一定数量的专任教师，并由各主管业务部门自其企业或业务单位的技术人员中聘请兼任教师；中等技术学校为培养技术课师资，得配备成绩优良的毕业生为技术课助理教师；中等技术学校为有计划地培养技术课专任教师，增强中等技术学校技术课教师的技术能力及提高企业或业务单位技术人员的科学理论水平，可与企业或业务单位试行建立定期交流技术课教师和技术人员的制度；中等技术学校的技术课教师，如由企业或企业单位技术人员中调出专任者，应保持原来的待遇：如由企业或业务单位中的技术人员兼任者，应予以适当报酬；如系另外聘任者，其待遇应由学校参照当地一般中学教师的待遇、企业中技术人员的待遇及其本人情况拟定，报请主管业务部门批准施行。”上海市中专校的师资队伍在主管部门的大力支持下，得到了一定数量的补充和加强。专业课教师，由主管部门负责，有高等学校毕业生；选调有实践经验、胜任教学的工程技术、研究、管理人员到校任教，或定期借调，或兼课；政治、体育课和普通文化课的师资，由主管部门向教育部门提出、汇总后请市有关部门列入大学生分配计划；另外还有社会招聘；学校优秀毕业生留校后，经过大学进修，又经学校专业骨干教师带教合格的；实习教师由工厂里选调具有中级以上的等级工人或能工巧匠来校带教。1953年，上海船舶工业学校设置船舶、机器与机械三个专业组，18名教师中，有6名从工厂调来的工程师，7名是大学本科毕业分配来的，2名是社会上招聘的，3名是中专毕业留校后再培养的教师。至1954年初，上海28所中专校共有教师1456人。中等专业学校的教师队伍日趋稳定。

图5 《上海职业技术教育志》披露1953年上海船舶工业学校18名（涉船专业）教师来源

综上所述，当年新组建的国防工业学校——上海船舶工业学校的专业就是以舰船为特色的专业体系。福州工业学校的造船科、轮机科，上海高级机械职业学校船舶制造科、上海水产学院附设水产学校轮机科转入初建的上海船舶工业学校，奠定了上海船校以舰船为特色专业基础。

而饮水思源，毋庸讳言，上海船校的造船专业可以溯源自 1866 年的福建船政学堂和 1907 年的德文医学堂，轮机专业可以溯源自 1866 年的福建船政学堂和 1912 年江苏省立水产学校。

此外，有必要谈一下焊接专业的创办，上海船校焊接科是以原上海机电工业学校初级机械科为基础组建的新专业。是国内最早办焊接专业的极少学校之一，从苏联进口的少数顶尖水平的焊接设备，当时国内只有哈尔滨工业大学和学校实验室拥有。20 世纪 60 年代上海交大设立焊接专业，开始一段时间也是到上海船校实验室来做实验。其后实验室的骨干力量也是上海船校的毕业生。

江苏科技大学涉船专业沿革再探

当年的上海船舶工业学校是新中国第一所船舶工业学校，也是国家重点国防工业中等专业学校之一。以造船、轮机、船电等为特色专业，在国防工业中还是有一定名气的。1970 年 3 月，根据上级主管单位第六机械工业部军管会的命令，该校搬迁至江苏省镇江，曾先后更名为镇江船舶工业学校、镇江船舶学院。经过 60 多年的发展、壮大，已经发生翻天覆地的变革。小有名气的“上海船校”“镇江船院”，由普通本科的华东船舶工业学院（1993 年更名）发展成为综合性大学——江苏科技大学（2004 年更名），这在全国中等专业学校发展中是没有先例的。

“上海船校”“华东船院”的造船、轮机专业都是福建船政学堂的重要传承与发展，这是毋庸置疑的，江苏科技大学的船舶与海洋工程学院与

“上海船校”“华东船院”的关系也是显而易见，那么其与福建船政学堂一脉相承也应是顺理成章的事。

江苏科大涉船专业长期与国防工业保持密切关系，为国家培养相当数量的涉船涉军人才，无论在一线舰船生产企业还是在设计研究部门都有他们的身影！因此，其前身可以追溯到创建于1866年的福建船政学堂，而非开办于1933年的上海市私立大公职业学校。

“船政”学子在船校执教

1990年左右，笔者有幸在当时的镇江船舶学院教务处资料室，目睹还保存着的1953年从福州工业学校转来的学生学籍登记册，全部是用毛笔写在宣纸簿上的蝇头正楷。更令人惊奇的是还发现王增燧副教授也在名单之中。20世纪60年代初，王增燧老师曾教授我们机械制图课程，近年才得知，他是1953年毕业于福州工业学校，分配来上海船校任教。

2012年9月18日，笔者又在福建“船政”网上搜索到历届“船政校友名册”，惊喜地发现有下述信息：“1952年9月，高航学校停办，航机、航海、轮机、造船四科学生328名转校名单”，其中“（丙）轮机科（100名）（丁）造船科（99名）”转入上海船校。王增燧老师不但榜上有名，而且鲜为人知的是，他竟是造船专业的学长！ 2012年10月28日，在江科大上海校友会上，笔者向退休的船舶工程系老教师龚益华、蒋瑞珊夫妇求证1953年从福州工业学校转来的师生情况时，龚副教授说：“我就是当年执教船舂304班[1]的专业教师。”他们至今还清晰记得教授船舶辅机课

[1] 该班实为船舶机械科福建班，即轮机专业，因校舍原因于1954年春天来沪。

程的黄璐老师、教授柴油机课程的郑葆源老师。王增燧老师也证实，当年从福州来的有林善骝等四位老师。

2016年7月21日，江苏科技大学校史调研组在福州召开在榕老校友座谈会上，也有多位源自“高航”（全称“福建省立高级航空机械商船职业学校”）榕籍校友（上海船校首届1954年毕业生），提起教授轮机的专业课程的林善骝等老师与他们从福州一起进入上海船舶工业学校的师生情。据笔者所查，林善骝老师系福州马尾船政后学堂管轮班第十四届（1924年冬毕业）毕业生。另据集美航海学院“职工名录”记载，林善骝老师，1946年曾任教于私立集美高级水产航海学校（今集美航海学院前身），1948年以后，相继任教于“高航”（福州工业学校前身）、上海船舶工业学校。2013年江科大校友会上，有高龄老教师回忆，林善骝老师后来调到交通大学任教。

2016年8月左右，王增燧老师向我披露，黄璐老师郑葆源老师也是师出福州船政。林善骝老师退休后回福州，郑葆源老师是上世纪50年代从上海船校退休的老师，定居于上海万航渡路曹家渡附近。

2016年7月31日晨，笔者在“清末民初海军各学校毕业生名录”搜索“郑葆源”，在福州海军飞潜学校第一届（仅17名，1923年夏毕业，制造飞机专业）毕业生中，意外发现，“郑葆源”老师榜上有名。

上海船校初创时期，郑葆源老师随同福州工业学校轮机科学生并入上海船校，教授柴油机课程，福州海军飞潜学校源自福建船政学堂。

2002年1月30日《福州晚报》曾刊登过《日派女谍毒死巴玉藻》一文，作者是时任马尾造船厂宣传科长林璎尧（今船政博物馆馆长，2016炎夏，我校校史调研组赴榕工作全程安排与接待负责人之一）。文中说：“巴玉藻，中国第一家飞机制造厂创建者、中国第一架飞机设计制造者、中国第一批航空工程师培养者。1918 年 4 月，巴玉藻等 4 人还兼任了福州海军飞潜学校飞机制造专业班教官，主教数理与飞机专业各科，并亲自编写专业教材。这是我国历史上自己培养高级航空工程人员的第一个专业班。在 1918 年 2 月到 1929 年 6 月的 11 年中，他亲自主持制造了 12 架。后由曾贻经、郑葆源按巴氏的设计添造了两架，共 14 架。”

1942 年 4 月，第三飞机制造厂在成都东门外沙河堡建立。航委会以第八修理厂的制造课技术力量为建厂基础，将一批原马尾海军制造厂的人员调了过来，职工约 400 人。任命飞潜学校第一届毕业生郑葆源为工务处长，厂长由航空研究院院长黄光锐挂名，整个建厂及展开生产工作，实际上都由郑葆源负责。

制造三厂成立不久，即造出了 15 架弗利特初级教练机。由于这种飞机不容易损坏，坏了容易修，够用后就不再生产。接着，开始研制仿苏联 GB 轰炸机，是由航空研究院与三厂共同设计制造，故取名“研轰三”。同时还制造了三十余架“大公报”号高级滑翔机。三厂所造的飞机，除发动机、螺旋桨、轮胎、仪器进口外，其他材料均采用国内材料，而其中相当一部分材料，又是以“马尾派”为技术主体的航空研究院最新研究成果。这些抗战军工航空成果，与三厂实际负责人郑葆源老师所作的贡献密不可分！

笔者还发现，郑葆源老师在 1941 年曾编撰、出版《滑翔机之构造》一书（商务印书馆出版）。

图 6　郑葆源老师编撰的《滑翔机之构造》

抗战胜利后，第三飞机制造厂奉命接收台湾的日军各工厂。1946 年 4 月又迁往台中，除接收日军各厂设备外，又从美国补充了部分大型设备，形成了一个有1200多人的大型飞机制造厂。“马尾派”中不少人也因此去了台湾。

但是，第三飞机制造厂的主要负责人郑葆源先生，可能以年龄已大等为由，选择了由四川回福州，到高航任教专业科课程。1952年，高航更名福州工业学校。1954年春，郑葆源先生随轮机科师生并入上海船舶工业学校。

2016年7月21日，江苏科技大学校史调研组在福州召开的在榕老校友座谈会上，有榕籍老校友希望能找到林善骝、郑葆源等闽籍专业教师调离上海船校时的确切去向、人事档案在何单位、晚年情况，他们的后裔又在何方？

江科大能否先在人事档案室里查查上世纪50年代教师调动的来往公函档案呢？或许能查出郑葆源、林善骝等老师调离上海船校的初始线索呢？也希望各界知情人士能与江苏科技大学宣传部联系。

图7 校史调研组刘剑等在福州召开首届（1954年）榕籍毕业生座谈会（福州许晓宁摄影）

研究上海船校的专业溯源，研究福建船政学堂在上海的传承与发展，离不开已为数不多的亲历者和见证者！

传承船政文化，谱写学校新篇章

具有非凡历史意义的福建船政学堂，从初创时起就与我国的海军舰艇建设密切相关，造就了不少杰出的海军将领、专家、学者。正如1912年4月，孙中山视察马尾时，称赞马尾“船政足为海军根基”，勉励“兴船政以扩海军，使民国海军与列强齐驱并驾”。

从专业与涉军意义上来说，后来组建的隶属国防工业的上海船校与福建船政学堂是一脉相承的。

上海船校曾长期隶属国防工业——第六机械工业部，除为人民海军培养着一定数量的国防生任务外，还承担着不少尖端海军科研任务。

《上海船舶工业志》中有如下记载：

> “1953年创办的上海船舶工业学校，是一机部的重点学校，创办20余年，毕业生达7000余人，培养的学生深受各单位欢迎，有的已成为单位的领导干部和技术业务骨干。”[1]
>
> “学校的毕业生为中国造船事业和海军建设做出很大贡献。学校形成了重视基础，从严治校，侧重工艺和技术实践，重视思想教育和管理的特色，毕业生也以独立工作力强，既会动手又会动脑，踏实肯干见长，得到工厂等使用单位好评。”

仅以具有重大国防意义的1970年12月26日下水的中国研制的第一

[1] 指中专期间毕业生。

艘核动力潜艇来说，1970年之前，在核动力潜艇研究所从事设计工作的就有数十名上海船校学子。在核潜艇总装厂从事技术、生产管理、制造工作的上海船校学子更多，近达200名。当年总装厂多名厂级技术干部也均为出自船校的学子。此外，当时，还从上海江南等各大造船船厂抽调了各工种技术工人400名支援核潜艇总装厂。2014年7月11日《解放军报》报道：我国第一艘核潜艇“长征一号”已退役，即将走进青岛海军博物馆。作为40多年前建造中的亲历者，每每看到首艘核潜艇的那些历史照片，笔者都会触景生情。

据1990年初编印的镇江船院（上海船校）上海地区校友会通讯录记载，由14个分会组成的上海校友会，参加的校友达3700名左右。校友分布于上海涉船涉军各研究院所、公司、厂、学校等企事业单位。仅江南造船厂（含后来并入的求新船厂）参加校友会的500名左右，沪东中华船厂450名左右。江南求新、沪东、中华为我国的现代造船事业、海军建设、国防科研和航运事业作出的贡献也是众所周知的。

即使目前隶属江苏教委的江苏科大，仍然与国防工业主管部门保持着密切关系，江苏科大的造船、轮机专业全面继承了福建船政学堂的衣钵。江苏科大“在多年的发展中，学校规模不断壮大，办学水平稳步提高，形成了船舶、国防和蚕桑办学特色，未来学校将坚持走特色加内涵的道路，努力发展成为国内一流的造船大学”。

近年来，福建船政文化交流协会和船政文化博物馆等单位的“船政新人”不懈努力，不但为传播船政文化做了大量工作，还广泛联系、组织国内外源自船政学堂老校友及其后裔，获取得了很大支持。在当地有关部门支持下，1982年10月福建马尾商船学校开办，1988年5月改称“福建船政学校”，后与交通学校等四校合并学校组建成“福建交通职业技术学院”，2006 年建立了二级学院“船政学院”。2011 年 5 月 8 日，福建省人民政府正式批复“福建交通职业技术学院”更名为“福建船政交通职业学院”。有消息称，远期目标是要筹建“福建船政大学”。

据《福州日报》2014 年 8 月 15 日报道，福建船政交通职业学院党委书记江定涛在第六届中国（福州）船政文化研讨会发言说：“福建船政交通职业学院作为船政学堂的传承者，秉承创新船政学堂‘前厂后校’的办学模式，探索实践适合各专业特色的人才培养模式。”“作为船政学堂的直接传承学校，福建船政交通职业学院注重继承和发扬船政学堂的优良办学传统和文化底蕴，把船政职业教育思想作为校园文化建设的核心元素。”

历史证明，今日左营“海军军官学校”、江苏科技大学、福建工程学院、大连海事大学等院校相关专业与“福建船政学堂”都有着持续的悠久的历史的渊源关系！

图 8　师生建造的第一艘 150 匹柴油机内河拖轮在黄浦江上试航（1959 年 9 月）

其中，福建工业学校（省立林森高级航空机械商船职业学校）的造船科、轮机科自 1953 年并入上海船校后，造船、轮机专业从未中断过招生、办学、科研，也从未中断过与国防口的联系。学校的船、机、电产品之规模在国内也具有一定地位与影响，有的还走出了国门。仅就学校的船舶产品来说，自1958年至1978年，船校师生共修造了68艘各类船舶（其中52艘各类船舶为1970年前在上海完工），这与船政学堂师生昔日建造40余艘舰船何其相似。1978年竣工交船的“鲁烟油2号”1000吨沿海成品油船，不但开创了江苏省造船行业的先河，还成为在校师生造船的绝唱！目前生产的全封闭救生艇柴油机主机更是走向世界的国内独家船用拳头产品，在二年一届的“中国上海国际海事会展览会”上，总会有当前生产的最新型的“四洋”牌救生艇柴油机主机亮相展会。自1972年研制生产国内第一台救生艇柴油机组以来，四十多年磨一剑，始终致力于救生艇柴油机组的研发、改进、生产，成为国际救生艇主机的最大制造供应商和第一品牌，“四洋”牌救生艇主机出口挪威、荷兰、俄罗斯等150多个国家和地区，占全球救生艇主机市场的60%以上。作为第一代全封闭救生艇主机的主要研制技术人员，笔者无论在职或退休，对上海国际海事会展是逢展必看，要看一下学校的展台和新老同事。

图9　在校师生造船的绝唱：1000吨沿海成品油船（1978年）

我们期待有一天，能与“福建船政学堂”有着持续的悠久的历史的渊源关系的企事业单位能大“团圆”，共同传承船政文化精神，弘扬爱国主义精神，传播正能量，成为各企事业单位永载史册的主旋律！

主要参考文献:

[1] 周新民、周琴:《上海船舶工业学校专业溯源和发展——纪念福建船政创办 150 周年》,《上海地方志》(学术季刊)2016 年第 3 期。

[2] 周新民:《刍议福建船政学堂的延续与发展》,《航贸周刊》(台北)第 201249 期。

[3] 沈岩:《船政学堂》,科学出版社 2007 年版。

[4] 林庆元:《福建船政局史稿》(增订本),福建人民出版社 1999 年版。

[5] 陈书麟、陈贞寿:《中华民国海军通史》,海潮出版社 1993 年版。

[6] 戚其章:《北洋舰队》,山东人民出版社 1981 年版。

[7] 张侠:《清末海军史料》,海洋出版社 1982 年版。

[8] 陈道章:《船政文化》,http://www.mwzx.gov.cn。

[9] 上海市地方志办公室:《上海船舶工业志》"中等专业学校"章。

[10] 方霭吉:《我国最早的造船专科学校——福州船政局前学堂》,《中国科技史杂志》1985 年第 5 期,第 57—62 页。

[11]"船政"网站:http://www.cz1866.net/index.htm。

[12] 福建工程学院官方主页:http://www.fjut.edu.cn。

[13] 大连海事大学官方主页:http://www.dlmu.edu.cn。

[14] 福建省地方志编纂委员会编:《福建省志·船舶工业志》,方志出版社 2002 年版。

[15] 郑义璋、刘古台:《福州船政学堂始末——介绍我国第一所培养航海轮机造船人才的学校》,《上海海运学院学报》1983 年第 2 期,第 87—92 页。

留住校愁："上海船校"旧址建筑保护有望！

2017年12月27日上午9:39，意外接到浦东新区文物保护管理所电话，告知：所提交的有关将中华人民共和国成立之后，我国第一所造船工业中等技术学校——"上海船舶工业学校"校园旧址历史建筑群申报列入区级"文物保护点"的建议，文保所非常重视，他们已将"上海船舶工业学校"校园旧址历史建筑群作为"区级文物保护点"备选目录。此外，还准备发函件给目前业主上海电气（集团）总公司，请该集团配合调查现状情况，征询申报区级"文物保护点"的意见。

笔者是12月23日（周六）给文保所发出的电子邮件，文保所的答复如此之快，令人意外，可能也与同时向浦东新区主管文化教育、文史的副区长发出相同内容的电子邮件有关。浦东新区主管领导和部门对普通市民的提议，迅速回应，让"上海船舶工业学校"校园旧址历史建筑群有望得到名正言顺的保护迈开了喜人的第一步！

据上海市文广影视局、市文物局于2017年6月29日在官方网站上公布的最新"上海市不可移动文物名录"（2017年版），其中，浦东新区建于1958年7月"上海市东沟船厂旧址"、成立于1956年"川沙城镇服装生产合作社旧址"等371项被列入"区级文物保护点"。

因此，将更具有深远影响和意义的中国"上海船舶工业学校"校园旧址历史建筑群申报列入区级"文物保护点"希望还是比较大的。

"文革"中，上海水产学院也曾奉令搬迁厦门，但原上海校区并没被调拨他用，因此，在后期落实政策时，顺利迁回上海。可惜上海船校校舍因教学楼结构已被严重破坏，改做厂房等客观原因，错失落实政策回沪机会。为了留住母校诞生地的校园历史文化传承，留住历史建筑，保护历史建筑，将“上海船舶工业学校”校园旧址历史建筑群列入“文物保护点”，不失也是另一种形式的政策落实。

个人的建议效果是有限的，众多历届校友的支持力是无限的，让我们一齐行动起来，主动向浦东新区文物保护管理所表明一下众多历届校友的心愿。

已退休的江苏科技大学上海办事处原主任徐先生得知上述建议后，主动向作者披露，1958年入学的“上海船舶工业学校”5811班（船体制造专业）老学长们，虽近八旬，仍然怀念四年同窗的老同学，怀念昔日在母校校园的学习生活，为纪念入学60周年，他们相约2018年3月30日重聚母校校园旧址叙旧拍照。这一活动得到上海电气集团培训中心的大力支持，同意老人们重聚不是花园胜似花园的今日“校园”。

其实，早在2003年9月，我们6211班和6221班就曾组织过这样的活动，这是我们从母校毕业分别36年后，首次在江苏科技大学上海办事处相聚，遗憾的是，校园旧址为中外合资企业所用，我们未能进入校园内怀旧，仅能在办公楼前拍摄师生合影。

征得5811班老班长同意后，我们6211班在沪同窗也加入他们的重聚母校校园旧址活动，期待这一天的到来，与同专业的学长们重温“校园生活”。

让我们共同努力，留住校愁，留住“上海船舶工业学校”校园旧址历史建筑群！

图 1　笔者在母校马家浜桥留影（1966 年秋）

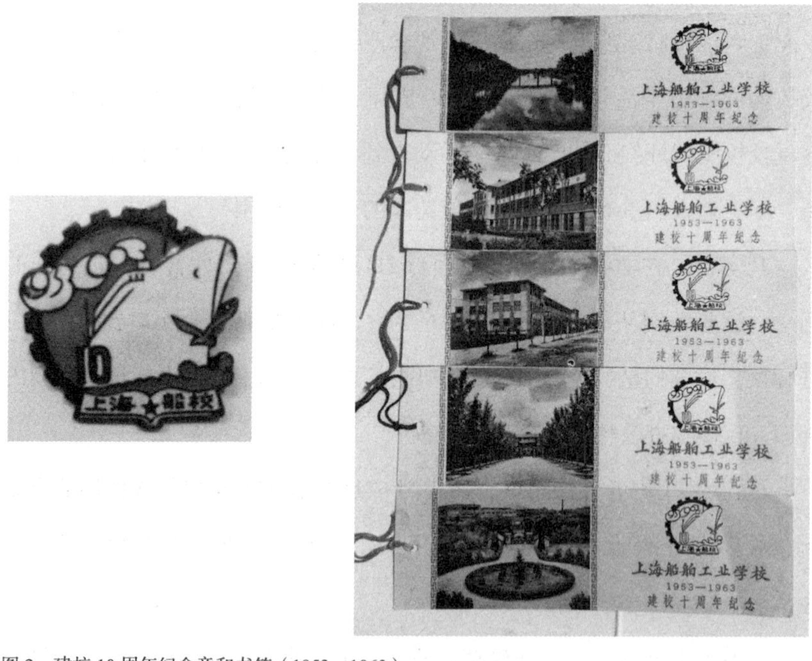

图 2　建校 10 周年纪念章和书签（1953—1963）

图 3　6211、6221 班师生在母校旧址合影（2003 年 8 月 30 日）

图 4　上海船校建校前陈家宅农田航拍图（1948 年）

图 5　1979 年仍保留原貌的上海船校旧址航拍图（马家浜桥仍保留着）

图 6　2016 年上海船校旧址航拍图（马家浜桥已拆除）

（2018 年 1 月 2 日）

跋

笔者年已古稀，对上海史学完全是“门外汉”，退休回沪后，却痴迷于城市记忆拾遗，与我们的城市记忆结下了不解之缘。

草根的城市记忆之“旅”有些不寻常，此“旅”不是休闲、不是娱乐，而是为解开自己身边的那些鲜为人知的历史之谜，执着拾遗考据，退休十余年，“键”耕不辍，乐此不疲。

城市记忆之“旅”有些漫长，其中，对老城厢的旧址、遗址留意关注始于20世纪50年代初，那时，还是老城厢的一名小学生。而史料的考据和资料的积累是近20年的事，刚开始时还是一名未退休的船舶工程师。

城市记忆之“旅”有些艰难，有时为了寥寥几个字的蛛丝马迹，可能要不懈努力，寻觅数年。图书馆、档案馆、老城厢的街巷有笔者一次次的足迹，诸多熟悉的或不熟悉的年迈师长是我要寻访的对象。

城市记忆之“旅”有些与众不同，太执着，对个别专家的“论断”也会探根究底，寻踪历史真相。尽管有老同事善意奉劝，“别太认真，容易得罪人”，我仍一如既往，坚持独立思考，走自己的“路”，力争事事有据，勿揣测、勿想当然，痴迷地写自己的城市记忆之“旅”。

城市记忆之“旅”可谓“十年磨一剑”，近年才小有收获，开始发端于报刊。然而，文章虽小，其投稿历程却不轻松，多则数年少则数月，或“石沉大海”，或因“本刊影响面太小 ”而被婉拒，这都习以为常。当然，也会偶遇慧眼识珠的责任编辑，令人欣慰。以“二战时期的峨嵋路

400号”一稿为例，2013年8月5日从电子信箱发出稿件，8月8日就收到答复——将被采用。文章刊发后，责编又来信：“我的版面基本上是一个供专业学者刊登文章的平台，受限于此，很难海纳百川，也基本不刊发一般作者的文章，所以在操作您文章的过程中提出了诸多严苛的要求，也删去了很多饱含您心血的考证过程描述，我也觉得很遗憾，致歉，同时也相信您是理解的”。真是一个令草根作者难忘、令草根作者感动的尽责的责任编辑。借此机会，向他说一声：谢谢侬——文汇报文汇学人版任思蕴责编！

一介草民的城市记忆之“旅”在不经意间认识了多位学界的名家，能与他们面对面交流、当面请教，还真颇有收获，使笔者的晚年生活愈发精彩。

如《二战期间的峨嵋路400号》《军直营慰安所寻踪纪实》的发表，不但得到时任上海师范大学人文与传播学院院长、博导、上海历史学会副会长、中国“慰安妇”问题研究中心主任苏智良教授的肯定，并多次邀约出席相关活动。

如在寻踪“大公职业学校”校史的过程中，不但发现了“军直营慰安所”线索，还与解放后上海“大公职校”首任校长、中国近代著名作家、出版家、文史学家孔另境先生的长女，上海社科院研究员、知名作家孔海珠取得联系。在档案馆拾遗的孔另境先生自传和工作汇报手迹，堪称珍贵，是60多年来的首次完整披露和情况介绍。

如《五福弄有“福”》(原文《蛮有福相个五福弄》,《新民晚报》2013年2月6日“上海闲话版”)，老城厢遗址寻访中的副产品，有幸结识了启蒙学校84岁高龄的夏学长。

……

这些都是发生在篇篇小文背后的值得回味的有意义的事情。

城市记忆之“旅”，起点在西姚家弄48号，诸多城市记忆拾遗在这里发现线索。鲜为人知的是西姚家弄小学遗址，以前是“朱氏家祠”、老城厢“思敬园”、“私立思敬小学”。令人意外的是，上海首家民族绢丝实业家朱节香，中孚绢丝厂创办者，在办实业前却是文人：“私立思敬小学”的创办者、首任校长、上海朱氏家谱第六修的修谱人。

近十多年来，申城首个外国领事馆遗址在“西姚家弄”之说广为流传，不断被引证，影响甚广。2013年，《上海地方志》杂志刊登了拙作《申城首个外国领事馆遗址究竟在何处？》一文，对首个外国领事馆遗址的诸多文史专家说法，首次进行了梳理，提出了草根管见。但，四年来，“恐有不当或疏漏，权作商榷，恳请当今上海文史专家指正”的希望也没有出现。上海开埠通商已逾170多年，我们不该趁现在做些什么吗？真令人有些遗憾。

老城厢里的“思敬园 ”，地方志、园林志、园林史上的不知何时何因的“废园”，仅有园名、园主等寥寥十余字，作为在“思敬园 ”旧址读过书的学子，愣是在故纸堆里寻觅到“思敬园 ”建园时的线描图和80余年前的园景照片，通过在上海档案馆的线索，还找到了多位尚健在的九旬以上的素昧平生的老教师，有的甚至指证了大量假山山石和太湖石的去向。“寻觅思敬园 ”一文，是我们师生对60年前校园遗址的共同回忆，也是完整地展现了几乎被世人忘却的一座老上海江南古典私园。

本书对已发表的每篇文章重新进行了整理，增添了相当多的罕见的历史文献图文资料，为申城记忆拾遗提供了翔实的考据。特别是原汁原味地增加了作者觅得的“思敬园”相当完整的几乎失传的资料照，为上海园林史拾遗“添砖加瓦”，奉献了笔者的一份不懈努力。

本书也有尚未公开发表的多篇新作，如《扑朔迷离的上海民族绢丝大亨》一文，是在关注启蒙学校校史时得到的线索，从寻觅、搜集资料、考证、撰稿，前前后后已有近十年时间，而且，截止到本书稿交付出版社后，上海首家民族绢丝实业的唯一承继企业——今日江苏苏丝集团与民族绢丝大亨的后裔之间的“故事”还在继续着，发酵着，甚至通宵达旦地探讨厂史展览中出现的重大“失真”甚至“作假”问题，而笔者也“有幸”被“卷入”其中。那么，谁提供的图文史料没有“瑕疵”，经得起历史检验呢？文中已做了比较好的介绍。而《民国“海军上海医院”始末》《1946：民国“海军军官学校”在沪创办始末》，则是在2010年上海世博会前后，诸多媒体广泛报道，上海江南造船厂的修缮保留的历史建筑中有“四十年代末的国民党的海军司令部”，而2018年1月27日初公布的我国工业遗产目录，其中，江南造船厂也榜上有名，“主要遗存：翻译馆、2号船坞、飞机库、江南总办公厅、海军司令部、红楼、黄楼等9处旧建筑”。以讹传讹之的“海军司令部”，竟然成为“既成事实”！令笔者不解的是，十年来，哪家媒体都不愿接收一介草民的这2篇小稿，哪个部门也不愿意纠正这一影响广泛的“既成事实”的“历史建筑”“正解”。是非曲直，当由广大读者作出评判。又如，曾闻名中外的福建船政学堂是清末设立的我国最早的海军学校，而在20世纪初开始的北迁过程中，其在上海的传承与发展却鲜为人知。它还涉及我的母校：上海船舶工业学校（今江苏科技大学前身）的专业溯源和组建历史。本书的《新中国第一所船舶工业学校组建始末与发展》一文，详细介绍了自2003年以来的15年间，笔者对母校校史的考证情况和所作出的不懈努力。敬佩现任学校领导的魄力，尊重历史史实，实事求是，正本清源。2017年初，在学校官网上正式颁布了新修改的学校简史和沿革，也是间接地向社会公众宣告，江苏科技大学源自“1933年的私立大公”的校史已被纠正，为恢复始自1953年的建校史奠定了基调，这在全国高校中是非常少见的举措，必将为我国有类似情况的高校产生重大影响。

作为一名老年人，如果知道某些历史线索，甚至有可能被以讹传讹的所谓的“史实”，不去考据事实真相，不向社会披露，今后很少会有人再有兴趣，再有机会关注你所知道的历史线索，那将会永远湮没在历史长河中，那将是对历史的不负责任。这也是笔者作为一名草根上海史关注者的信念，也是近年来笔者在申城记忆拾遗调查中的深切体会。

申城记忆拾遗、公众历史研究需要更多知情老人的参与，特别是亟待高龄老人的参与，抢救历史刻不容缓！

让历史恢复它本来面貌，让志书中的不实、史著中的误读、甚至以讹传讹尽早得到厘清，是各方的历史责任。

感谢我的启蒙老师，学长们，感谢热心的老市民，没有你们帮助，诸多身边的历史线索是难以寻觅，难以考究的。

感谢“大成老旧刊全文数据库”多年来对古稀老人的支持，珍贵的文献史料为笔者的史实调查提供了可靠的佐证。

深深地感谢苏智良教授教授，没有他的支持和帮助，草根的申城记忆拾遗之作恐怕难成正果。

笔者毕竟史学知识肤浅，城市记忆拾遗调查文集，恐有不当或疏漏，恳请上海文史专家指正和广大读者谅解。

周新民

2018年1月21日

图书在版编目(CIP)数据

思敬园:上海城市记忆拾遗/周新民,周琴著.—
上海:上海书店出版社,2018.7
ISBN 978-7-5458-1654-9

Ⅰ.①思… Ⅱ.①周… ②周… Ⅲ.①城市史-建筑
史-史料-上海 Ⅳ.①TU-098.12

中国版本图书馆 CIP 数据核字(2018)第 109561 号

责任编辑 曹勇庆
封面设计 郦书径

思敬园:上海城市记忆拾遗
周新民 周 琴 著

出　版 上海书店出版社
(200001 上海福建中路 193 号)
发　行 上海人民出版社发行中心
印　刷 上海展强印刷有限公司
开　本 710×1000 1/16
印　张 21.25
版　次 2018 年 7 月第 1 版
印　次 2018 年 7 月第 1 次印刷
ISBN 978-7-5458-1654-9/TU·17
定　价 68.00 元